AI影音生成狂想曲

影片生成 × 語音克隆 × AI翻唱
詞曲創作 × 虛擬人像 × 自動字幕

感謝您購買旗標書,
記得到旗標網站
www.flag.com.tw
更多的加值內容等著您…

<請下載 QR Code App 來掃描>

- FB 官方粉絲專頁: 旗標知識講堂
- 旗標「線上購買」專區: 您不用出門就可選購旗標書!
- 如您對本書內容有不明瞭或建議改進之處, 請連上旗標網站, 點選首頁的 聯絡我們 專區。

  若需線上即時詢問問題, 可點選旗標官方粉絲專頁留言詢問, 小編客服隨時待命, 盡速回覆。

  若是寄信聯絡旗標客服email, 我們收到您的訊息後, 將由專業客服人員為您解答。

  我們所提供的售後服務範圍僅限於書籍本身或內容表達不清楚的地方, 至於軟硬體的問題, 請直接連絡廠商。

學生團體　訂購專線：(02)2396-3257 轉 362
　　　　　傳真專線：(02)2321-2545

經銷商　服務專線：(02)2396-3257 轉 331
　　　　將派專人拜訪
　　　　傳真專線：(02)2321-2545

國家圖書館出版品預行編目資料

AI 影音生成狂想曲 - 影片生成 × 語音克隆 × AI 翻唱 × 詞曲創作 × 背景音樂 × 虛擬人像 × 自動字幕 /
施威銘研究室 著. -- 初版. -- 臺北市 :
旗標科技股份有限公司, 2024.6　面 ; 公分

ISBN 978-986-312-794-9(平裝)

1.CST: 人工智慧　2.CST: 機器學習
3.CST: 數位影像處理　4.CST: 數位影音處理

312.83　113006927

作　　者／施威銘研究室

發 行 所／旗標科技股份有限公司

台北市杭州南路一段15-1號19樓

電　　話／(02)2396-3257(代表號)

傳　　真／(02)2321-2545

劃撥帳號／1332727-9

帳　　戶／旗標科技股份有限公司

監　　督／陳彥發

執行企劃／黃馨儀

執行編輯／黃馨儀、王菀柔

美術編輯／林美麗

封面設計／陳憶萱

校　　對／陳彥發、黃馨儀、王菀柔

新台幣售價：680 元

西元 2024 年 6 月 初版

行政院新聞局核准登記-局版台業字第 4512 號

ISBN 978-986-312-794-9

ABOUT SAMPLESs

範例檔案下載

為了避免讀者手動輸入的不便，筆者已將本書提供的 Prompt 以及網站網址，依其所在章節與對應頁碼整理成 TXT 文字檔，供讀者直接複製、貼上。此外，書中提供之範例作品 QR Code，為了避免因印刷而導致無法掃描，因此也依頁碼命名 QR Code 圖片，並一同收錄在書附檔案中。請輸入以下網址下載檔案：

https://www.flag.com.tw/bk/st/F4354

（輸入下載連結時，請注意大小寫必須相同）

依照網頁指示輸入關鍵字即可取得檔案，下載並解壓縮之後，可看到各章節資料夾，點進去後就會看到對應章節的 Prompt 和書中提及之網站網址的 TXT 檔，以及範例 QR Code 圖片檔：

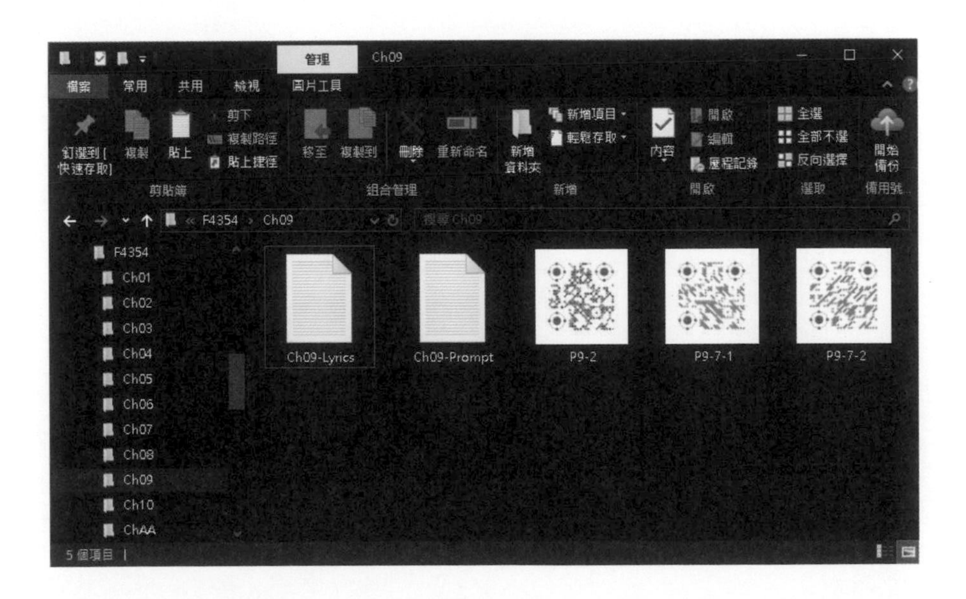

書中介紹的 Web 應用程式，其版本、功能、訂閱費用與使用權限等，是具有時效性的，會依時間的流逝而有所更改，因此讀者在操作時，可能會發現與書中內容有些微不同，屆時請以該網站為主。

目錄

CHAPTER 1

生成式 AI 影音

CHAPTER 2

AI 繪圖神器

CHAPTER 3

AI 動畫生成器

CHAPTER 4

AI 語音克隆

CHAPTER 5

AI 音樂生成器

CHAPTER 6

AI 全力加持的線上影音編輯器

CHAPTER 7

直播影片剪輯 - 一分鐘遊戲實況精華

CHAPTER 8

專屬於你的陪讀教授 Lofi Professor

CHAPTER 9

反差迷因 搞怪短影音

CHAPTER 10

製作一支自己唱的歌曲 MV

APPENDIX A

Prompt 武林秘笈

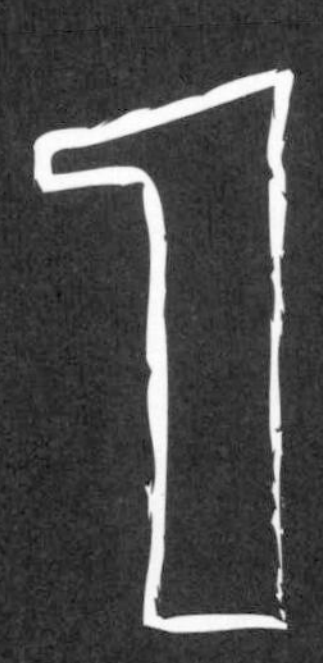

生成式 AI 影音

隨著生成式人工智慧的發展，將個人的創意構想轉化為具體影音作品的門檻已大幅降低，無論是對於非相關背景出身但有影音製作需求的創作者，或是已在該領域深耕多年的專業人士，都能藉由生成式 AI 的技術使創作過程變得更加便捷。因此，本章將帶領讀者踏入 AI 影音生成的大門，一同探索其相關技術與應用層面，為你的影音創作之路開闢全新的可能性。

1-1 生成式人工智慧

近年來，人工智慧 (Artificial Intelligence，簡稱 AI) 已深深融入我們的日常生活，其中最具創造性的生成式人工智慧 (Generative AI) 的發展又更令人驚豔，並且成為近兩年的熱門話題。除了眾所周知的 ChatGPT 文本生成之外，生成式 AI 還能撰寫程式碼，或是產生新的樣本作為深度學習模型的訓練資料，甚至**只需點選或輸入 Prompt (提示詞) 就能生成圖片、影片或音樂**，而這些技術也改變了人們生活的習慣，以及創作與藝術傳達的生態。

▲ 現今已有許多分享 AI 作品的社群，而由 AI 所生成的內容統稱為 **AIGC (AI Generated Content)**

在生成式 AI 崛起之前，快速製作高品質的影音內容是一項艱巨的任務，影音製作的各個環節，從企劃發想、分鏡設計、攝影技巧、實地拍攝與收音，到配樂製作、錄音、音頻處理與影片剪輯，都要求高度的專業技能；而這些條件往往讓非專業人士望之卻步，認為踏入該領域的門檻過高。

然而，生成式 AI 的技術已為影音創作帶來不同的風貌，即使缺乏相關基礎的人也能輕鬆進行圖像與音樂的創作，只要腦中有想法，就能透過簡單的指令與專業術語的輔助加以實現，快速將創意轉化為實際作品；若對於初次生成的結果不滿意，還可以進一步細化描述，並重新生成，直至滿意為止。最後再藉由直觀易操作的 AI 影片編輯器，製作一支屬於自己的影片。這種無需從頭到尾皆親自操刀、且能快速生成的特點，讓藝術創作變得更為平民化。

對於專業的創作者而言，生成式 AI 不僅能夠在創作初期提供協助，如生成腳本、設計分鏡、製作草稿等，還能透過 AI 生成的圖像與音樂來激發新的創作靈感，甚至可以藉由 AI 字幕生成或翻譯等功能，達到**高效的人機協作模式**。雖然生成式 AI 在現階段還無法創作出具有靈魂的藝術作品，但其接觸和學習過的資料量遠遠超出人類的一生，也許在不久的將來，AI 能夠將人類情感融入作品的特性模仿得淋漓盡致；不過這並不代表 AI 會搶走創作者的飯碗，而是我們將其作為一種**輔助工具**，善加運用反倒能提升創作的效率和作品的品質。

生成式 AI 不僅在技術領域造成轟動，它的發展同時也對我們的生活方式、社會經濟與文化創意產生了深遠的影響，並重新定義人機互動的模式。

▲ 陳芳語的新歌〈street signs〉，其三個版本的 MV 皆是由人類與 AI 合作完成

1-2 圖像 | 語音 | 音樂 生成

影音是一種**結合視覺（靜態影像、動態影像）與聽覺（語音、音樂、音效）**的媒體內容，近年來在社群媒體的推波助瀾下更是快速普及，如 YouTube 長影片、YouTube Shorts / Instagram Reels 短影片、以及線上教學影片等。

影音內容的製作流程通常涵蓋前期規劃、實地拍攝（錄製、收音等）以及後期製作（影片剪輯、音頻編輯等），隨著科技的進步讓門檻大幅降低，吸引不少人投入影音內容的創作行列。而在進行的過程中，無論是已準備好素材、或是面臨素材取得困難的情況，生成式 AI 都能提供相對應的輔助，協助我們製作一支完整的影音作品。

因此本節將對圖像、語音和音樂的生成技術進行概要介紹，讓各位了解這些創新技術並非一蹴而就，而是經過多年研究與改良的成果，造福了這一個世代的人們。

AI 圖像生成

AI 圖像生成，亦稱「**AI 繪圖**」，是一種能夠自動創造或修改圖像的人工智慧技術。此技術主要基於深度學習，尤其是生成式模型，如生成對抗網路 (Generative Adversarial Network，簡稱 GAN)、變分自編碼器 (Variational Autoencoder，簡稱 VAE) 以及擴散模型 (Diffusion Model) 等。這些模型透過分析並學習大量的圖像資料，以捕捉其潛在分布與特徵，進而創造全新的圖像，或是對既有的圖像進行模擬和重現。

該技術的應用極其廣泛，從基本圖片降噪、解析度提升，到毀損照片的修復、圖片背景的延伸、風格的轉換等，都能藉由 AI 來辦到。在藝術創作領域，它不僅能模仿古典到現代的各種藝術風格，還能創造出前所未有的獨特風格，為藝術家提供源源不絕的靈感。除此之外，遊戲角色與場景的創造、室內設計或產品設計也都受益於此技術，讓設計師以更有時間效率和成本效益的方式工作。甚至在醫學和教育領域也運用此技術生成模擬教材，以提升學習效果與體驗。

AI 圖像生成技術在靜態影像方面已發展得相當成熟了，而其面臨的下一項挑戰為**長時間的動態影像 – 動畫與影片的生成**，這涉及到如何將一幀幀的圖片流暢地結合，並創作出既連貫又具故事性的影片。這不僅依賴大量的圖片生成，更是對 AI 於時間序列的理解與敘事邏輯的考驗，進而將靜態的畫面轉化為引人入勝的動態故事。在〈第 3 章 – AI 動畫生成器〉與後續實作篇的章節中，讀者將能對目前影片生成技術的發展有所認識，期待未來 AI 能夠生成更加合理、自然而生動的影音作品，進而豐富其在多媒體領域的實際應用。

▲ 2018 年由 GAN 生成並高價售出的肖像畫〈Edmond de Belamy〉

模型簡介 – GAN 生成對抗網路

AI 圖像生成並非近幾年的新興技術，早在 2014 年就有學者提出生成對抗網路 (GAN) 的深度學習模型，此模型的誕生大幅推進了生成式 AI 的發展。

GAN 模型由兩部分所組成 – 生成器 (Generator) 與鑑別器 (Discriminator)。生成器的任務是從隨機雜訊逐步創造出逼真的圖像，而鑑別器則試圖辨別該圖像是由機器產生，還是真實存在的；再將辨識結果回饋給生成器，讓其再次生成新圖像。藉由兩者在訓練過程中的相互對抗，以提升生成的圖像品質，直至辨別器無法分辨圖像的來源為止。

由於 GAN 模型的成功，許多學者相繼提出基於此模型的變體。像是可以指定圖像類別或屬性的條件生成對抗網路 (cGAN)；或是由 NVIDIA 所開發，引入風格轉換概念，並以隨機雜訊控制圖像細節的 StyleGAN。

模型簡介 – Diffusion Model 擴散模型

近年來被廣泛應用於 AI 繪圖的生成模型非 Diffusion 模型莫屬，像是備受歡迎的 **Stable Diffusion** 和 **Midjourney** 都是基於此模型的生圖軟體。若有接觸過這類生圖軟體的讀者應該會發現，其圖像生成過程會從模糊不清的雜訊開始，再逐漸出現物體輪廓與內容，到最後才變成一幅有著豐富細節的畫作。

Diffusion 模型包括兩個主要的過程 – 前向擴散過程 (Forward diffusion process) 和反向生成過程 (Reverse diffusion process)。前者學習將圖像等結構化資料逐步添加雜訊，直到資料完全變成隨機雜訊為止；而後者則學習反轉前過程，也就是逐步去除雜訊，將隨機雜訊恢復成清晰的資料。

AI 語音生成

AI 語音生成，又稱「**語音合成**」，是一種使用 AI 來模擬人類語音的技術，使機器生成出聽起來像是人類說話的聲音，並且在各種語境中表達文字內容與情緒、情感。從早期的文字轉語音 (Text-to-Speech，簡稱 TTS) 系統，其生成的聲音較為機械式，演進到如今的深度學習自然語音合成技術，大幅提升語音的自然度與情緒表達。

語音合成主要是將文字資訊轉為語音訊號，其過程分為兩階段 – 文本處理與聲音合成。系統會先對文本內容進行語意、語法分析，再使用深度學習模型預測其頻譜特徵，最後再生成聲音波形。不過最新的 TTS 技術傾向採用端對端 (End-to-end) 的方法，也就是讓模型直接硬學大量文本與其對應的語音資料，減少中間處理階段，以提升執行上的效率並生成更自然的語音。

語音合成技術的應用範圍極為廣泛，包括虛擬助理、文本閱讀器、有聲書、影片遊戲配音等。然而，該技術仍需克服一些難題，例如在〈第 4 章 – AI 語音克隆〉中，會發現 AI 在情感表達、方言和口音的處理還有待提升，像是台灣的中文口音，如何精確捕捉其語言特色和語調起伏，以及如何更自然的模擬語者情緒，都是需要再研究與進步的。

模型簡介 – Tacotron

Tacotron 是由 Google 於 2017 年開發的端對端語音合成系統，其特點在於無需傳統 TTS 系統的複雜步驟，如聲學特徵預測等，而能將文本直接轉換成語音。

該系統使用含有注意力機制 (Attention mechanism) 的序列到序列 (Sequence-to-Sequence) 模型架構，其包含兩個主要部分 – 編碼器 (Encoder) 與解碼器 (Decoder)。前者負責將輸入的文本序列轉換成固定長度的向量表示，而後者則將編碼器的輸出轉換為聲音波型的梅爾頻譜圖，也就是生成語音訊號。

AI 音樂生成

AI 音樂生成，亦稱「**AI 作曲**」，是一種利用深度學習模型進行音樂創作的技術。將大量的音樂作品作為訓練資料，使機器捕捉音樂的結構，再生成出新的旋律、和弦與節奏，甚至創作出具有多種樂器、彼此搭配和諧且頭尾呼應的完整音樂作品。此外，結合文本生成技術，機器還能創作歌詞；結合語音合成技術，則能製作出虛擬歌手的歌聲。上述提及的功能和應用將在〈第 5 章 – AI 音樂生成器〉中詳細介紹並且實際體驗。

此技術的應用包括旋律創作、和弦進行和節奏設計。AI 可以根據人類音樂家演奏的旋律線生成和諧的合聲伴奏，或是與人類音樂家進行即時的即興演奏互動；還能根據使用者選擇的曲風和情緒創作音樂，或是將現有的音樂轉換成不同風格；不僅如此，AI 還能為音樂的製作過程提供協助，如自動混音與節奏搭配。

然而，對於如何生成出有記憶點的音樂、提升其創意並深化其對於情感理解與表達的能力，是目前需要持續研究的方向。該技術目前多被應用於人機協作模式，由人類和機器共同譜曲，如〈Daddy’s Car〉是由 Sony 電腦科學實驗室的 AI 音樂生成軟體與法國作曲家共同創作而成，而貝多芬未完成的遺作〈第十號交響曲〉也是由 AI 來將其續寫完成的，感興趣的讀者不妨上網搜尋聆聽看看。

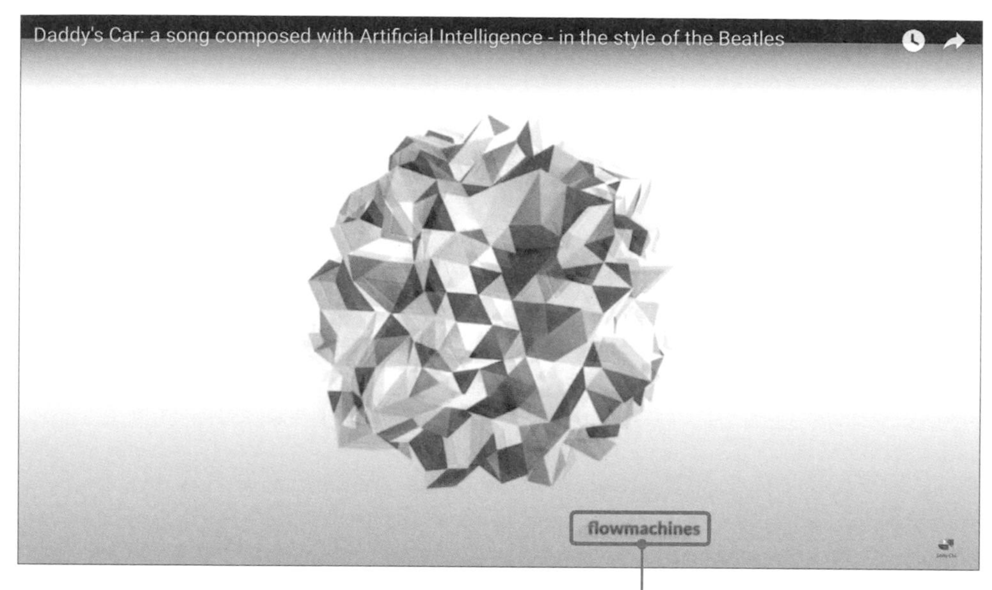

▲ 2016 年發表了第一首由 AI 創作、仿披頭四風格的流行樂〈Daddy's Car〉

模型簡介 – Transformer

Transformer 是一種基於注意力機制 (Attention mechanism) 的深度學習架構，於 2017 年由 Google Brain 的一個團隊提出。其主要創新是 Transformer 能夠一次性處理序列中的資料，因此能更有效捕捉長期依賴關係並同時閱讀上下文，以提高訓練效率。

該模型主要由多個編碼器 (Encoder) 和解碼器 (Decoder) 所組成，前者負責計算輸入序列的哪些部分彼此相關，並將其編碼再傳給下一個編碼層；而後者的功能是讀取被編碼的資訊，並使用整合好的上下文資訊來生成輸出序列。其模型的核心是注意力機制，使得模型在處理序列中的每個元素時，會同時考慮序列中的其他元素，並計算彼此之間的關係。

由於 Transformer 在處理長序列資料的強大能力，因此已被用來生成結構複雜且前後連貫的音樂作品，並且成為許多**自然語言處理 (Natural Language Process，簡稱 NLP)** 任務的基礎架構，如第 1-3 節 ChatGPT 的 GPT 模型，能夠進行機器翻譯、文本生成、語言理解等多種功能。

1-3 讓 ChatGPT 成爲你的生成助理

ChatGPT 是由 OpenAI 所開發、基於大型語言模型 GPT 的 AI 聊天機器人，其透過自然語言處理 (NLP) 技術來理解並生成人類語言。ChatGPT 的功能豐富，能在多種情境下提供幫助，包括回答問題、撰寫文章、語言翻譯、程式碼生成等。因此，若能善用 ChatGPT，並熟悉如何與之溝通，它將能成為您行走的百科全書與萬能助理，同時讓我們的工作進行得更有效率。

有使用過 ChatGPT 的讀者應該對其功能並不陌生，如對話互動、文本生成、重點整理、輔助教育學習等。因此本書將會**利用 ChatGPT 作為我們的生成助理，協助我們生成圖片或音樂的 Prompt，以及文稿、故事或歌詞，甚至影片的腳本與分鏡等**。

ChatGPT 免費版用戶目前可使用的模型包括 GPT-3.5 和 2024 年春季推出的 GPT-4o；而付費版用戶除了可使用前面提及的兩個模型外，還能使用更進階的 GPT-4 進行對話。不過，由於 GPT-3.5 的回覆品質不盡理想，建議免費版用戶優先選用使用 GPT-4o 和進階功能進行對話；但需注意的是，免費版用戶使用 GPT-4o 和進階功能的次數很有限。

對於使用需求較大且預算足夠的讀者，可以考慮每月花 20 美元（約台幣 600 元）升級至 ChatGPT Plus。這樣不僅可以使用 GPT-4 來生成更詳細的內容、可享有更多的 GPT-4o 對話次數，還可不受限制地使用在〈第 2 章 – AI 繪圖神器〉中介紹的 GPT 機器人 – DALL-E，讓其根據我們輸入的中文提示來生成圖片。

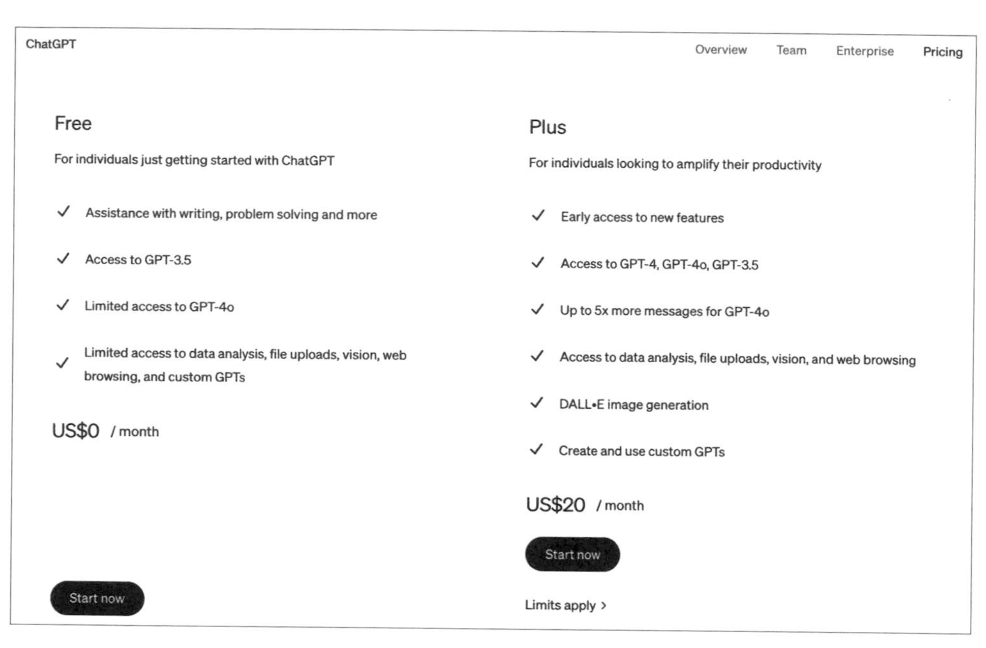

▲ 不同方案的 ChatGPT 用戶可使用的功能

小編補充

ChatGPT 的訓練資料並非完全地與時俱進，因此在那之後發生的事件或者新研究的進展，ChatGPT 並不會有直接的資訊，但若使用其連網功能就能打破此限制。此外，雖說 ChatGPT 是個萬用的知識庫，但它有時還是會提供一些錯誤資訊，所以我們還是要保有自己的判斷力，對於某些資訊再次查證會比較保險。

ChatGPT 的使用指南

登入或註冊 ChatGPT 帳戶

輸入網址以進入 ChatGPT 對話介面：

◆ https://chatgpt.com/

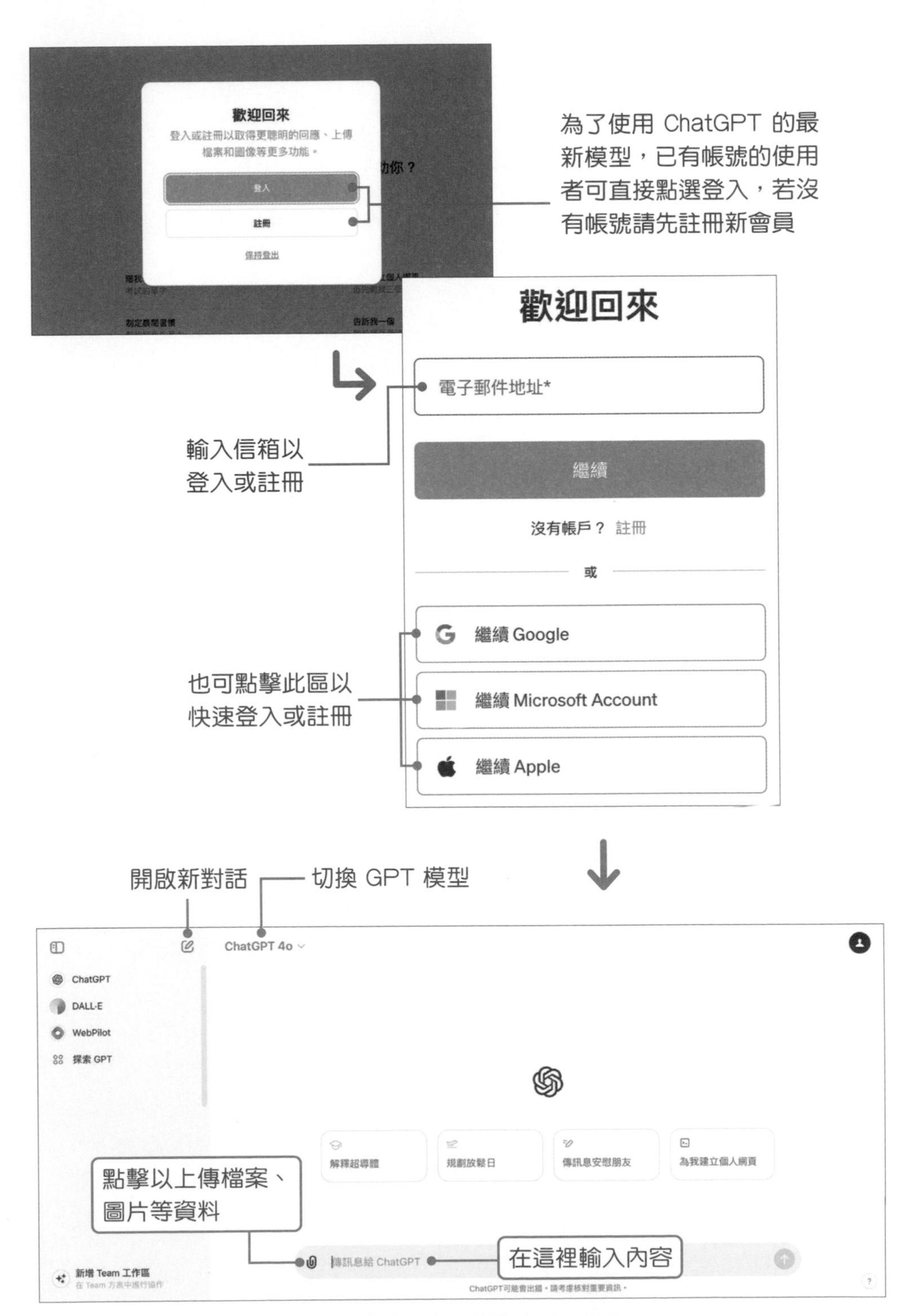

▲ 成功登入後就會看見以上畫面

客製化設定 ChatGPT

點擊畫面右上角的帳戶頭像，再透過更改「自訂 ChatGPT」的內容，就能讓 ChatGPT 生成出更符合個人需求的回答，而且只需要設定一次就能套用在所有對話中，如此一來可以節省許多跟 ChatGPT 溝通的時間：

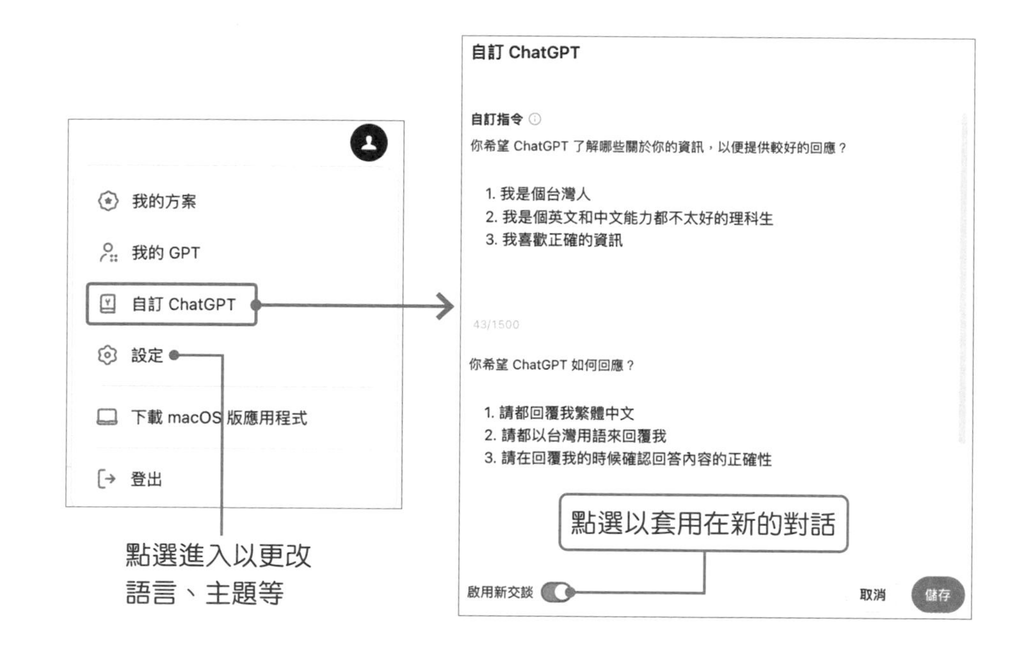

關於 ChatGPT 的更多詳細操作說明與功能介紹，可以參考旗標出版的《ChatGPT 萬用手冊》一書。書中除了 ChatGPT 的功能介紹之外，還提供與其溝通的技巧，以及 GPT 機器人的應用與製作等多種豐富內容。

ChatGPT 的角色扮演

由於 ChatGPT 擅長理解語意與生成文本，再加上 AI 絕對比人類還要了解 AI，因此對於 Prompt（提示詞）的生成可以交給 ChatGPT 來處理。只要提供你想要的概念，再給 Prompt 的範本或格式，ChatGPT 就能生成出詳細的 Prompt；即使英文不好也沒關係，可以輸入中文的概念，再請 ChatGPT 翻譯並生成出相應的中英文 Prompt；或是你已提供了一些

Prompt，但是可能描述的不夠詳細，此時也能請 ChatGPT 作提示詞優化的工作。

本書後續的章節將會提供讓 ChatGPT 扮演各種不同角色，如助理、作家、編劇、作曲家等，為我們生成 Prompt、文本、腳本或歌詞的方法，讓其輔助我們製作影音內容，並提供我們更專業的建議與想法。而我們在跟 ChatGPT 溝通時所做的**提示工程**，其內容通常會包含**角色、背景、任務、輸出、(範例)**，舉例如下：

Prompt 生成助理

Prompt

現在你是一位**生成「text-to-music 音樂生成」Prompt 的專家**，我可能有一些想法，但沒辦法表達得很詳細。因此希望你接下來能按照以下原則，基於我給的想法幫我生成詳細的英文 Prompt，並同時將你生成的 Prompt 翻譯成繁體中文：
1. Set the mood
2. Choose instruments
3. Set the BPM

作家、小說家

Prompt

現在你是一位**邏輯清晰的推理作家**，想請你創作一篇短篇的恐怖小說：
背景是在海邊廢棄的度假飯店，這間飯店在 30 年前非常有名，也吸引許多觀光客前來朝聖。但自從某事件發生過後，再也沒有人敢靠近這間飯店，且老闆也在那起事件發生後失蹤了。

在同一個對話中，ChatGPT 的回答會跟之前的對話內容有關，也就是說 ChatGPT 會延續先前的話題來跟我們聊天。因此若是在相同的情境或主題下，例如讓 ChatGPT 扮演同一個角色，可以沿用先前的對話框，就無需再次輸入上述舉例的 Prompt；而對於不同的話題，例如讓 ChatGPT 從 Prompt 生成助理轉為作家，則建議開啟一個新的對話，以增加其回覆的專業性。

▲重新命名左側的對話標題，以更直觀的方式顯示每一個對話的主題

1-4 著作權歸屬與道德問題

使用 AI 生成圖像、語音和音樂雖然有趣且便捷，但其應用同時也伴隨著著作權（亦稱**版權**）歸屬與倫理道德等問題，而這些問題對於原創作者、生成式 AI 使用者及廣大受眾都非常重要。隨著 AI 的廣泛應用，許多國家也正在不斷修訂與更新相關的法律規範，以應對這飛速發展的新科技。

在台灣的智慧財產權法中，受著作權法保護的著作為「文學、科學、藝術或其他學術範圍的創作」，而其定義的著作人為「**創作著作的人**」。然而，AI 既非自然人、也非法人，因此若一個作品主要由 AI 獨立完成，人類僅提供簡單的指令或參數，則該作品無法享有著作權；但若作品是結合創作者的原創性思想、情感和精神，並以 AI 作為輔助工具進行的創作，甚至本人有參與後續的調整與修改，則該作品可享有著作權，且於作品完成的當下即可受到著作權法的保護。

雖說由 AI 獨立完成的作品無法享有著作權，但對於由人類自行構思且具有高度原創性的 Prompt，其 **Prompt 本身可享有著作權**。

對於人類與 AI 合作完成的作品，明確標示哪些內容是由機器生成、哪些是由人類創作，並保存最初 AI 生成的原始檔，將有助於在發生版權爭議時提供證據。而若是以現有的圖像或音樂為基礎，經 AI 再製而成的作品，是無法受著作權保護的，甚至可能侵犯原作品的重製權或改作權，因此在製作前需取得著作財產權人的授權；即使是貢獻給公眾使用的無版權作品 (CC0)，也不一定可以隨意地對其再製 (須明確宣告可重製使用才行)。

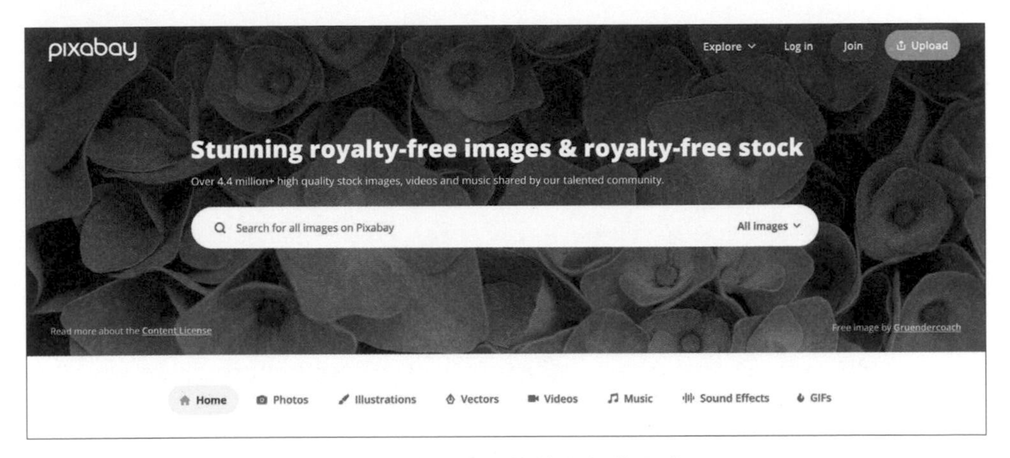

▲ 含有大量無版權圖片素材的線上免費圖庫 － Pixabay

在現代，除了容易取得無版權的素材之外，還可以由 AI 生成個人所需的素材，因此在使用上 (**尤其是營利使用**) 需特別注意，不但不能將其標為自己的作品，生成網站通常也會詳細說明可供使用的範圍，並且要求在使用時需標明出處。此外，許多網站在訓練 AI 模型時所使用的資料來源也不得而知，或許參雜未經授權的有版權資料，再加上我們也無法確定這些網站所使用的生成模型與其背後的演算法為何，因此盡量不要請 AI 模仿當代藝術家的風格進行創作，以免造成侵權問題。

即使在沒有侵犯著作權的情況下，我們仍應負責任地使用由 AI 生成的作品，避免製造與散播假議題，或其他可能誤導民眾、危害善良風俗的內容。此外，**著作權的不明確性不應成為擅自使用未經授權內容的藉口**。在這個資訊爆炸的時代，使用 AI 技術時應保有倫理道德，避免造成額外的社會混亂。

AI 繪圖神器

AI 繪圖是一種利用人工智慧來生成或修改圖片的技術，透過大量的圖片資料進行學習，捕捉圖片中的各種特徵，再整合不同的特徵，創造出新的影像。目前市面上已經有不少 AI 繪圖工具，雖然不同平台的使用方式可能會有些許差異，但基本的操作流程沒有太大的差別。大多數還是以 Prompt 提示詞進行溝通，詳細描繪你要的主題、特定風格、出現的人事物等等，有些也接受上傳圖片作為參考。收到指示後，會套用不同的 AI 模型生成符合條件的影像，而不同模型可能擅長不同類型的畫風。

本章主要會介紹 DALL-E 與 Leonardo.Ai 這兩個 AI 繪圖工具的基本使用方式，也會大致提一下其他工具的特性和優缺點。

2-1 DALL-E 輸入中文就能生圖

DALL-E 是 OpenAI 開發的生圖模型，目前最新版本為 DALL-E 3，只要是 ChatGPT Plus 的用戶，可直接於 ChatGPT 中使用。由於有 ChatGPT 加持，DALL-E 應該是最好「溝通」的 AI 繪圖服務，不僅可以直接使用**中文提示詞**，也可以透過互動方式，要求它調整生圖內容，使用起來非常友善。

若非 ChatGPT Plus 用戶，可改用同樣採用 DALL-E 模型的 Copilot Designer，功能和操作方式都差不多。

▲登入 Microsoft 帳號後的生圖介面

由於第 1 章已經介紹過 ChatGPT，因此這裡就不再重複介紹操作方式，直接從生成圖片開始。目前 ChatGPT 有兩種方式可以生成圖片，一種是直接在對話框輸入，另一種是使用 DALL-E 的 GPT 機器人。

從對話框生成圖片

這個是最簡單的方法，直接要求 ChatGPT 生成圖片。使用這種方式一次只會生成 1 張圖片。

將游標移至圖片上方會出現下載圖示，點選即可下載

Prompt

埃及法老在沙漠開沙灘車越野，真實風格，垂直長寬比

如果不滿意可以請 ChatGPT 修正，而且不用再次完整描述，只要簡單說明要修改的地方即可。ChatGPT 會記得你之前的 Prompt，但並不是真的從前一張圖進行修改，實際上還是重新生圖，因此構圖會和原圖有所差異。

◀ 雖然有依照指示進行修改，但還是可以看出與原圖有差異

Prompt

改成日落

使用 DALL-E 機器人

除了 ChatGPT 原生功能外，OpenAI 也推出讓開發者自行設計的 GPT 機器人，可以在內建的 GPT 商店中找到各種不同功能的 GPTs。其中也有官方製作的 DALL-E 繪圖機器人，與從對話框直接生成圖片不同，使用這種方式一次可以生成 2 張圖片，而且提供更完整的生圖功能。

探索 GPT

▲ 首先從 ChatGPT 的側邊欄位進入 GPT 商店的頁面

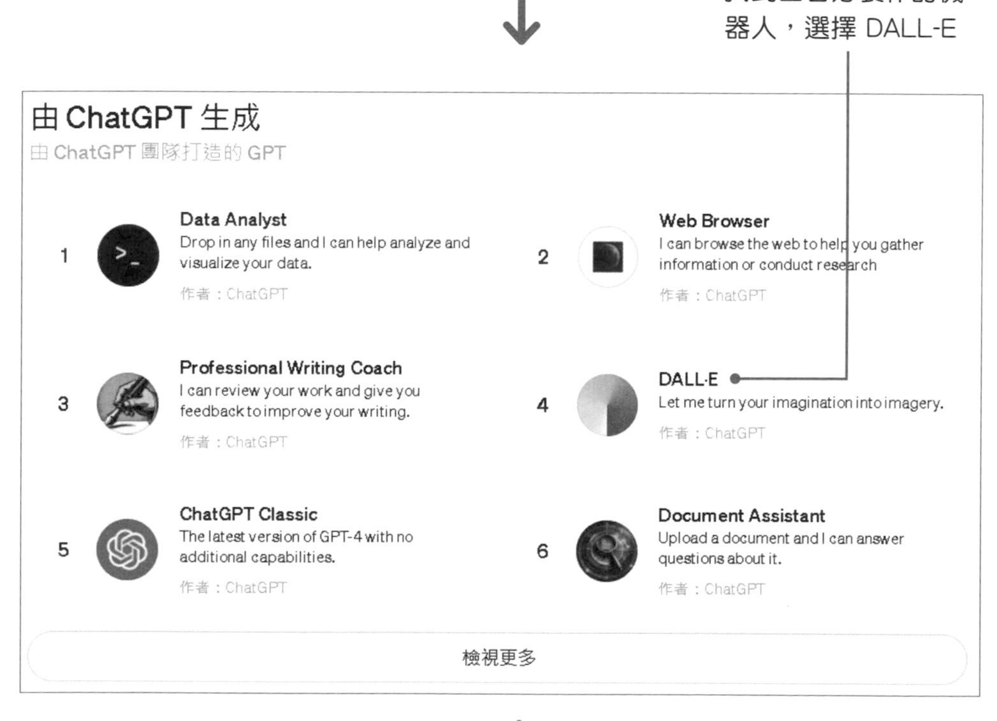

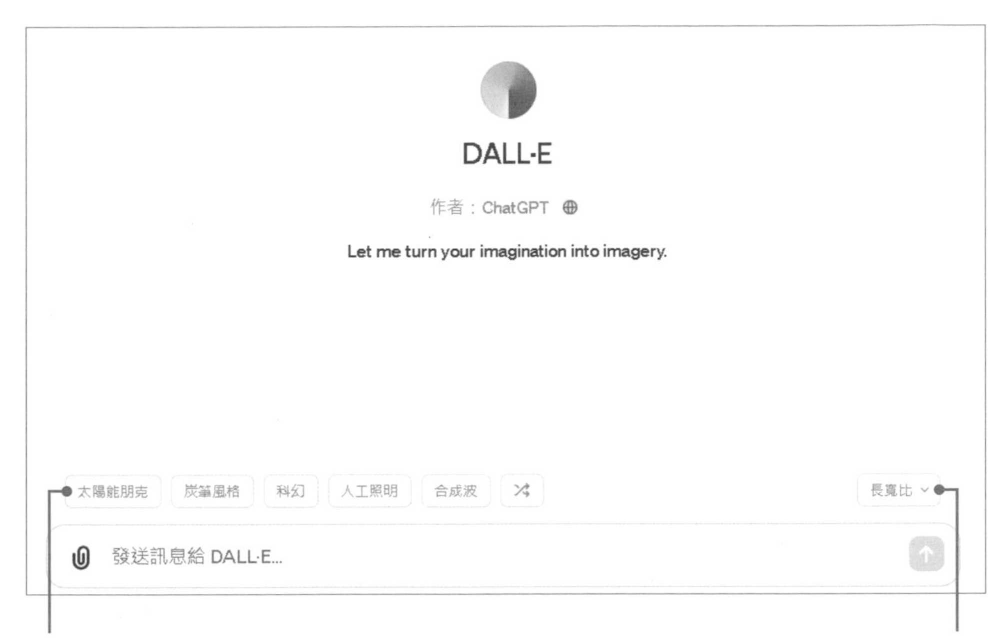

對話框上方是各種不同風格關鍵字的快捷鍵，點選後會自動輸入下方對話框

調整生成圖片比例的快捷鍵，選擇尺寸後同樣會將關鍵字自動輸入對話框中

▲GPT 機器人 - DALL-E 的主頁面

我們先嘗試使用與前面相同的 Prompt，請 DALL-E 為我們生圖：

Prompt

埃及法老在沙漠開沙灘車越野，真實風格，垂直長寬比

生成圖片後，同樣可以要求進一步修改；我們先像之前一樣，利用 Prompt 進行修改，但這種方式同樣會遇到難以維持相同構圖的問題：

Prompt

在空中加上老鷹，把沙漠改成雪山

也可以利用 DALL-E 對話框上方的快捷鍵，快速更改圖片風格和比例：

既使對藝術風格不熟悉也不必擔心，DALL-E 已經設定好了不少風格可以選擇

Prompt

改成廣角鏡頭，正方形長寬比

為了避免使用者生圖太頻繁，增加網站負荷，因此生圖有頻率限制。當生成圖片太過頻繁時，ChatGPT 會出現提示訊息，表示達到限制次數，要求使用者稍微等個幾分鐘後再進行生圖。

> ❗ 創建映像時發生錯
>
> 您生成圖像的速度太快。為確保為每個人提供最佳體驗，我們設置了費率限制。請等待 **3** 分鐘，然後再生成更多圖像。讓我們休息一會兒，你可以告訴我，你有什麼具體的東西要為下一次嘗試進行調整！

局部修圖工具

前述透過 Prompt 指示 ChatGPT 修改圖片，只能重新生成，並無法真的進行修圖。近期 ChatGPT 新增了編輯功能，除了會顯示生成圖片時，ChatGPT 依據使用者敘述所寫出的 Prompt 之外，還有提供選取工具方便使用者進行修改，而且官方沒有限定在哪個環境中才能用，因此不論是從對話框或 DALL-E 生圖，都可以使用這項功能：

▲點擊選取工具後，就可以直接用游標塗選要修改的區域

Prompt

加一個獅身人面像

▲DALL-E 產生的新圖片除了修改的區域之外，其他皆與原圖片相同

然而根據筆者的實測，可能會遇到修改後產生的圖不如預期的問題，這個時候可以按下「重新生成」圖示，要求 DALL-E 重新生圖。但是請勿修改上圖輸入的 Prompt，這樣會失去在圖上選取的區域，會變成跟之前一樣重新生成一張新的圖。

選取項目
加一個金字塔
DALL-E 沒有生成金字塔，而是生成巨大獅身人面像

Prompt

加一個金字塔

新增一個金字塔
2/2
修改 Prompt 後，對話框上方的選取項目消失，並生成了新圖片

Prompt

新增一個金字塔

但是要注意，這種修改方式可能不適合大範圍修改，下面以筆者要求將沙漠換成雪地的方式為例，先生成圖片再用選取的方式進行修改：

▲ 左邊是原本的圖，右邊是修改後的圖，儘管構圖沒有太大差異，但可能輸入新的 Prompt 重新生圖效果會比較好

即時 Prompt 小幫手

因為 ChatGPT 對自然語言的強大理解力，所以可以直接把對話當成 Prompt 生成圖片，但不是每個 AI 繪圖的平台都對初學者這麼友善，不少平台只能使用英文 Prompt，或者要遵循特定的格式或指令，這時候將 ChatGPT 變成可以隨時提供協助的 Prompt 幫手就不用擔心了。

使用方式也非常簡單，不需要輸入專業術語，把想產生的圖片內容輸入對話框，要求 ChatGPT 協助生成 Prompt 即可；若遇到 ChatGPT 直接生圖，而非生 Prompt 的情況也別擔心，可以點選圖片的資訊查看。

Here's a playful image of an ancient Roman warrior shopping in a modern department store, dressed in traditional Roman armor and navigating through aisles of contemporary goods. The scene humorously blends historical elements with the modern world.

▲ 筆者要求產生古羅馬戰士在百貨公司購物的 Prompt，ChatGPT 卻直接生成了圖片

點開圖片後

點此查看 ChatGPT 寫的生圖 Prompt

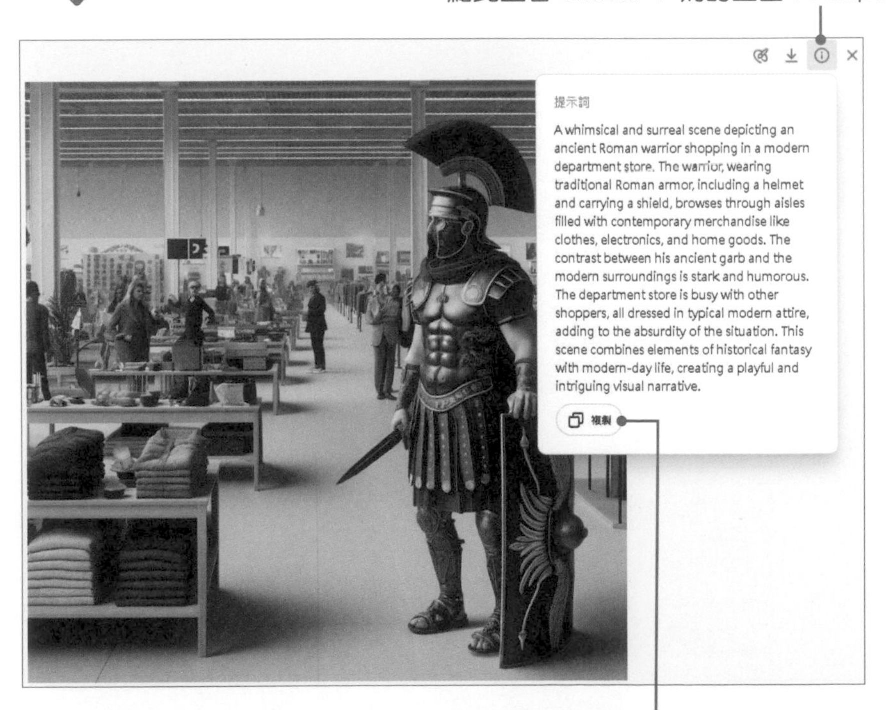

提示詞
A whimsical and surreal scene depicting an ancient Roman warrior shopping in a modern department store. The warrior, wearing traditional Roman armor, including a helmet and carrying a shield, browses through aisles filled with contemporary merchandise like clothes, electronics, and home goods. The contrast between his ancient garb and the modern surroundings is stark and humorous. The department store is busy with other shoppers, all dressed in typical modern attire, adding to the absurdity of the situation. This scene combines elements of historical fantasy with modern-day life, creating a playful and intriguing visual narrative.
複製

官方有準備快捷鍵方便使用者複製使用

由於 ChatGPT 支援上傳圖片，因此我們也可以反過來，要求它分析上傳的圖片是用什麼 Prompt 生成：

分析這張圖的prompt

ChatGPT 分析出可
能使用的 Prompt

Prompt
分析這張圖的 Prompt

The prompt for generating an image like the one you provided might be: "A Viking pirate dressed in traditional garb, including a leather helmet adorned with metal details, consults a smartphone while navigating the sea. The scene captures him sitting at a wooden table with a map spread out, hinting at the blending of ancient and modern navigation techniques. In the background, a Viking longship sails on the ocean under a cloudy sky. The image is styled to resemble a high-resolution film photograph, complete with film grain to give it a vintage feel. The overall composition is cinematic, portraying the Viking as a stoic figure bridging the gap between historical and contemporary technology."

接著就來測試這個 Prompt 生成的圖片和原圖之間的差異大不大：

Here's the image you requested: a Viking pirate, dressed in traditional garb, using a smartphone while navigating the sea. The scene blends ancient and modern navigation techniques, styled like a high-resolution film photograph for a vintage feel.

▲ 生成的圖片確實與原本圖片的構圖相近

雖然 ChatGPT 輸出的 Prompt 格式，不一定會符合其他 AI 繪圖平台對 Prompt 的格式要求，想在其他平台使用可能還是需要微調，但仍可提供使用者一個撰寫 Prompt 的大方向。

收費標準和版權

使用 ChatGPT 生成圖片是付費項目，需要加入 ChatGPT Plus 才能使用，目前的費用是每月 20 美元。至於生成出的不論是文字還是圖片，官方允許不標示出處，但如果使用者願意，OpenAI 希望可以使用 Written with ChatGPT 或 Created with DALL-E 之類的標示。

◆ 關於價格的說明：https://openai.com/chatgpt/pricing

◆ 關於版權的說明：https://openai.com/brand

Content attribution

If publishing text or images generated by an OpenAI model, you are not required to attribute. However, if you'd like to, we encourage you to use the language below.

Do:	Don't:
✓ *Written with ChatGPT*	✕ *Written by ChatGPT*
✓ *Caption written with ChatGPT*	✕ *Caption written by ChatGPT*
✓ *Created with DALL·E*	✕ *Created by DALL·E*
✓ *Image created with DALL·E 3*	✕ *Image created by DALL·E*

2-2 Leonardo.Ai 多功能的繪圖工具

Leonardo.Ai 是一款支援生成各種風格圖片的 AI 繪圖工具，除了最基本的文字生成圖片之外（文生圖），也提供使用圖片生成圖片的功能（圖生圖），甚至還支援許多種修圖方式。雖然 AI 繪圖充滿了隨機性，無法避免產生的圖片可能會出現幾個看起來奇怪的地方，但有了 Leonardo.Ai 提供的修圖工具，人人都可以輕鬆成為修圖大師。

然而功能這麼強大的繪圖工具，不僅沒有昂貴的硬體門檻，打開瀏覽器就可以使用之外，還有提供免費方案，不需付費也可使用它強大的生圖功能。目前 Leonardo.Ai **每日提供 150 個 tokens** 給免費方案的使用者，生成的圖片品質也不會比付費方案低，是非常佛心的 AI 繪圖工具。

認識 Leonardo.Ai

首先，請進入 Leonardo.Ai 的官網並註冊帳號（已有帳號的使用者可直接登入）：

◆ https://leonardo.ai/

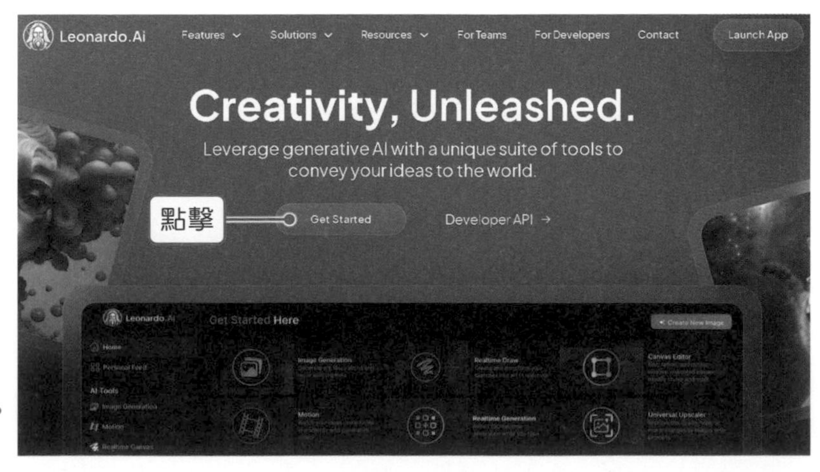

▲ Leonardo.Ai 官方提供了多種方式建立帳號

成功建立帳號後，會出現歡迎畫面，並要求使用者輸入相關資訊：

登入成功後，可以看到 Leonardo.Ai 的主頁面：

● Community Creations 社群創作

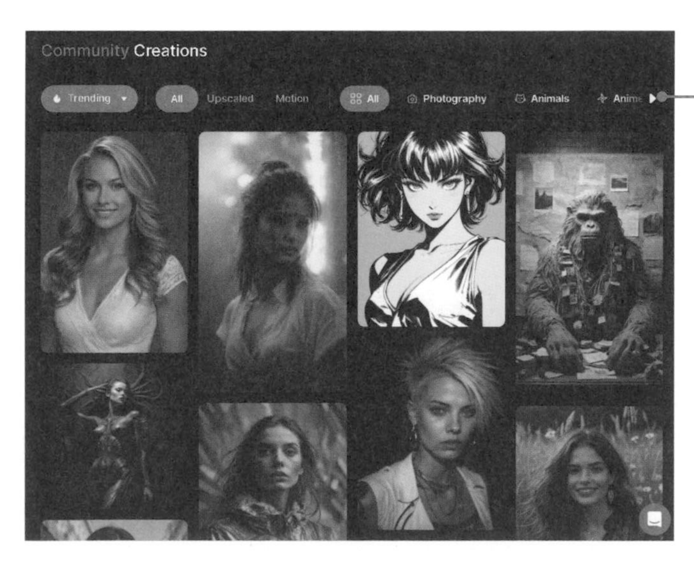

官方提供的分類，可以依照生成內容的主題進行篩選

◀ 目前的熱門圖片，也是生圖的參考範本，後面會對這部分進行更詳細的介紹

● Personal Feed 個人動態

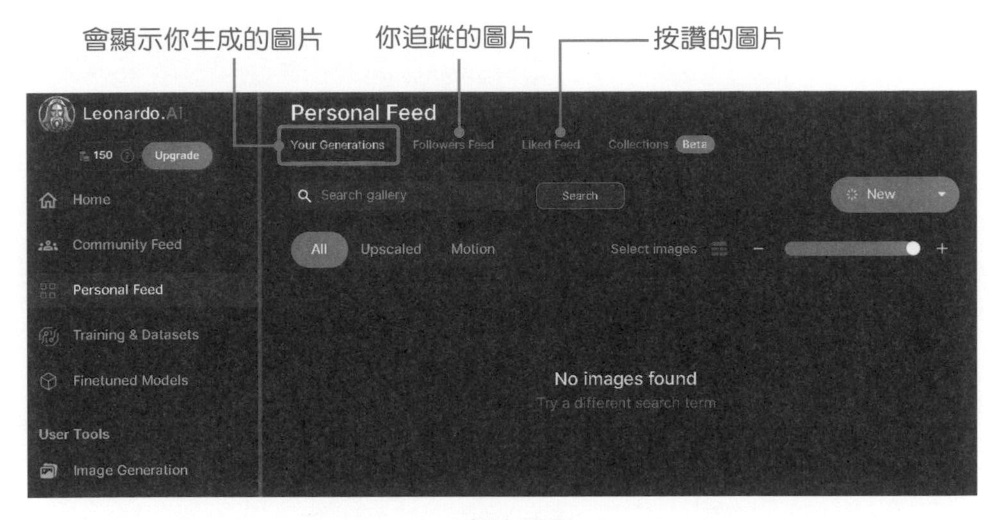

▲個人頁面

● Finetuned Model 微調模型

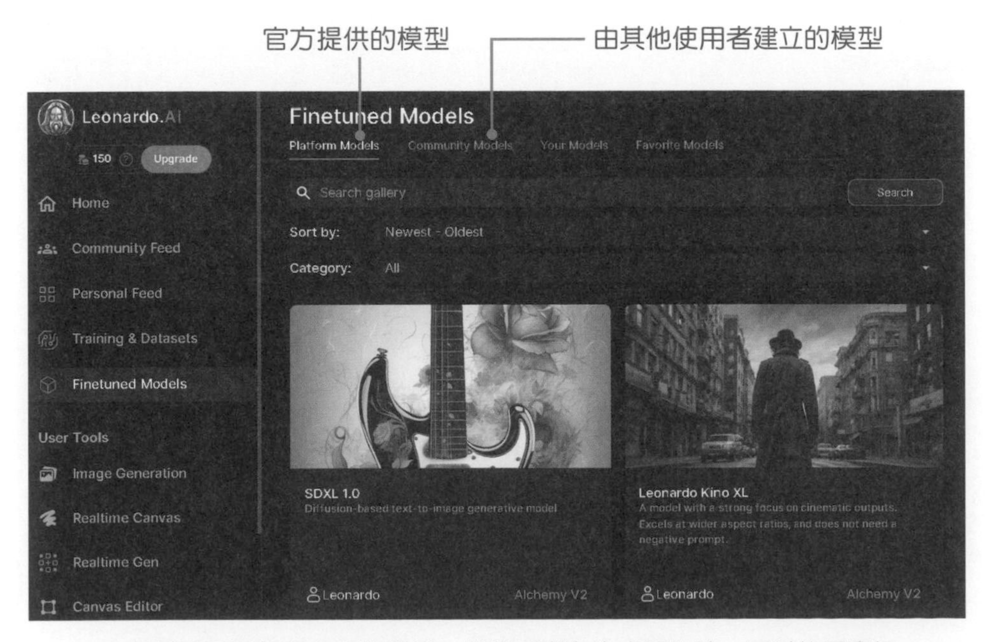

▲各種不同風格和主題的模型，供使用者在生成圖片時，可以依照喜好或需求做選擇，筆者是直接使用預設的 Leonardo Lightning XL 模型

小編補充

由於 Leonardo.Ai 還在不斷增加新功能，因此有可能在使用時出現有新版本可用的訊息。此時刷新網頁即可更新至最新版，雖然 Leonardo.Ai 會記住目前使用者編輯中的狀態，但如果擔心操作到一半的設定會消失的話，可以等圖片生成後再進行更新。

Leonardo.Ai 的文生圖功能

Leonardo.Ai 提供多種生圖方式，我們先從比較熟悉的文生圖開始介紹。請點選左側「User Tools」繪圖工具項目中的「 Image Generation」，進入以下圖片生成的頁面。

ⓐ 生成模式，Fast（分成快速生成）與 Quality（慢速高品質生成）
ⓑ 圖片的長寬比和大小
ⓒ 一次生成的圖片數量
ⓓ 開啟負向 Prompt 的輸入框
ⓔ 添加圖片或調整 **Elements**
ⓕ Prompt 的輸入框
ⓖ 隨機生成 Prompt
ⓗ 開始生成圖片
ⓘ 生成圖片的歷史紀錄

Leonardo.Ai 有多種擅長不同風格的生圖模型，如同前面的介紹，可以在主頁面的 Finetuned Models 裡看到模型的詳細內容，但也可以從生圖頁面中進行切換，而且生圖頁面的模型會用平台 (platform) 來分類，切換不同平台可以選擇風格相近的模型（通常名稱也很相近），使用上比較直觀且方便記憶。

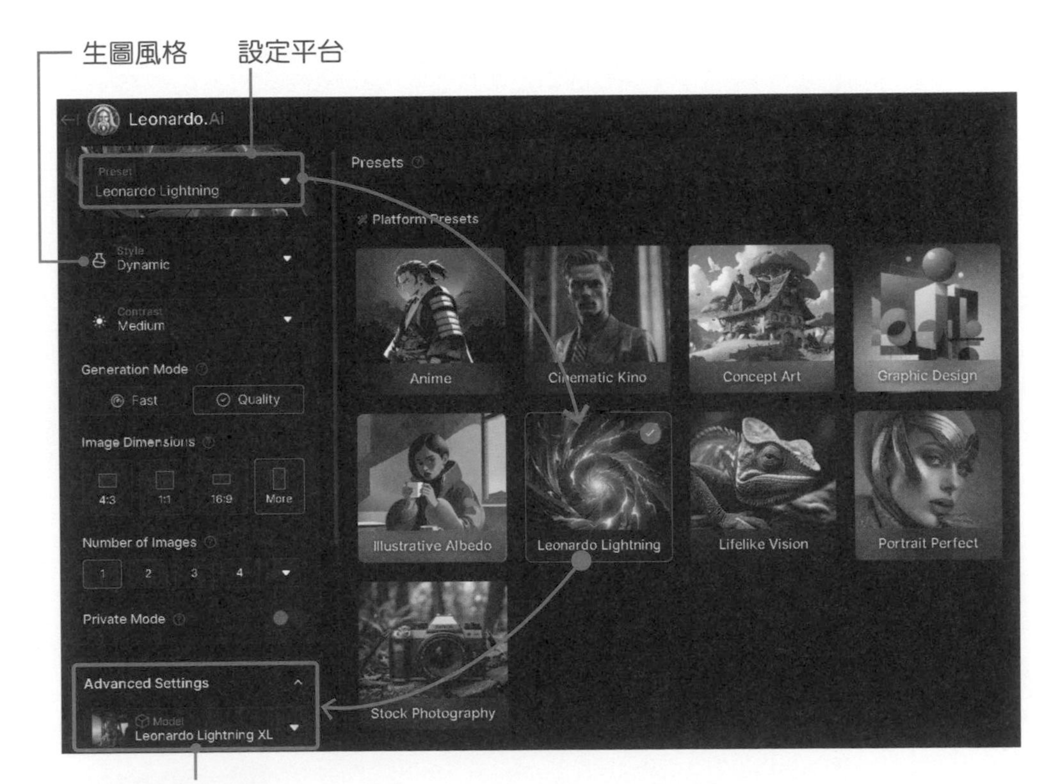

然而官方刻意設成兩個不同的項目，代表平台與模型其實是可以分開設定的，但是能夠調整生圖風格的選項是依照選擇的平台而有所不同，因此分開設定時請注意想使用的風格是屬於哪個平台。

接下來就來實際操作一次，體驗一下 Leonardo.Ai 是如何生成圖片的。首先，選擇一次想要生成的圖片數量，數量越多所需要的 tokens 也就越多。

▲ 預設是一次生成 4 張，最多可以設定到 8 張（修改張數為付費功能）

接著是設定圖片的尺寸，官方有提供 3 種預設長寬比和 3 種大小，也可以點選 More 開啟更多官方設定好、適合各種不同平台的圖片比例。

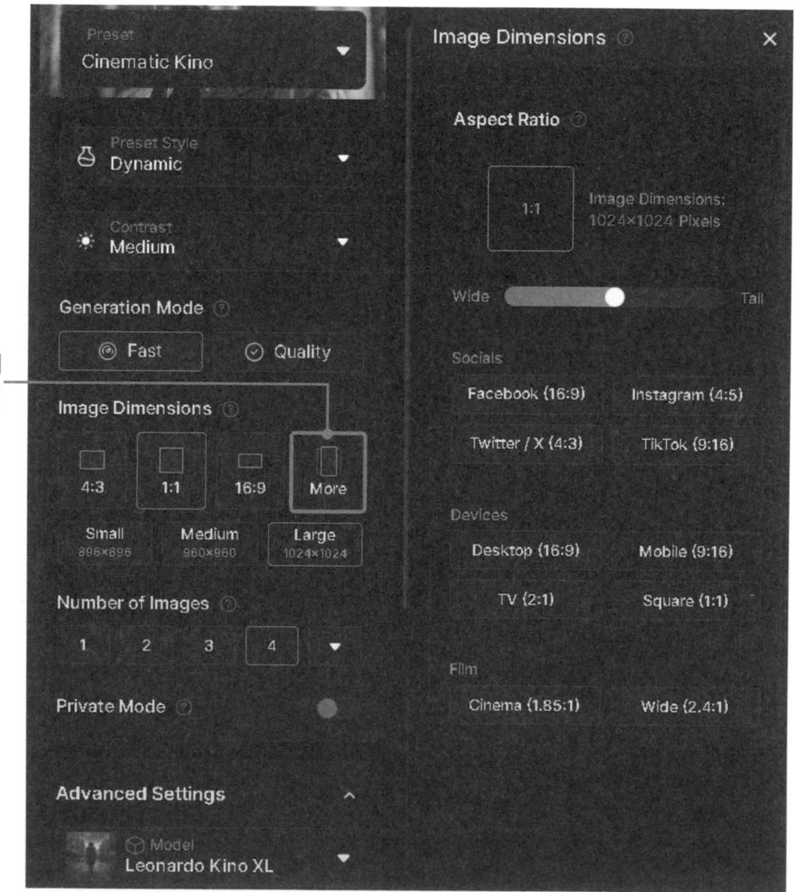

然後就可以開始輸入 Prompt 來生成圖片了！Leonardo.Ai 還有支援**負向 Prompt**，也就是說，使用者在輸入想要生成的內容之外，還可以輸入不希望看到的元素，讓 AI 產生出更接近理想中的圖片。

Prompt 輸入框

A breathtaking coastal highway winding along the edge of rugged cliffs, overlooking a vast, serene ocean. The road is flanked by lush green hills and dotted with occasional wildflowers. The sky is a brilliant blue with a few scattered white clouds, and the sun is shining brightly, casting a golden glow on the water. Waves crash against the rocky shore below, creating a dramatic contrast between the land and sea. In the distance, a few sailboats are visible on the horizon. The scene is both tranquil and majestic, capturing the beauty and power of nature.

Negative Prompt ×

nsfw

Generate 10

負向 Prompt 輸入框，從左側 Negative Prompt 控制是否開啟

Prompt

```
A breathtaking coastal highway winding along the edge of rugged
cliffs, overlooking a vast, serene ocean. The road is flanked by lush
green hills and dotted with occasional wildflowers. The sky is a
brilliant blue with a few scattered white clouds, and the sun is
shining brightly, casting a golden glow on the water. Waves crash
against the rocky shore below, creating a dramatic contrast between
the land and sea. In the distance, a few sailboats are visible on the
horizon. The scene is both tranquil and majestic, capturing the beauty
and power of nature.

輸入的負向 Prompt：
nsfw ←— 輸入 nsfw 能夠避免出現工作場所不宜觀看的內容
```

如果不知道要輸入什麼內容，可以嘗試隨機生成 Prompt 的功能，點選 Generate 按鍵前面的菱形圖示，點選「New Random Prompt」就會由 AI 直接幫你產生一組 Prompt。

輸入完 Prompt 後，Generate 的按鍵會從灰色變成彩色，按鍵上的數字是這次生成圖片會消耗的 tokens。消耗的 tokens 會根據前面的生圖設定而變動，例如一次生成的圖片數量越多、尺寸越大，消耗的量就越多。

Generate 10

▲ 這次生圖會消耗 10 個 tokens

生成的圖片：

◀ 將游標移至圖片上會出現功能列，點選第 1 個圖示可以下載該圖片

除了單純的文生圖之外，還有以下幾個效果不錯的輔助功能值得一試。

PhotoReal (付費功能)

目前最強大的功能，能夠產生**非常接近現實照片的圖片**。Leonardo.Ai 官方表示 PhotoReal 已經強大到不需要使用者輸入負向的 Prompt 進行調整，只要輸入一般 Prompt 就可以準確的生成圖片。

請注意，在開啟 Photo Real 時，「Generation Mode」只能選擇「Quality」(等等會介紹)。此外，依照目前官方的說明，只有 Leonardo Kino XL、Leonardo Vision XL、Leonardo Diffusion XL 這 3 個模型有支援 PhotoReal，使用其他模型將無法開啟 PhotoReal 的功能選項。

為了能夠比較出差異，筆者使用相同的設定與 Prompt 來生成圖片：

▲ 畫面中除了能明顯看出海浪變的更加自然、真實之外，也開始出現其他細節 (例如：帆船、公路等)

Generation Mode

如同前面提過的，此功能有 2 種模式，分別是 Fast (快速生成) 與 Quality (慢速高品質生成)。Fast 模式如同功能名稱，旨在快速產生圖片，因此使用這個模式時無法使用 PhotoReal 的功能，不過需要花費的 tokens 比較少。

另一種 Quality 的模式為付費功能，雖然生圖速度確實比較慢，但依照筆者的實測，只是與 Fast 模式相較之下比較慢，其實產生圖片不會花太多時間。這種模式除了增強圖片輸出的細節以及豐富度之外，也會提高解析度與對比，還提供了 2 種不同用途的圖片放大工具，進一步優化生成出來的圖片。如果是以前有用過 Leonardo.Ai 的讀者或許對於「Alchemy」

這個名稱比較熟悉，Quality 模式包含了原先 Alchemy v2 的功能，因此可以同時開啟 PhotoReal 的功能生圖；但不論使用者有沒有開啟 PhotoReal，Quality 模式需要花費的 tokens 都會比較多。

這次的設定與 Prompt 依舊相同，只是會關閉 PhotoReal 的選項，讓讀者比較在沒有開啟 PhotoReal 時，Quality 模式與 Fast 模式生成效果的不同：

▲ 筆者是選用 Dynamic 的風格，不需額外進行其他設定，會發現除了光影變得自然之外，海浪的處理明顯也變得真實許多

接著來看在 Quality 模式下，官方提供的 2 種放大工具，將游標移至圖片上，會發現功能列多了一個圖示：

點此開啟放大工具的選單

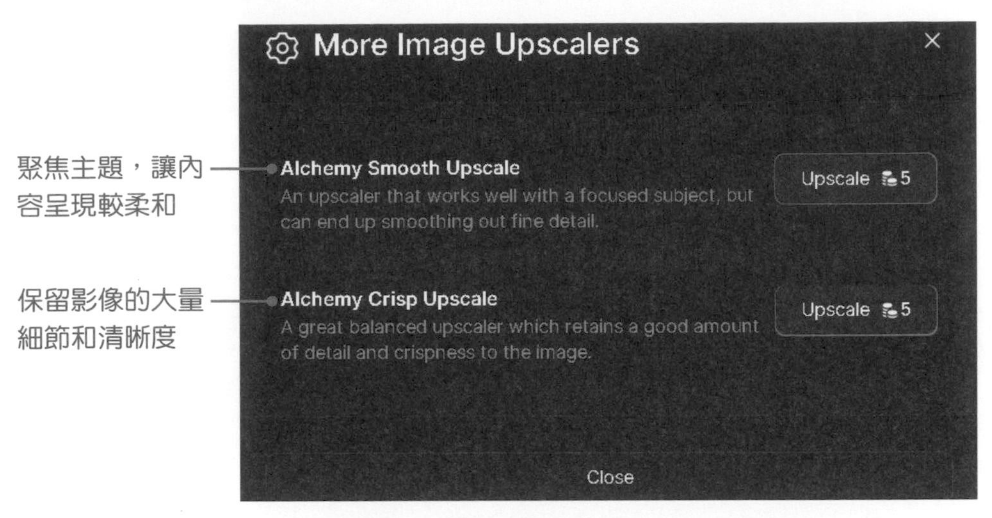

▲點擊後，會出現不同的放大效果和需要的 tokens

以這次生成的圖來說，原先的大小只有 1344×2408，放大後變成接近 2 倍的 2295×4111。Alchemy Smooth Upscale 放大後相較原圖確實內容輪廓比較柔和；Alchemy Crisp Upscale 則是明顯比原圖清晰。

▲ Alchemy Smooth Upscale

▲ Alchemy Crisp Upscale

Transparency

這是一個直接產生**無背景圖片**的新功能，不用等圖片生成完，再後製去除背景，方便直接與其他圖片或影片一起使用。只是這項功能需要注意的事項較多，因為是無背景的圖片，在輸入 Prompt 時要盡可能避免描述到場景。而官方建議使用的模型為：Leonardo Kino XL、Leonardo Vision XL 和 AlbedoBase XL，同時降低 Elements 的強度會得到比較理想的結果，並且不建議使用 Leonardo Diffusion XL 的模型。

> Transparency 的官方說明中有針對各個 Elements 的使用建議：
> ◆ https://intercom.help/leonardo-ai/en/articles/9075772-transparency

Prompt

```
pirate plays electric guitar.
```

▲ 無背景圖片會以 PNG 的格式提供使用者下載

Image2Image 圖生圖功能

在了解 Leonardo.Ai 文生圖的方式後，接下來要介紹使用圖生圖的方式。請點擊 Prompt 輸入框前的圖片圖示，頁面會開啟「圖生圖」與「Elements」的選單，(Elements 會在後面進行介紹)，請先點選「Image Guidance」下方的「View More」按鈕開啟圖生圖的選單：

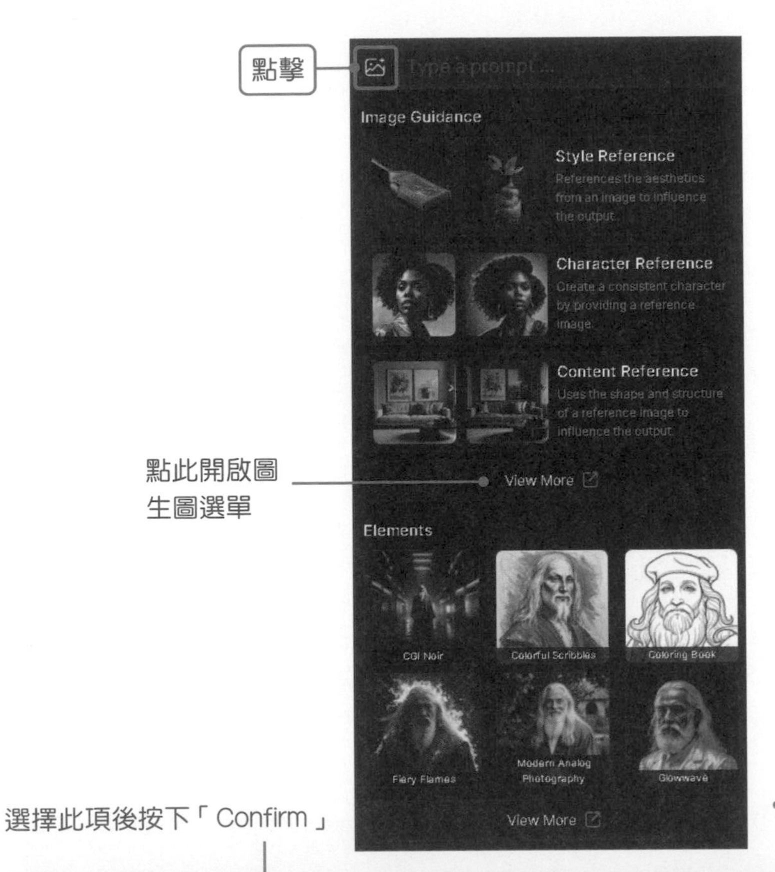

選擇此項後按下「Confirm」

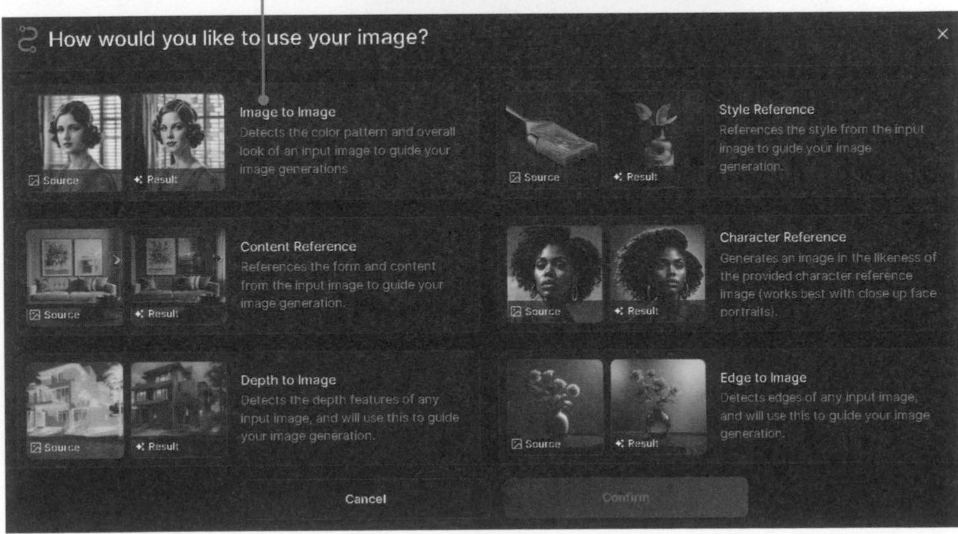

官方提供了 4 種添加圖片的方法，分別是：使用者上傳、
使用者產生、社群動態的作品和你追蹤的創作者的作品

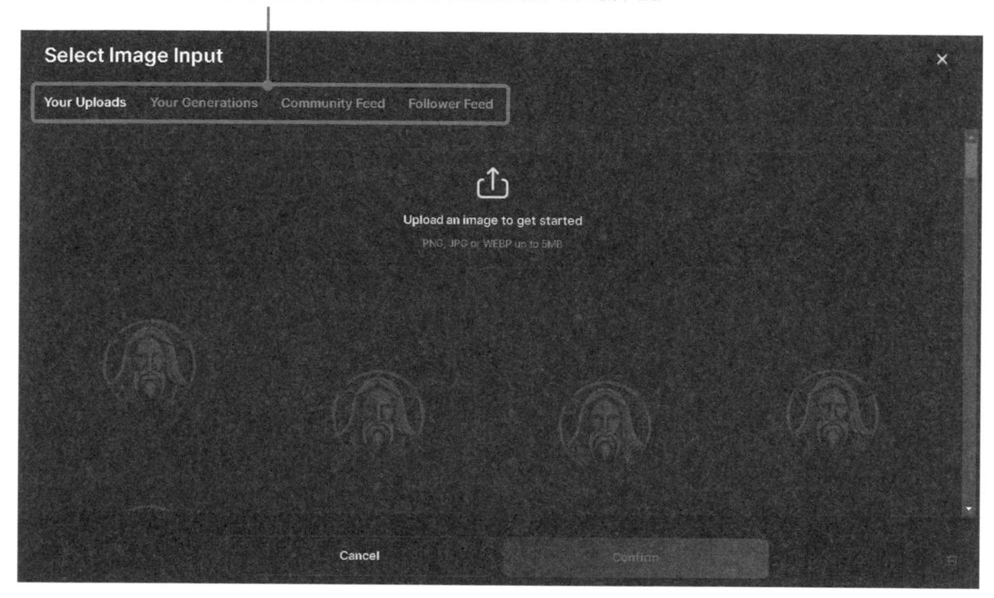

選擇圖片後，點擊開啟設定，可以調整圖片的
權重，比重越高生成的圖會越接近上傳的圖片

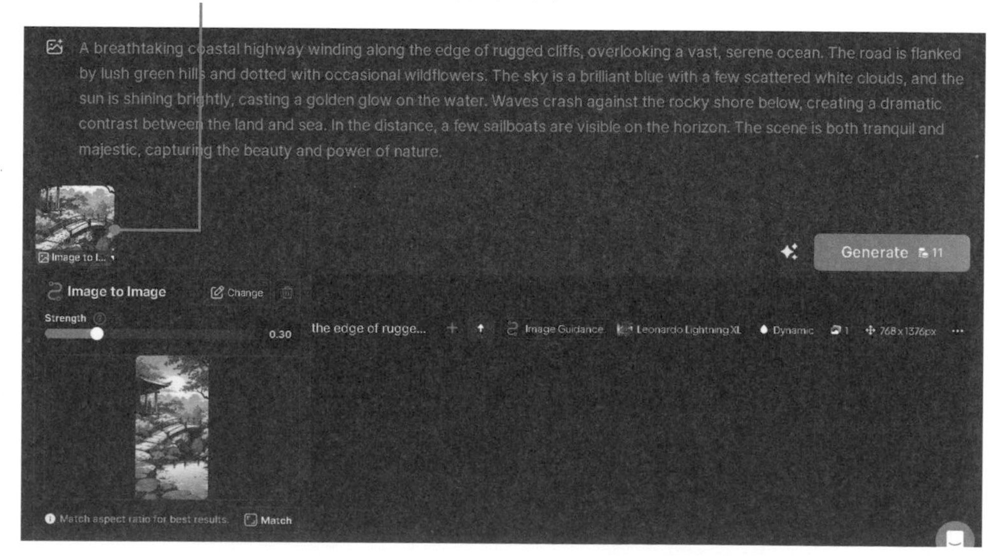

為了方便比較純文字與文字添加圖片生成結果的差異，使用的 Prompt 與文字產生圖片時所輸入的內容相同，生成的圖片如下：

▲ 與純文字生成時不同，構圖明顯接近上傳的圖片

觀摩其他人的作品來生圖

生圖時除了可以讓 AI 幫忙生成 Prompt 之外，也可以從「Community Creations」查看來自其他使用者生成的圖片，了解高手如何靠文字生成精緻的圖片。點擊圖片後會出現視窗顯示該圖片的詳細訊息，除了圖片大小、生成時間等一般資料之外，還會顯示生成這張圖片時該使用者輸入的 Prompt，初學者可以藉此參考其他玩家的做法，然後複製作品的 Prompt，先觀摩、學習別人怎麼做，多多嘗試自然就會抓到訣竅。

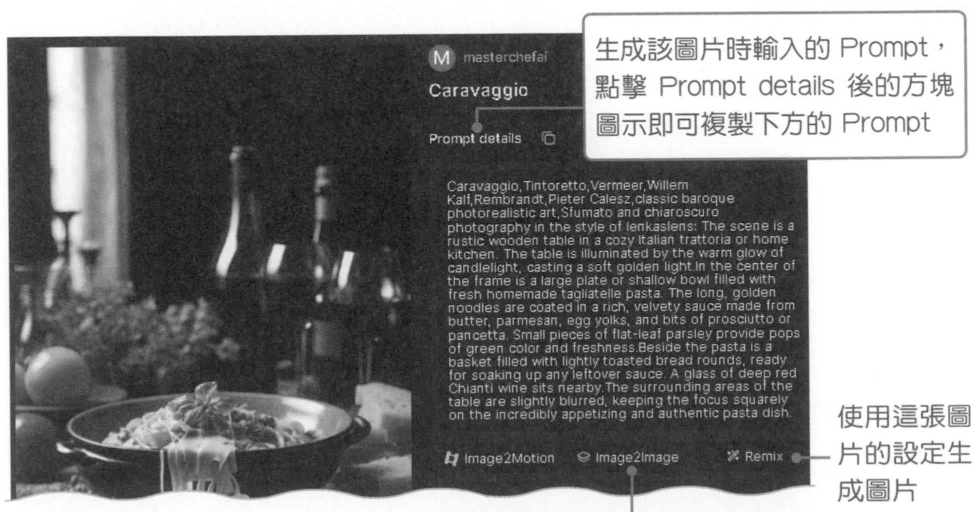

另外，Leonardo.Ai 有支援「Image2Image」和「Remix」的 2 種重製方式，使用者只要按下按鍵就可以簡單重製已經生成的圖片。這 2 種方式主要的差別在於生成時，有沒有將該圖片作為依據一起傳送至設定中。

▲左邊 Remix 生成的圖主題相同，但構圖有明顯差異；右邊 Image2Image 生成的圖，只有細節有差，整體與原圖非常接近

如果是在使用免費方案狀況下，重製到其他玩家使用付費方案功能所生成的圖片，Leonardo.Ai 會跳出該功能的介紹並建議使用者升級成付費方案，但不升級也可以重製該圖片，只是會在付費功能都關閉的狀況下重製，生成的效果可能就沒有原先圖片那麼好。

Realtime Canvas

如同工具名稱，這是一個能夠**將畫出的草圖即時生成精緻圖片**的繪圖工具，即時的視覺回饋有助於把抽象想法變得更加具體，且繪製的過程不消耗 tokens，只有在要儲存結果時會消耗 tokens。

說到要自己畫圖可能很多人都沒有信心，但不用擔心，Realtime Canvas 不會要求使用者畫出非常完美、接近成品的草圖，即使是只有幾筆的簡單塗鴉，也能繪製出精細的圖片，而且有提供許多輔助工具來協助使用者輕鬆製作出理想中的圖片。請點擊使用者繪圖工具的「Realtime Canvas」，進入該頁面：

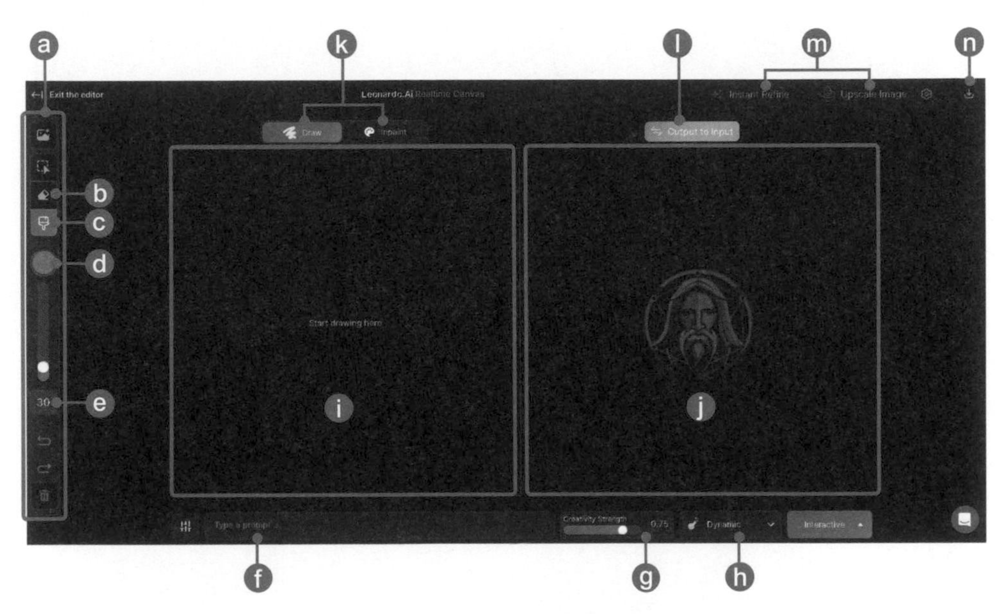

- ⓐ 工具列
- ⓑ 橡皮擦
- ⓒ 畫草圖用的筆刷
- ⓓ 筆刷顏色
- ⓔ 筆刷大小
- ⓕ Prompt 輸入框
- ⓖ 創造性權重，越低產生的圖會越接近草圖
- ⓗ 可選擇的風格
- ⓘ 繪製草圖的區域
- ⓙ 即時生圖的區域
- ⓚ 切換繪圖或修改功能
- ⓛ 將生成的圖片放到草圖處
- ⓜ 優化圖片與相關設定
- ⓝ 下載生成圖片

接著筆者會示範幾種簡單的使用方法：

Prompt

```
wooden cabin, stone fireplace, plush sofa, ambient light, forest
retreat
```

▲在 Prompt 輸入框輸入小木屋的敘述，並簡單畫了一棟房子，就可以即時生成相當真實的小木屋圖片

完全相同的 Prompt 和草圖，在不同風格下會有很大的差別，可以嘗試切換不同風格修改生成的圖片。

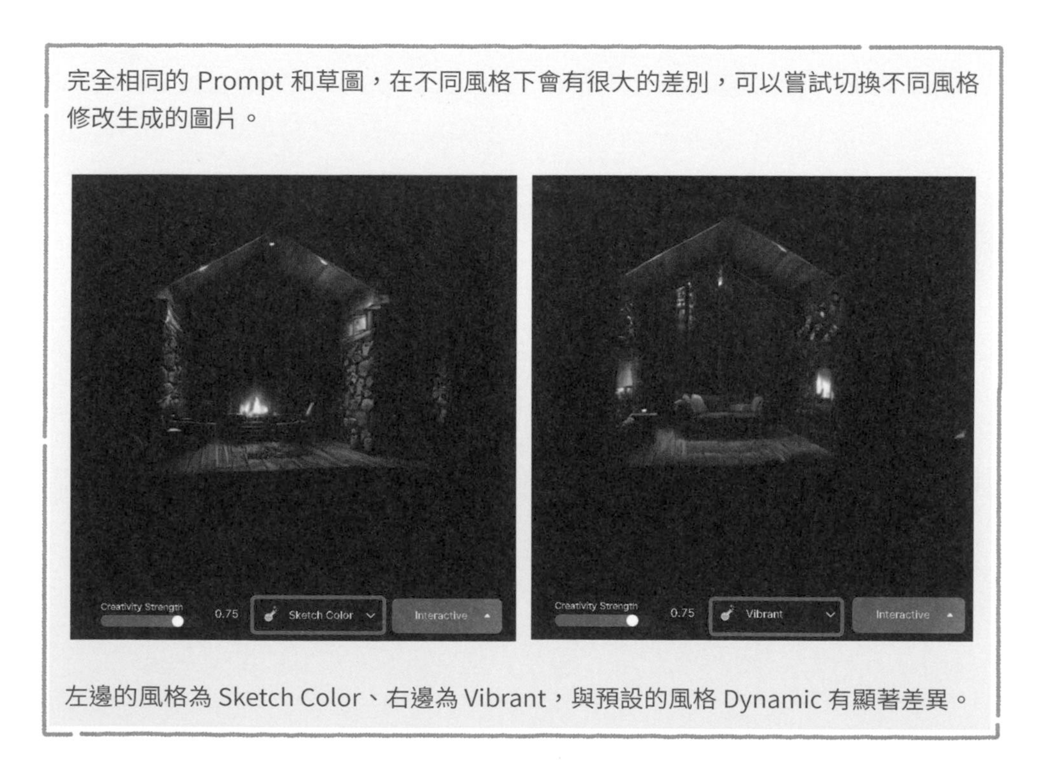

左邊的風格為 Sketch Color、右邊為 Vibrant，與預設的風格 Dynamic 有顯著差異。

把生成的圖放到草圖後，使用筆刷就能輕鬆添加新的細節到圖中

▲ 切換成「Inpaint」功能，此功能會自動使用 Output to Input 的功能，也就是用生成的圖來修改，輸出其他新圖

如果覺得難以使用滑鼠畫圖，可以點選旁邊工具列的「Generate」

點選後會出現 Prompt 輸入框，根據使用者輸入的 Prompt 生成圖片作為 Realtime Canvas 草圖

也可以上傳圖片來進行修改

最後，在儲存圖片前，可以使用右上角的優化設定進一步修改圖片，優化後的結果會直接儲存到個人動態中。

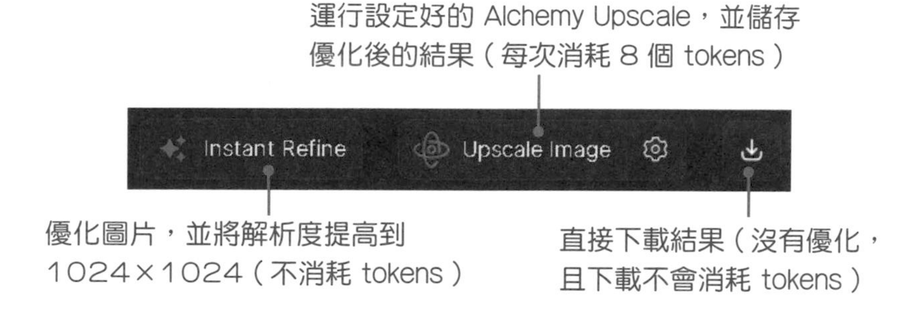

Realtime Generation

這是 Leonardo.Ai 提供的另一個即時生成圖片的繪圖工具。與使用草圖生成的方式不同，Realtime Generation 是**將使用者輸入的文字即時生成圖片**，當需要立即產生圖片或快速變更風格時非常方便。同樣只有在儲存結果時才會消耗 tokens。請點擊使用者繪圖工具的「Realtime Generation」，進入該頁面：

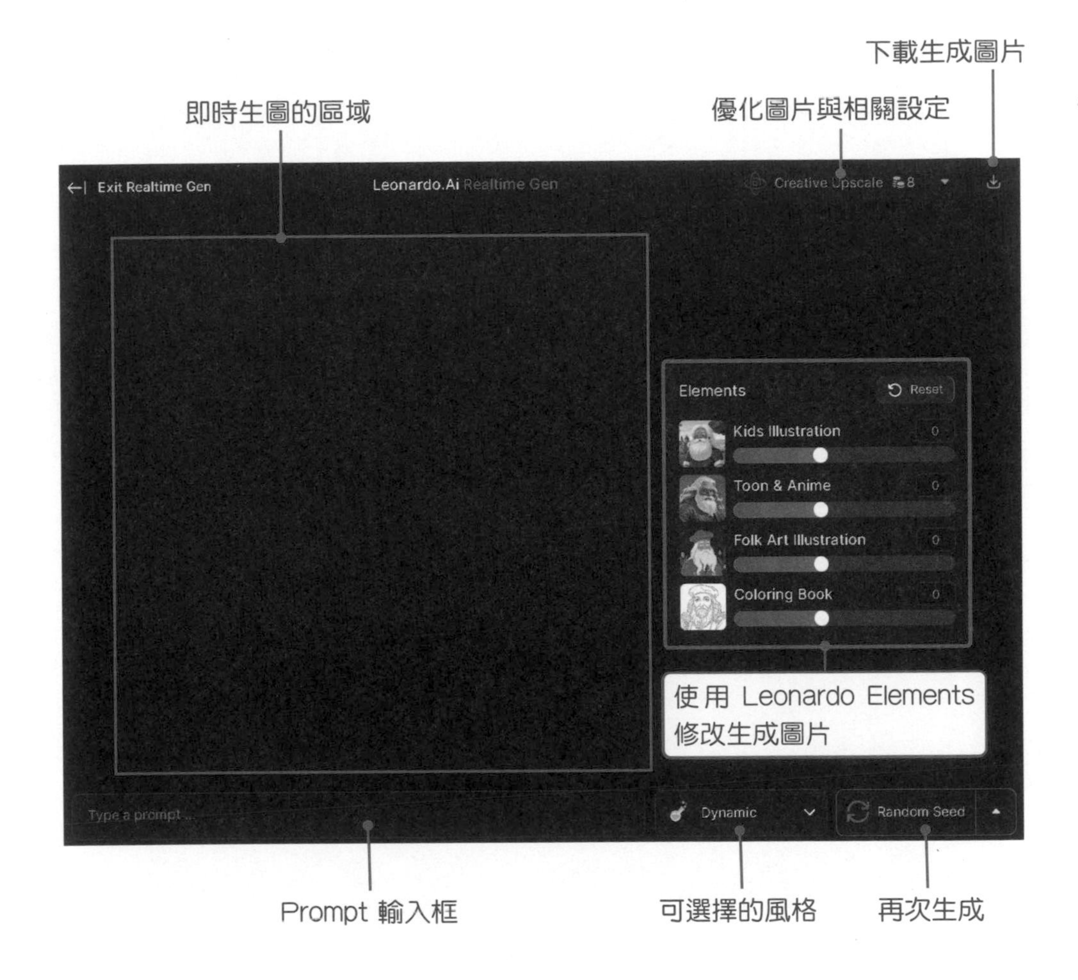

筆者會簡單示範使用方法，讀者可以依照喜好修改風格和 Leonardo Elements，做出獨一無二的圖片。下面是筆者在不修改輸入 Prompt 的情況下，只調整 Elements 後的差異：

Prompt

```
wooden cabin, stone fireplace, plush sofa, ambient light, forest
retreat
```

▲ 上圖為調整 Elements 前生成的圖片，下圖為調整 Elements 後生成的圖片

除了調整 Elements 之外，也可以嘗試使用不同的風格生成圖片。最後，和 Realtime Canvas 相同，單純下載即時生成的圖片不會消耗 tokens，但是儲存及優化 (Creative Upscale) 就會需要消耗 8 個 tokens。優化後的結果一樣要到個人動態才看得到。

Canvas Editor

這是 Leonardo.Ai 內建功能強大的 AI 圖片編輯工具，不需要學會專業技巧也可以成為修圖大師，輕鬆對圖片進行複雜的修正調整，而且不侷限於 Leonardo.Ai 生成的圖片，也可以自行上傳圖片。需要注意的是，修圖的過程就會消耗 tokens。筆者將會示範修圖和延伸圖片的方式，請點擊使用者繪圖工具的「Canvas Editor」，進入該頁面：

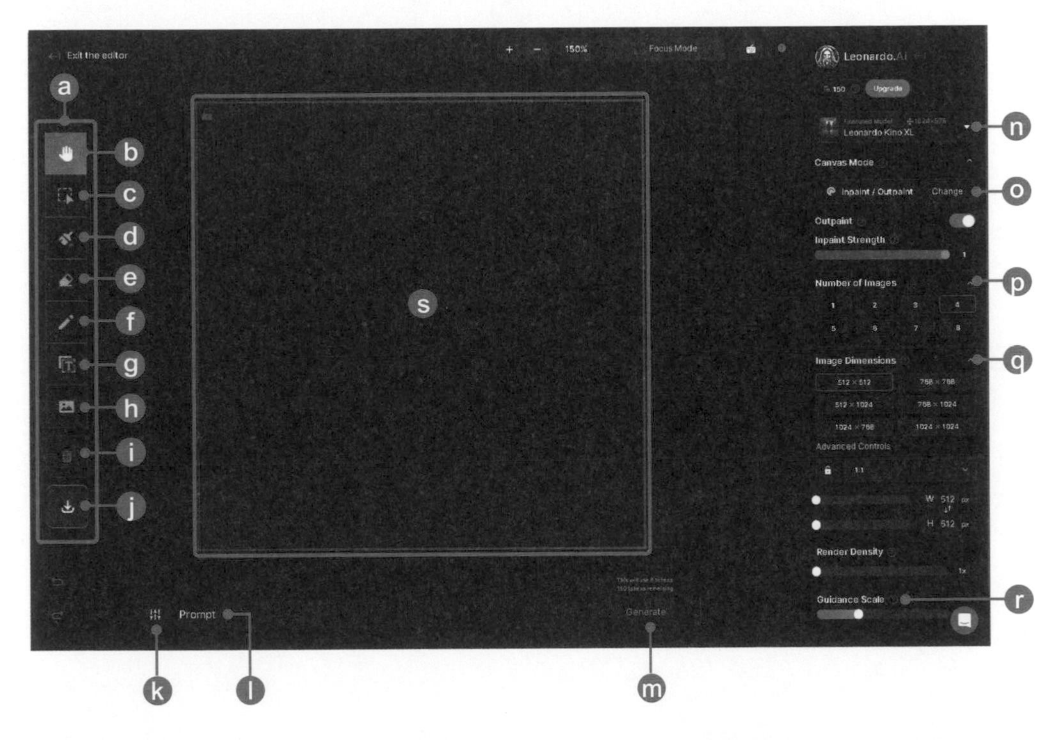

ⓐ 工具列
ⓑ 移動整個版面
ⓒ 選取移動及縮放
ⓓ 遮罩，用來塗抹要重新生成的區域
ⓔ 橡皮擦
ⓕ 繪製草圖的畫筆
ⓖ 新增文字
ⓗ 上傳圖片
ⓘ 刪除圖片
ⓙ 下載圖片
ⓚ 負向 Prompt 的輸入框
ⓛ Prompt 的輸入框
ⓜ 生成鍵
ⓝ 可選擇的模型
ⓞ 編輯模式，有文字生成、延伸圖片、圖片生成以及草圖生成圖片 4 種
ⓟ 一次生成的圖片數量
ⓠ 調整生成圖片的大小
ⓡ Prompt 的權重
ⓢ 圖片生成的區域

修改圖片

首先，請點擊工具列的上傳圖片圖示，將要修改的圖片傳至 Canvas Editor 中：

▲ 將要修改的部分放在圖片生成的區域內

在下方 Prompt 輸入框輸入想修改的內容後，需要消耗的 tokens 會顯示在生成鍵上方，按下就可以依照設定的數量生成圖片，每次消耗的 tokens 根據設定而有所不同。這裡筆者要求將原先的檸檬片換成鳳梨片。

Prompt

```
A colorful drink with sliced pineapple on the rim
```

預設為一次生成 4 張圖，因此完成後會出現 4 張圖供使用者選擇，對成果滿意的話按下「Accept」即修改完成；不滿意就按下「Cancel」重新生成

最後按下工具列的下載圖示，就可以將修改後的圖片下載至電腦內，此處下載不會再重複消耗 tokens，但不會儲存到個人動態。

若對於生成的結果不滿意，可以嘗試將 Outpaint 關閉，手動調整 Inpaint Strength 的比重，比重越高與原圖的差異越明顯，反之則越接近原圖。

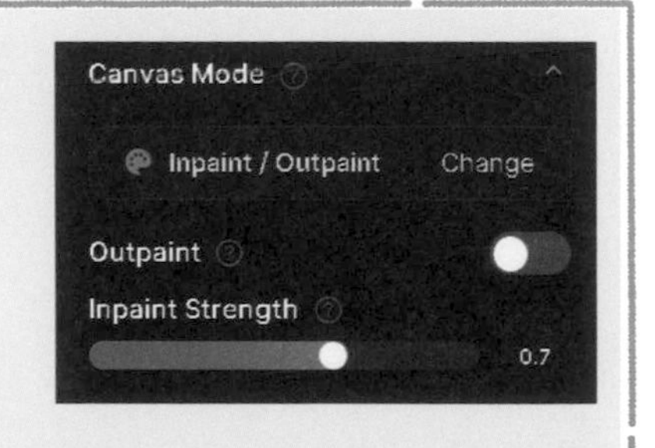

延伸圖片

首先，將圖片縮小至圖片生成的區域內，保留空間給 AI 生成圖片。接著使用工具列中的「選取移動及縮放」工具，調整圖片大小及位置後，輸入 Prompt 告訴 Leonardo.Ai 想生成什麼樣的圖，筆者在這裡要求擴展圖片上方的天空。

Prompt

```
A glass of colorful drink with fruit slices on the rim under a sunset
sky without many clouds
```

設定完成後需要消耗的 tokens 會顯示在生成鍵上方，按下即可開始生成

依照設定的數量生成圖片供使用者選擇，看到滿意的圖就可以按下「Accept」接受，下載圖片同樣不消耗 tokens

收費標準和版權

Leonardo.Ai 的收費頁面顯示，免費方案每天都會提供 150 個 tokens，而其他的進階功能皆需付費才可使用，不過我們前面介紹的大部分是免費的基本功能，所以不用擔心。當然，如果想體驗一下進階繪圖、修圖功能，跟其他平台相比，Leonardo.Ai 的收費比較低廉，就算付費也很超值。

◆ https://app.leonardo.ai/buy

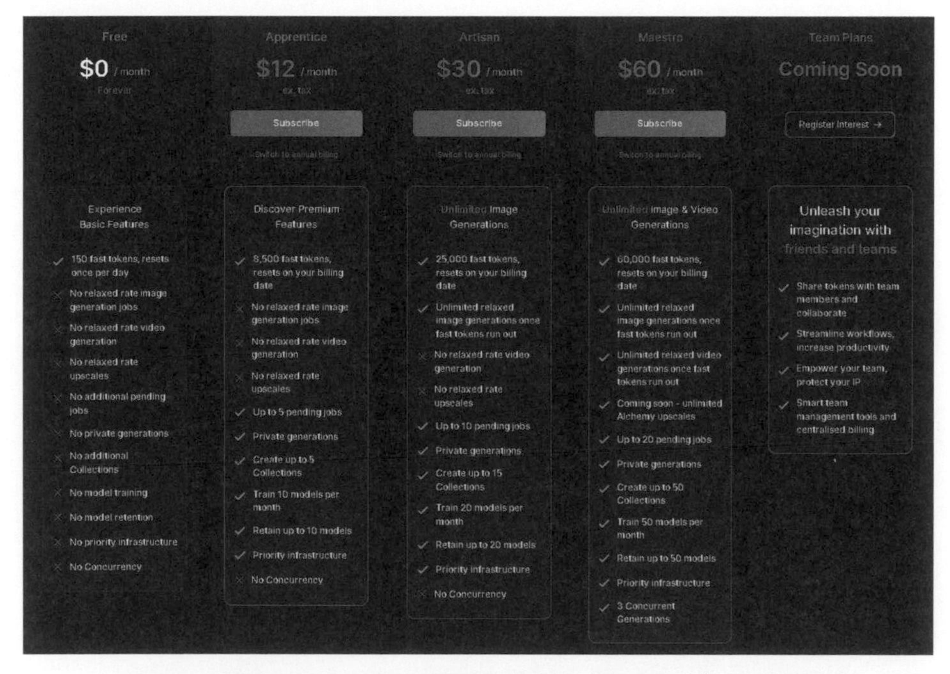

▲關於付費詳細的內容可以查看官方網站（需要登入後才能看到）

關於版權，在遵守服務條款的狀況下，不論是免費還是付費，使用者都可以將自己生成出的圖片用於商業用途，只是免費方案所生成的圖都是公開的，其他用戶也有權利使用。關於商用的說明：

◆ https://intercom.help/leonardo-ai/en/articles/8044018-commercial-usage

2-3 3D 模型圖生成 - Luma AI

隨著科技的進步，AI 已經能夠創造出令人驚嘆的藝術作品，但 AI 生成並沒有停留在 2D 的階段，在介紹了這麼多生成圖片的 AI 平台之後，接下來要延伸到立體的領域，也就是 3D 模型的生成。從產品設計到遊戲開發，該技術可應用的範圍廣泛，筆者接下來要介紹的就是一個實用性極高的 3D 模型平台。

這個平台的使用方式非常簡單，對於 Prompt 沒有特殊的格式要求，直接輸入想生成的內容，就可以立刻建出該物體的 3D 模型，而且支援多種格式輸出，例如常見的 3D 軟體 3ds Max、Blender、Unity 等，不用擔心生成的模型因為格式問題而無法使用。

◆ https://lumalabs.ai/

目前登入方式只接受使用 Google 或 Apple 帳號登入，筆者是使用 Google 登入。

◀ Luma AI 的主頁面

點擊背景上的圖片會顯示生成時使用的 Prompt

▲ 進入文字生成 3D 的頁面後，在下方對話框輸入想生成的物件敘述即可

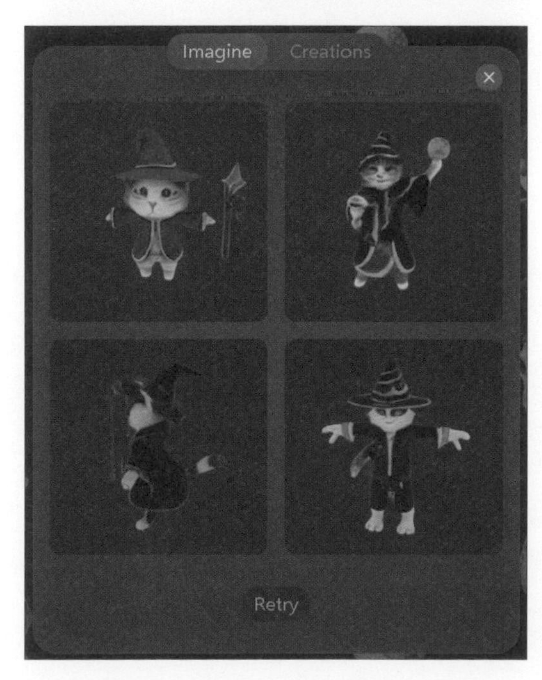

◀ Luma AI 一次會生成 4 個模型

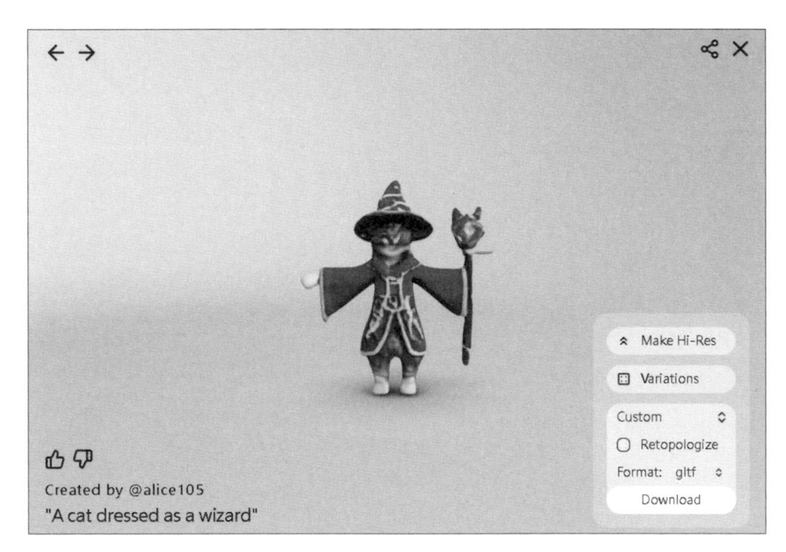

▲產生的模型都較為粗略，可以藉由點擊
模型進一步更改設定，生成較為精細的模型

除此之外，Luma AI 也支援上傳不同角度的照片或影片，來建立物品模型或場景的功能。雖然整體來說，Luma AI 可能無法製作出超精細的模型，但就其生成的速度，以及只要標示出處，即使是免費方案都可以用在商業用途上，大幅提高了實用性。例如，在遊戲中只是物件不能進入的建築物、放在場景中豐富背景的小物件，或是路人模型都可以用 Luma AI 在極短的時間內完成，開發團隊可以把從這裡省下來的時間用在更重要的地方，進而提高遊戲品質。

2-4 新一代的 AI 繪圖神器

前面我們介紹了 DALL-E 和 Leonardo.Ai 這兩個 AI 繪圖工具的特色與使用方式，但市面上還有不少同樣提供 AI 繪圖功能的平台，接下來將會稍微介紹幾個常見的選項：

Copilot Designer

由 Microsoft 推出，透過 DALL-E 產生圖片，只要擁有 Microsoft 帳戶就能免費使用，而且支援許多語言，因此可以**輸入中文的 Prompt 生圖**。然而，此平台與同樣使用 DALL-E 的技術、僅以簡短口語化敘述就可以生成精緻圖片的 ChatGPT 不同，Microsoft 建議在使用 Copilot Designer 時，Prompt 的描述越詳細效果越好。

生圖的效果差異不大，但 Prompt 需要描述得比較詳細

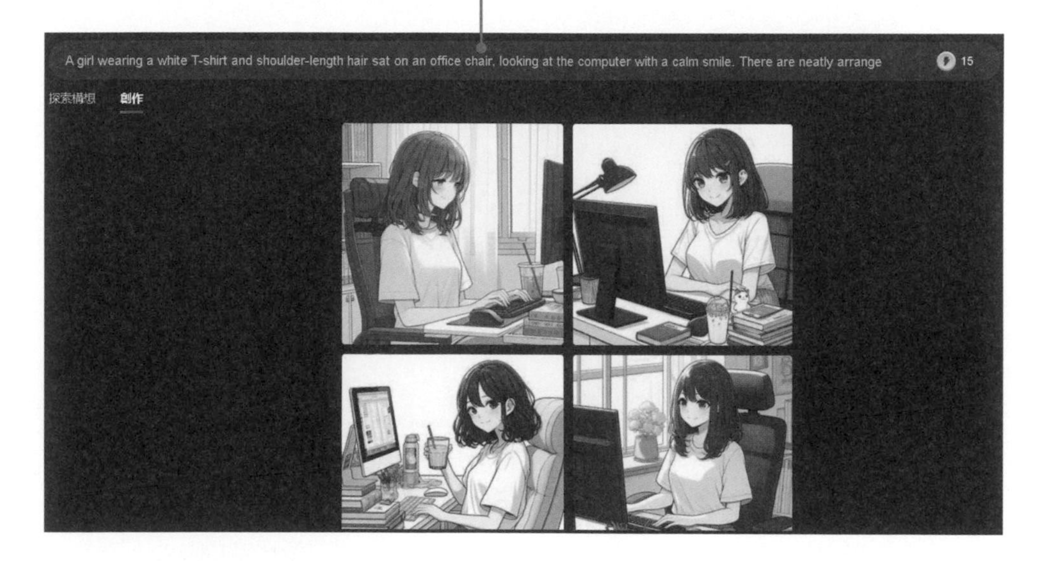

Midjourney

由美國同名研究實驗室開發的知名 AI 繪圖平台，使用需要付費，有多種不同的付費方案。關於輸入的 Prompt，Midjourney 建議要避免太長、太口語的敘述，內容越簡潔越好。此外，如果想進一步控制生成的圖片，可以在 Prompt 後方增加參數，而這些參數的寫法需要參考官方的參數列表，並遵守相關格式規定；再者，其主要的生圖功能是利用 Discord 社群平台來呼叫，對初學者來說有一定程度的學習門檻。

Prompt 後方有加上調整的參數

近期 Midjourney 有推出 Web 版的生圖介面，不用進入 Discord 也能生圖。不過這個介面還在測試階段，目前功能比較陽春。

Stable Diffusion

由 StabilityAI、Runway 與慕尼黑大學團隊 CompVis 所研發的文字生圖模型，常被拿來與 Midjourney 等知名 AI 繪圖平台作比較。因其為開源軟體，所以自行安裝即可免費使用，雖然 Stable Diffusion 有不少強大外掛可以做出非常酷炫的效果，但在使用前需要先建置好相關的環境，對於 IT 領域不熟的人來說可能會有難度。

由於 Stable Diffusion 是開源軟體，因此很多 AI 繪圖工具都有採用它的模型，像前面介紹過的 Leonardo.Ai 也有使用 Stable Diffusion 的模型。此外，也有為沒有相關硬體設備及 IT 背景的使用者提供的雲端服務，例如 RunDiffusion，雖然與 Midjourney 相同，都須付費才能使用，但沒有軟硬體的限制，只要有網頁瀏覽器就可以使用。

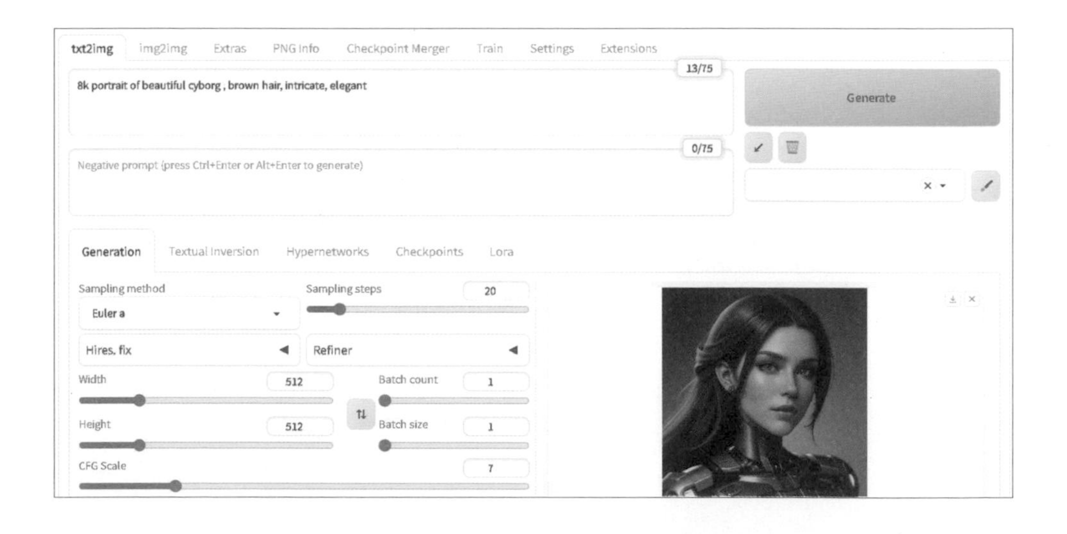

若對於 Stable Diffusion 感興趣的讀者，可以參考由 AI 繪圖 YouTuber 杰克艾米立所撰寫的《Stable Diffusion：與杰克艾米立攜手專精 AI 繪圖》一書。

CHAPTER

AI 動畫生成器

在 AI 圖片生成技術日漸進步的現在，提供 AI 生成動畫的服務平台也開始陸續出現，這是使用人工智慧來創造或改進動畫製作的技術，不僅可以提升動畫品質和製作效率，還能開啟全新的創意可能性。筆者接下來會介紹幾款可以免費使用的 AI 動畫生成平台。

3-1 Kaiber 爲藝術家打造的動畫生成器

Kaiber 是由藝術家所建立，號稱是為所有藝術創作者、設計人服務的 AI 公司，在每一個創作階段都可以提供協助。

打著這麼響亮的口號，一進入 Kaiber 官網，確實讓人眼睛為之一亮，不僅網站很有設計感，操作介面也是簡單直覺，很容易上手。

Kaiber 的基本使用方式

主打容易上手、方便使用的網站，註冊方式當然不會很複雜：

◆ https://kaiber.ai/

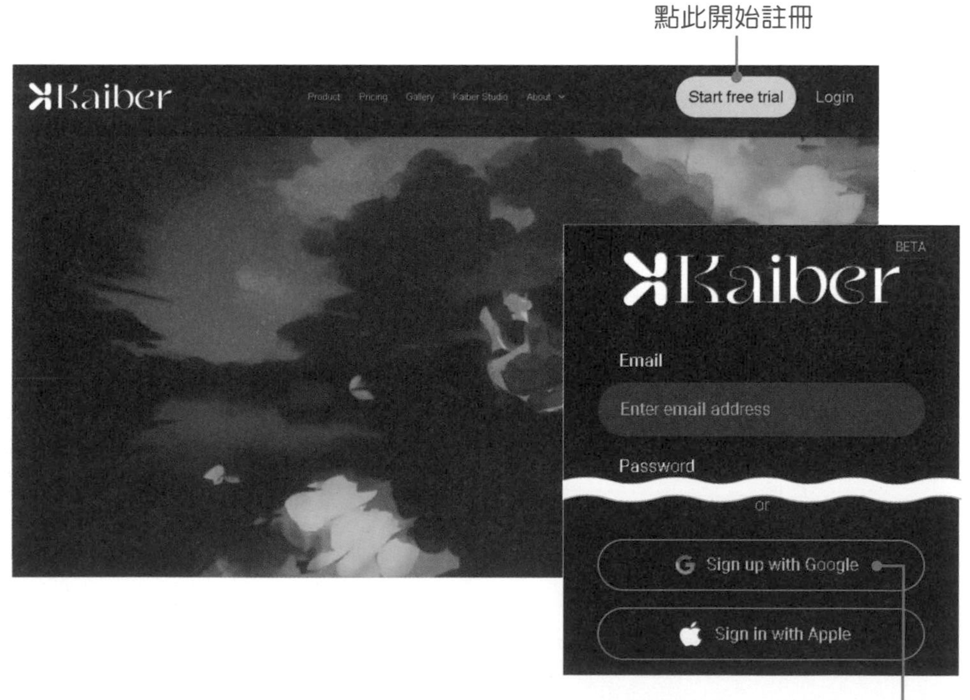

成功登入並進入主頁面後，會看到 Kaiber 的製作方式主要分成兩類，一類是使用模板，另一類是使用者從頭開始製作：

▲ Kaiber 的主頁面

- **Flipbook**：一張一張生成的逐幀動畫，流暢性稍差，但畫面變化較多元，需要多次嘗試比較能生成好的作品。
- **Motion**：在同一個畫面場景做不同運鏡的動畫效果，流暢性佳，但動態效果的變化幅度有限。
- **Transform**：將某一段影片轉換成不同風格，需要先有原始影片，相對其他製作方式會比較受限於原來的影片內容。

前面提過 Kaiber 的操作介面十分簡單容易上手，沒有複雜的項目需要調整，因此也不會讓使用者為了製作不同類型的動畫，去學習使用不同的介面。Flipbook 和 Motion 的操作介面基本上是相同的，可以自由選擇上傳圖片或直接輸入 Prompt 開始；但選擇 Transform 一定要上傳影片才能開始，因此前者與後者差別在於接受的上傳檔案類型不同。

另外，使用「Flipbook」和「Motion」製作動畫時，有沒有上傳圖片會有很大的差異。當 AI 有圖片參考時，就能以此為依據生成動畫，生成結果就不會太隨機，比較能掌握內容。

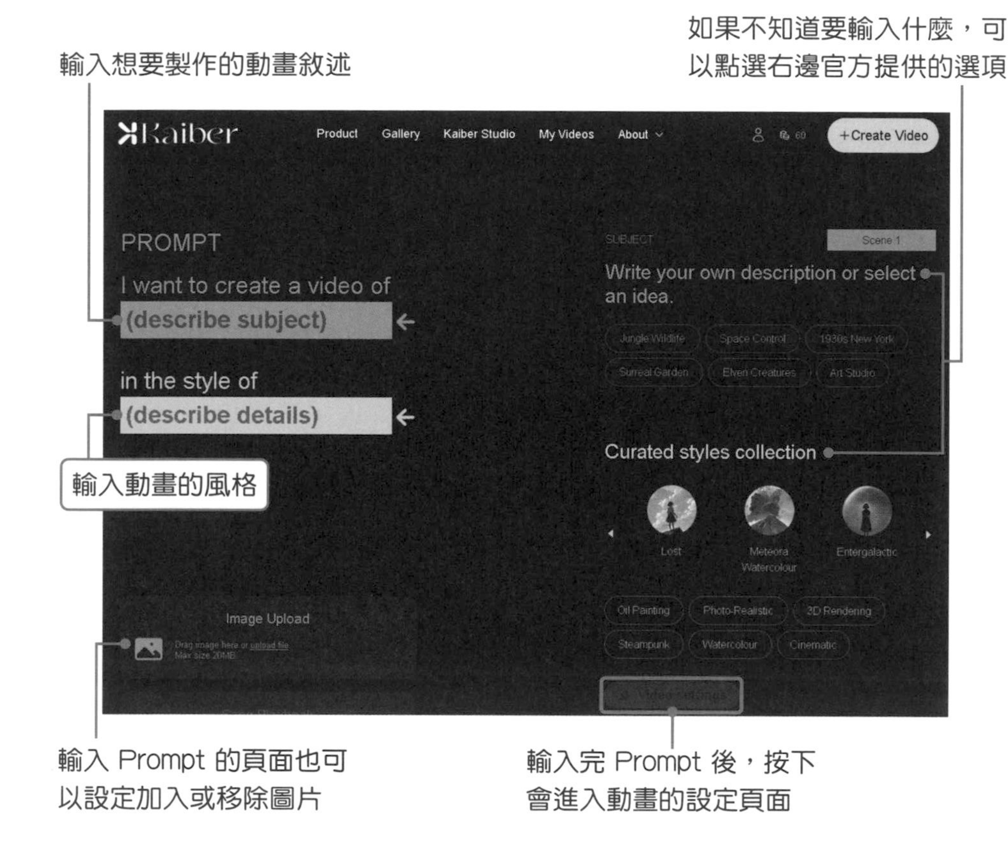

▲ 這是 Flipbook 的操作介面，但其實點選 Motion 也會看到相同介面，Transform 除了上傳圖片變成上傳影片之外，其他的部分也都相同

從 Motion 模板到自行製作動畫

近期 Kaiber 新增了 Motion 模板加快動畫製作的速度，如果選擇使用模板製作的話，頁面會先設定好需要輸入的選項，使用者可以參考官方的設定將內容替換成自己要製作的內容：

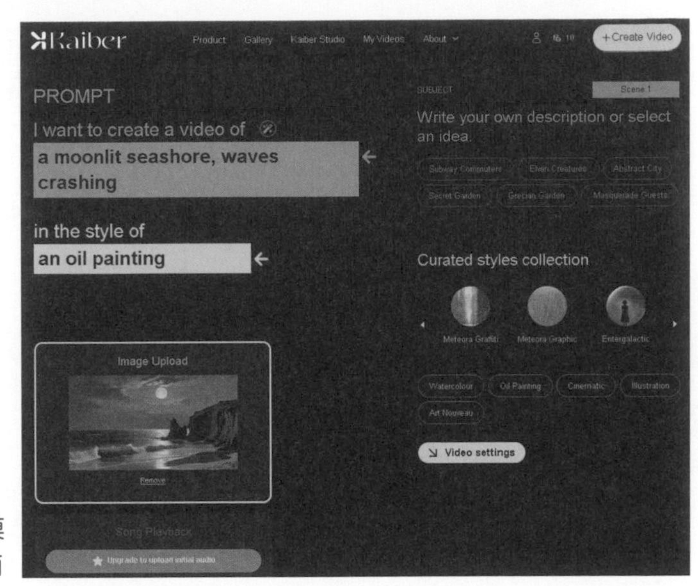

▶ Motion 模板的操作介面

等內容都調整完畢，就可以進入動畫的設定頁面，當然，這些也都是已經設定好的狀態，按下「Create Video」就可以生成影片，是不是很簡單：

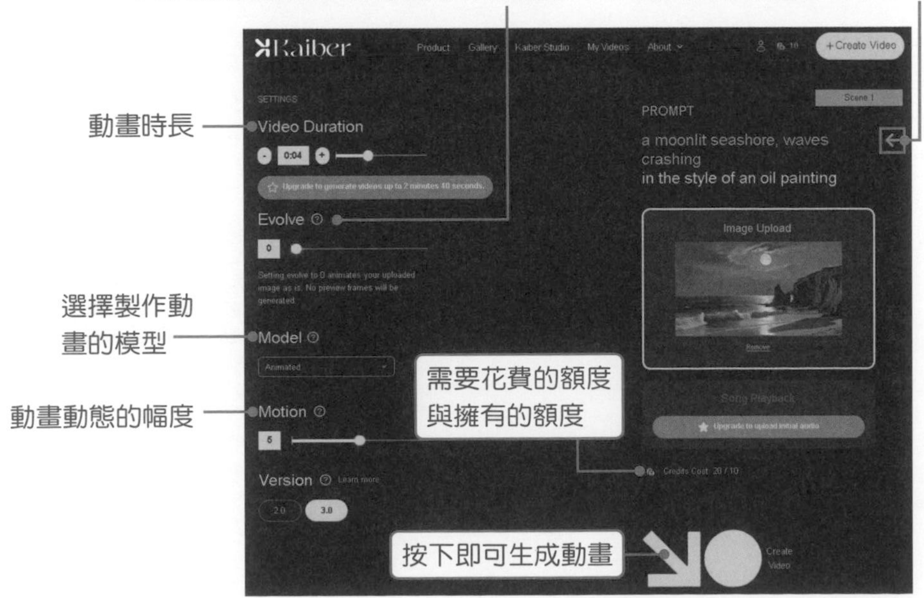

▲ 模板生成動畫的設定頁面

若有使用「Evolve」調整上傳圖片的比重時，在 AI 生成前會先讓使用者選擇該動畫的第一個畫面，如果不滿意可以按下 Prompt 後方的箭頭，回到最一開始輸入 Prompt 的頁面，再重新產生預覽。雖然我們無法控制生成動畫的走向，但是透過選擇起始畫面，能讓最終產生的動畫更接近使用者的想法，而且這個過程不會消耗任何額度，只有在按下「Create Video 生成動畫」後，才會消耗額度。

不過，若是由使用者自行製作動畫，Flipbook 設定頁面不會出現「Model」和「Motion」的項目，但都會出現「Aspect Ratio」讓使用者選擇製作的動畫比例。另外，用這種方式生成動畫的設定介面上，「Evolve」的預設值不會是 0，因此使用者可以預覽該動畫的第一個畫面：

動畫長度的限制會依照製作類型而有所不同，免費版用戶一般都只能製作最多 6 秒的動畫，而依照不同的付費等級，有些動畫最長可以製作到 8 分鐘；若是選擇使用 Transform 來製作 AI 動畫，則輸出的動畫長度會和上傳的影片一樣。

Kaiber 會產生 4 張圖片，供使用者選擇要做為動畫的第一個畫面，選完按下「Create Video」就會開始生成動畫：

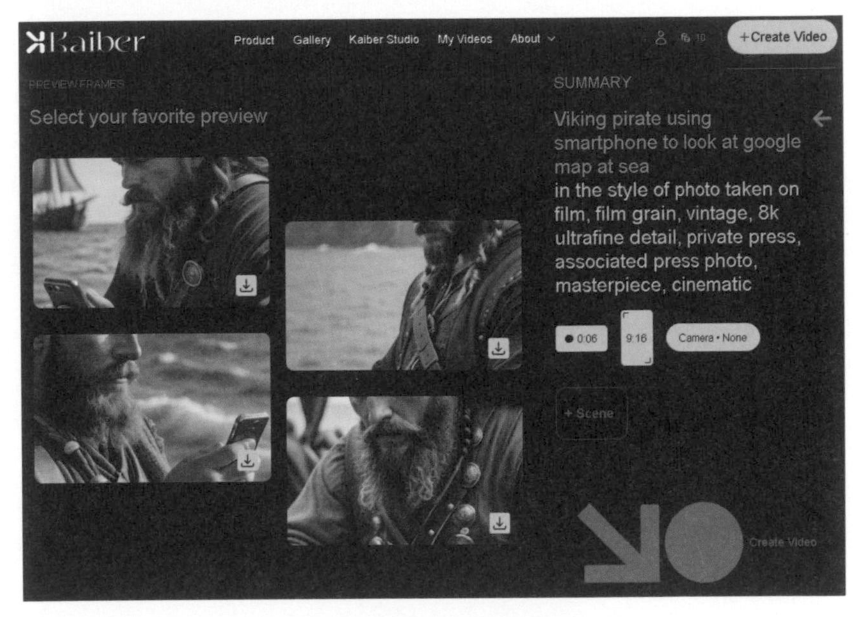

▲ 生成影像的預覽頁面

收費標準和版權

由於製作動畫會消耗的額度其實不少，特別是上傳影片製作動畫需要的額度最多，若想要多做幾支影片，就需要升級付費方案。目前官方有提供 3 種不同的付費方案，每月會提供更多的使用額度 (還沒有吃到飽方案)。筆者建議，若非重度使用者，在額度用完時，可以依照需求量，先採用月費方案購買一個月的額度使用就可以了。此外，最便宜的付費方案還有包含 **7 天的免費試用期**。關於付費詳細的內容可以查看官方網站：

◆ https://kaiber.ai/pricing

關於版權，如果是免費用戶，則需要遵守 Commons Noncommercial 4.0 Attribution International License，也就是允許用在個人用途，但不得用於商業目的；而付費用戶則擁有完整的權利，可以運用在各種商業目的。詳細的版權說明可至官網：

◆ https://helpcenter.kaiber.ai/en/articles/7935662-i-created-a-video-with-kaiber-what-are-my-usage-rights-can-i-use-my-kaiber-videos-for-commercial-purposes

3-2 Haiper 生成短秒數的流暢動畫

Haiper 是由 Google DeepMind、TikTok 和學術界頂尖成員們建立的免費 AI 動畫生成工具，只要一張圖就可以幫你生成短動畫，可以讓畫面中的景物非常自然、流暢的動起來。雖然目前只能生成 2 秒或 4 秒的動畫，但是畫面非常精細。

Haiper 的基本使用方式

由於 Haiper 目前還是屬於測試的階段，第一次登入成功會先詢問使用者關於為什麼使用、想製作什麼等問題，與其他平台相比需要回答不少問題才能使用，有些問題還會需要使用者輸入答案，但整體不會花費太多時間。

◆ https://haiper.ai/

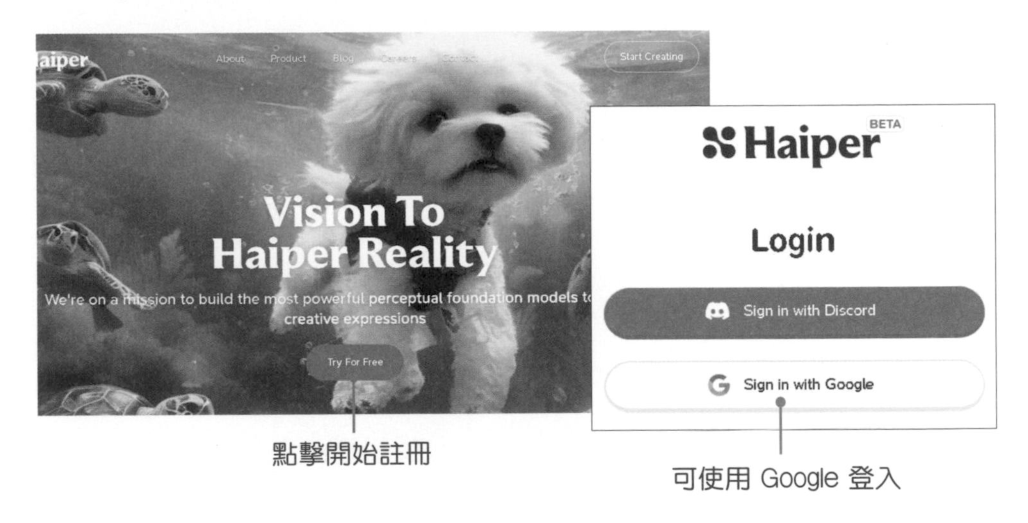

進入主頁面後，首先看到的是其他使用者生成的熱門動畫，以及最上方的 4 個由官方提供的各項功能快捷鍵：

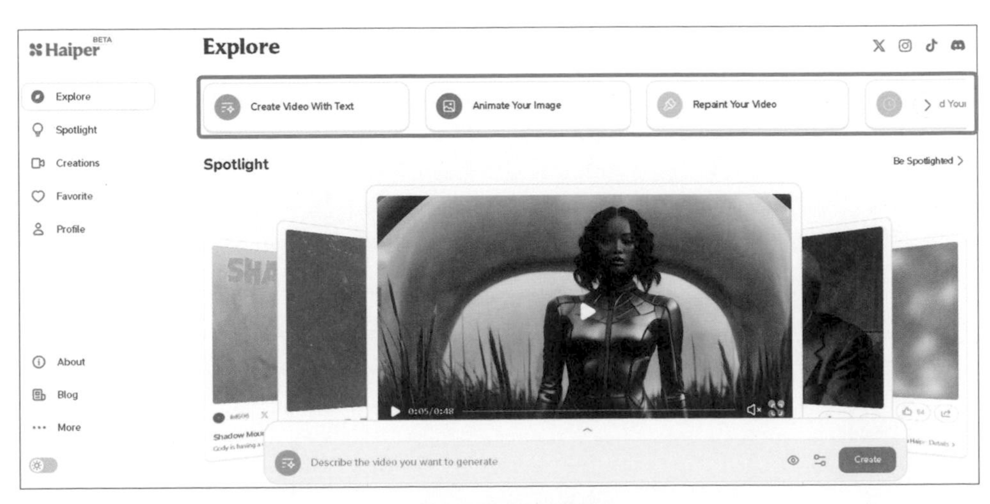

▲ Haiper 的主頁面

Haiper 目前有 3 種動畫生成方式，以及 1 種未來會開放的功能：

- **文字生成動畫** (Create Video With Text)：輸入 Prompt 生成動畫。
- **圖片轉換動畫** (Animate Your Image)：上傳圖片並輸入 Prompt 生成動畫。
- **重新繪製動畫** (Repaint Your Video)：更改風格、主題，或局部修改動畫內容。
- **延長動畫長度** (Extend Your Video)：目前未開放。

點選前 3 個按鍵，下方 Prompt 輸入框會跟著切換至對應的功能：

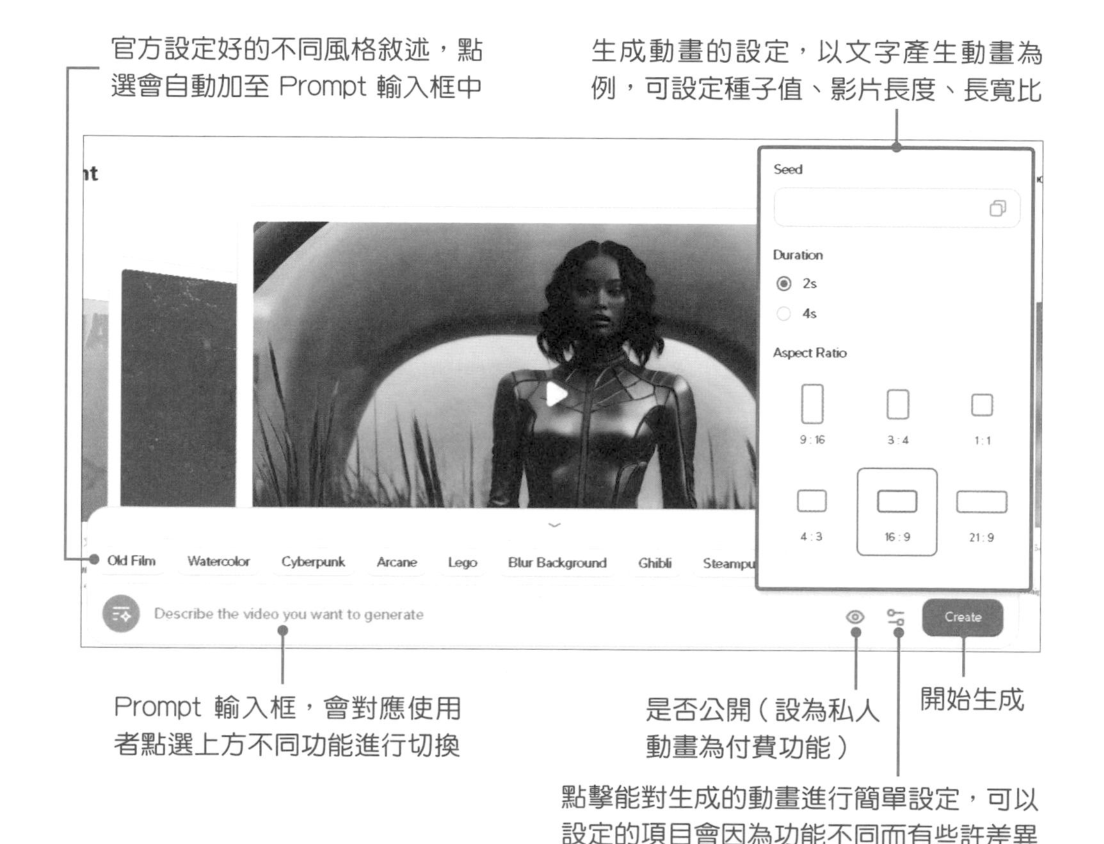

點擊「Create」之後，頁面會自動切換至「Creations」，使用者生成的動畫都會存放在這裡：

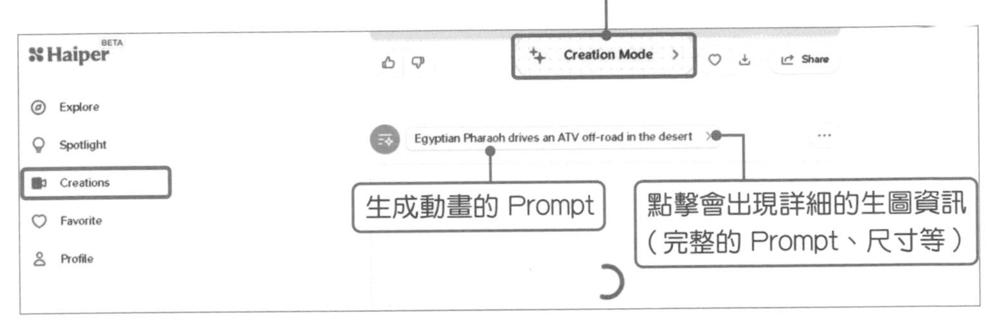

▲ 生成動畫可能會需要 1、2 分鐘的時間，請耐心等候

▲ 動畫成功生成後，右上方會出現工具列

Haiper 的局部修改功能

其中比較特別的是上圖「重新繪製動畫」功能，它其實就是主頁面的「Repaint Your Video」，只是在這裡不需要使用者手動上傳影片，系統會直接把剛生成的動畫上傳，方便我們進行修改。另外，重新繪製動畫有一

個名為「局部修改」的特殊功能，可以用遮罩選取要修改的部位，並輸入 Prompt，就會針對選取區域進行重繪。但是修改後生成的結果並不是很理想，筆者建議目前還是修改 Prompt，重新生成動畫效果會比較好。

局部修改功能要點選此項目才會開啟

Old Film Watercolor Cyberpunk Arcane Lego Blur Background Ghibli Steampunk Impressionism

Describe the target object you want to generate

Create

添加遮罩　還原 / 重做　關閉局部修改

刪除遮罩　重製所有遮罩

收費標準和版權

Haiper 沒有設定製作動畫會需要的額度或 tokens，但是有限制免費方案 1 天只能製作 10 個動畫。此外，付費方案分成 2 種，Explorer 除了不限次數生成動畫、同時生成的動畫數量提高，以及可以先體驗新功能之外，其他的與免費方案相同，也就是無法將產生的動畫設為私人、不能去除浮水印，當然也無法用於商業用途，如果想商用必須購買等級最高的付費方案才行。

◆ https://haiper.ai/membership

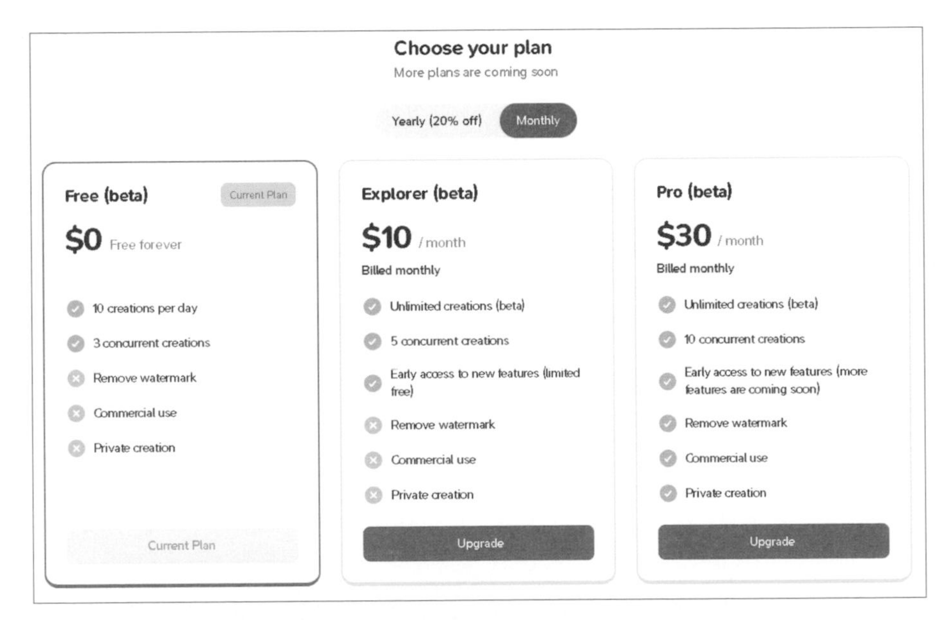

▲ 關於付費詳細的內容可以查看官方網站（需要登入後才能看到）

關於版權，如前面所述，需要是 Pro 的方案才可以將生成的動畫用在商業用途，但即使擁有可以商用的權利，還是必須遵守 Haiper 訂出的商業用途使用條款。詳細的說明可至官網：

◆ https://static2.haiper.ai/public/acceptable-use-policy-04062024.html

3-3 Pika 多種編輯模式的動畫生成器

Pika 是一個 AI 動畫生成平台，支援以文字、圖片或影片生成 3 秒的動畫。跟其他平台比較不一樣的地方是，Pika 有提供 Discord 跟 Web 應用程式兩種版本：前者完全免費，不過是在 Discord 環境下運作（有用過 Midjourney 的讀者應該不陌生）；而網頁版則跟一般 AI 平台的操作方式類似，有一定的 Credicts 額度可以生圖（目前新帳號送 250 點），額度用完後，每天會補充 30 個，若不夠用就只能訂閱付費方案。

Discord 的版本雖然免費，但操作上比較複雜，需要自行記憶各種生成動畫的參數，若平常沒在使用 Discord 機器人，短時間很難上手，因此以下我們都會以網頁版進行示範。

Pika 的基本使用方式

輸入以下網址進入 Pika 官網，點擊「Try Pika」並註冊或登入之後，即可進入 Pika 的動畫生成頁面。

◆ https://pika.art/home

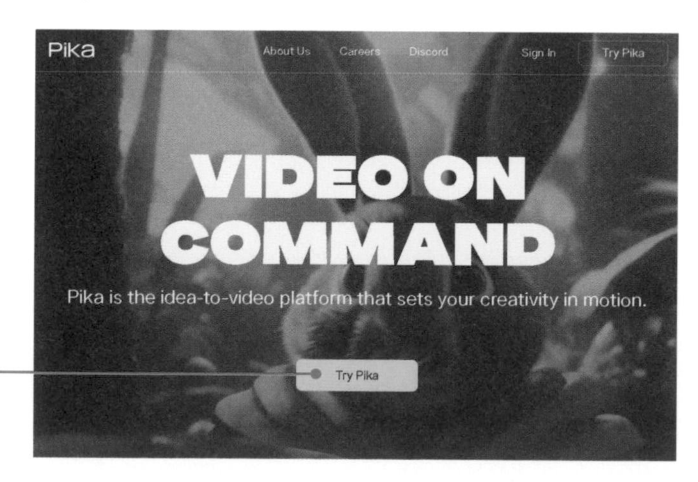

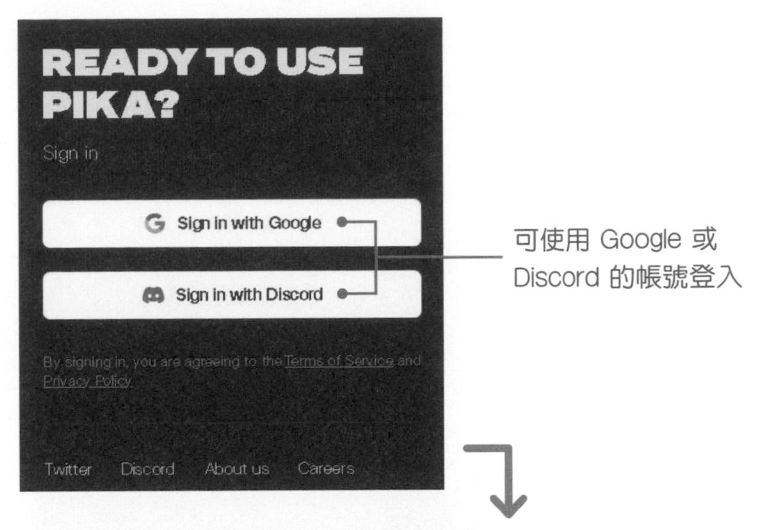
READY TO USE PIKA?
Sign in
Sign in with Google
Sign in with Discord
By signing in, you are agreeing to the Terms of Service and Privacy Policy
Twitter
Discord
About us
Careers
可使用 Google 或 Discord 的帳號登入

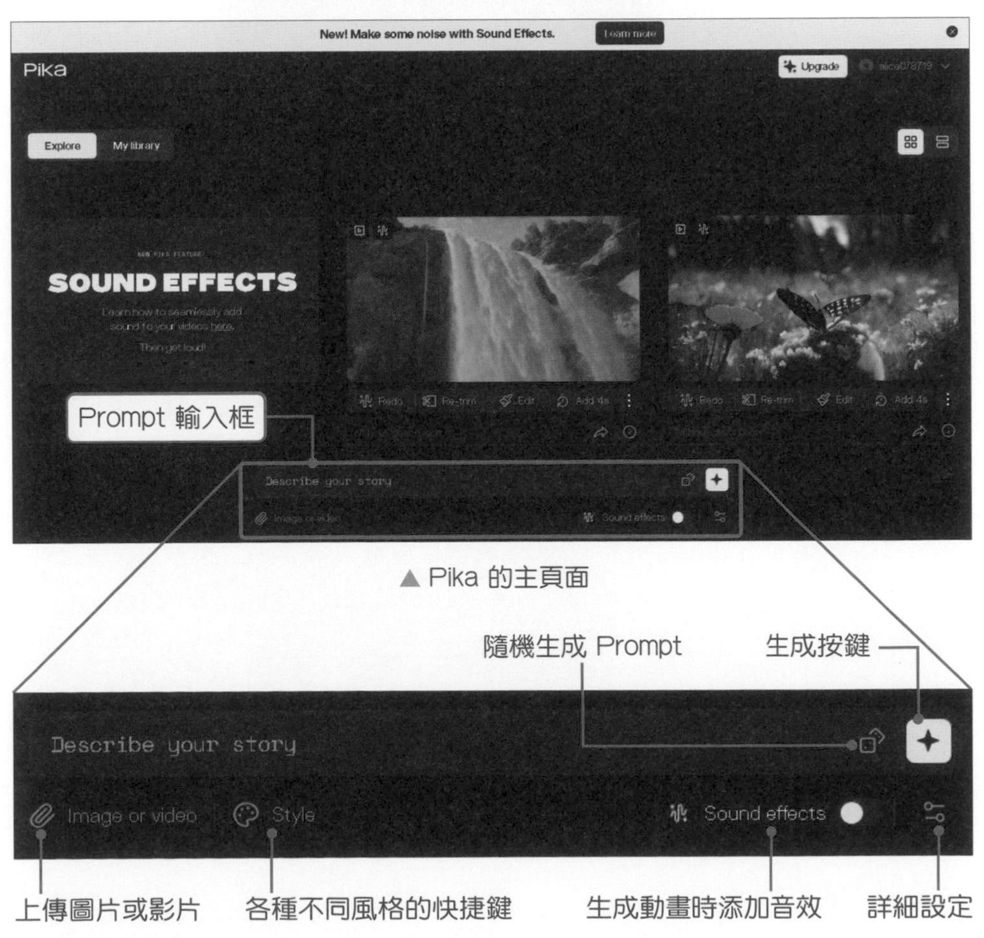
New! Make some noise with Sound Effects.
Learn more
Pika
Upgrade
Explore
My library
SOUND EFFECTS
Prompt 輸入框
Describe your story
隨機生成 Prompt
生成按鍵
Image or video
Style
Sound effects
上傳圖片或影片
各種不同風格的快捷鍵
生成動畫時添加音效
詳細設定

▲ Pika 的主頁面

輸入 Prompt 之後，需進行動畫生成的「詳細設定」：

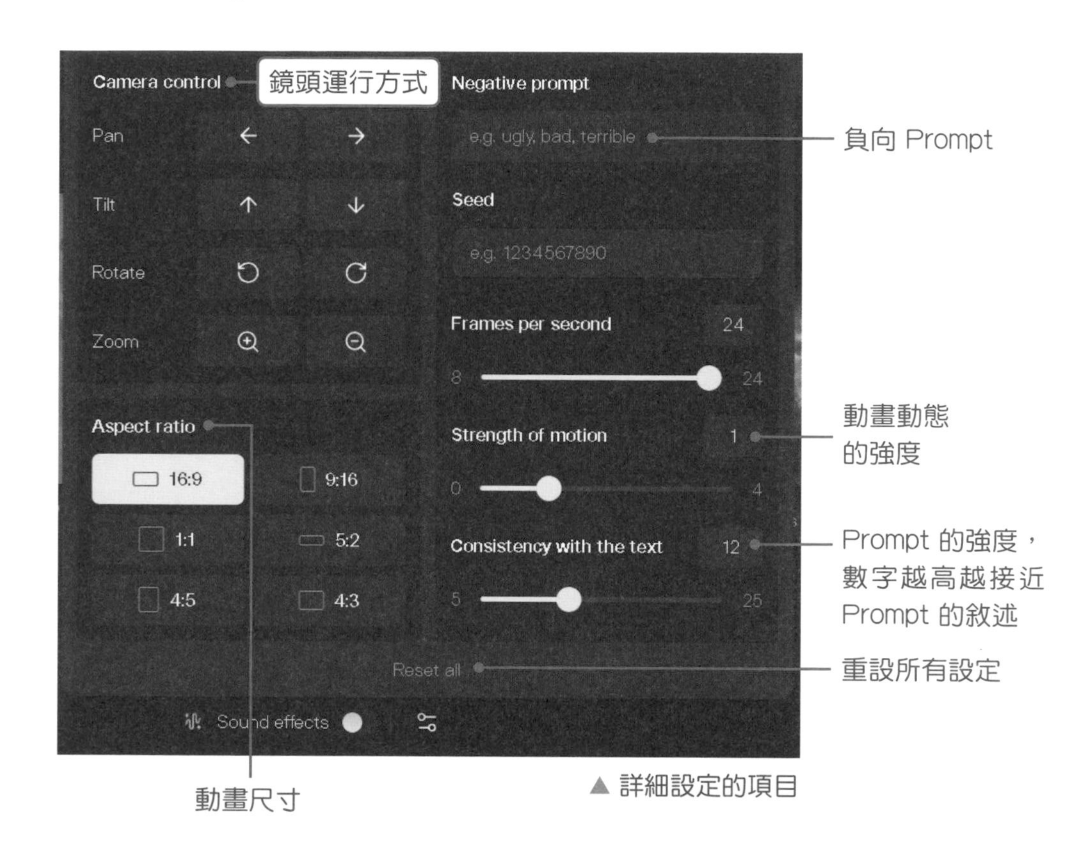

▲ 詳細設定的項目

設定完成並按下生成鍵後，會切換至「My library」頁面，使用者生成的動畫都會放在這裡：

Explore
My library
下載
刪除
其他（放大動畫、新增至資料夾）
重新生成
0:01 / 0:03
Retry
Reprompt
Edit
Add 4s
修改 Prompt
Ancient Roman warriors shopping in a department store
編輯
延長動畫時間（付費功能），一次延長 4 秒，最多能延長至 15 秒

Pika 的編輯模式

大概熟悉操作介面和基本功能後，我們就可以對生成的影片進行調整與修改。點擊「Edit」，在 Prompt 輸入框下方會出現 4 種編輯模式的快捷鍵，分別是：

- **局部修改動畫內容** (Modify region)
- **擴展動畫尺寸** (Expand canvas)
- **唇型同步** (Lip sync)
- **音效** (Sound effects)

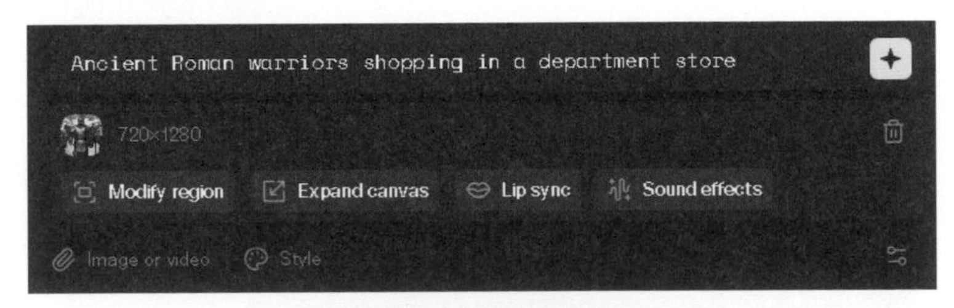

▲ 4 種不同的編輯模式

局部修改動畫內容 (Modify region)

如同名稱，是可以對動畫進行局部修改的功能，筆者會示範將原本的鎧甲變成其他樣式：

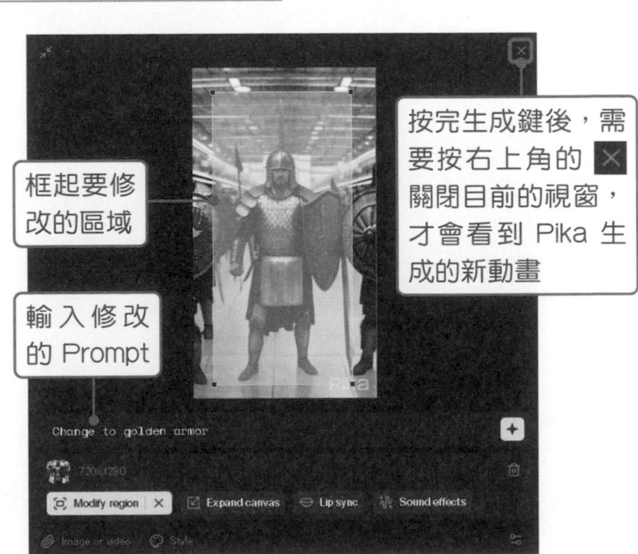

◀ 修改後生成的動畫

擴展動畫尺寸 (Expand canvas)

這是將原先的動畫放入其他比例中進行調整，擴展成符合該比例的功能。

▲ 生成出擴展成 1:1 的動畫

唇型同步 (Lip sync)

使用這項功能需要有**清楚且面向前方的人臉**圖片或影片，Pika 會偵測上傳的檔案中有沒有人臉，如果沒有就無法製作動畫。

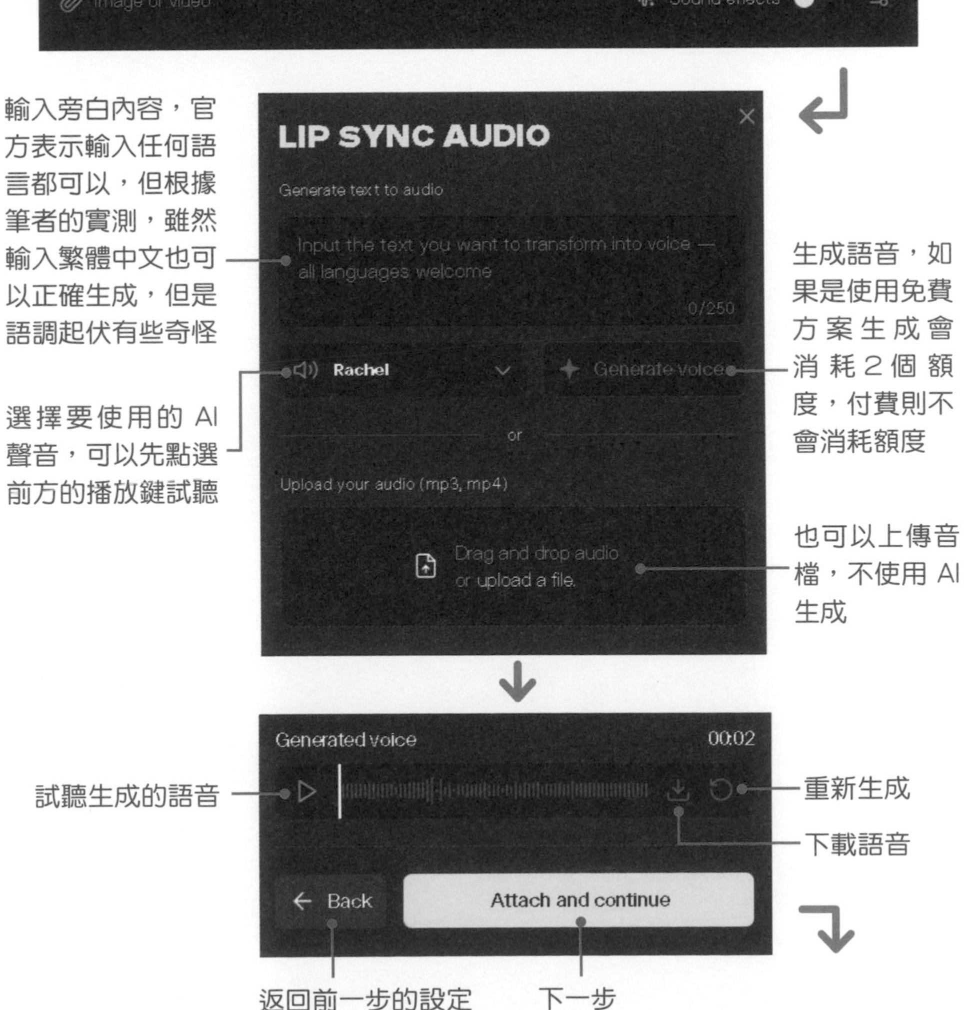

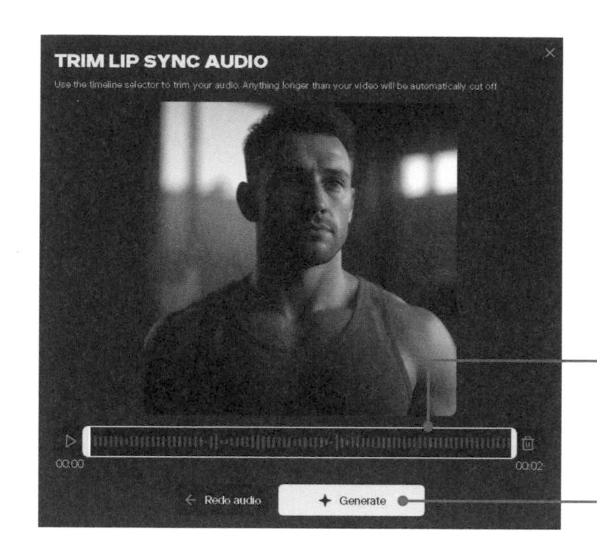

調整要添加的音檔

生成動畫

由於生成的動畫最多只有 3 秒，所以超過 3 秒的語音都會被切掉，因此筆者建議一開始不要生成太長的語音。

音效 (Sound effects)

雖然音效可以在生成動畫時一起產生，只要開啟 Prompt 輸入框下的「Sound effects」開關，Pika 就會根據動畫內容自動生成，但是無法進行進一步的設定與調整，因此如果對音效不滿意或有特殊要求，可以先生成動畫或上傳影片，再用編輯的方式生成音效。

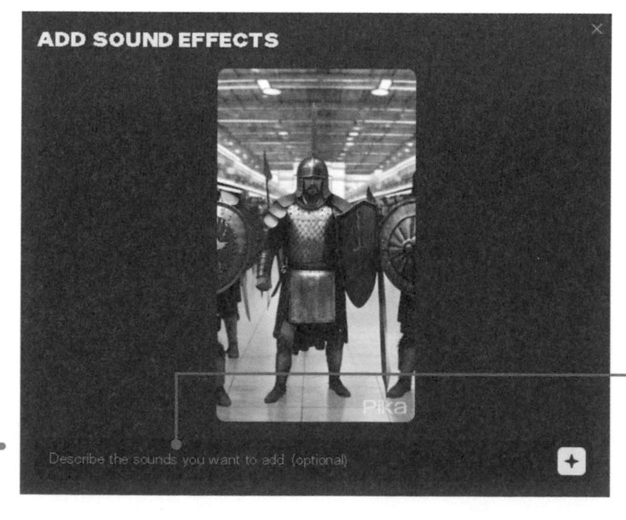

輸入想生成的音效 Prompt，不過前面有提到 Pika 會根據動畫內容自動生成音效，所以也可以不輸入任何 Prompt，直接按下後方的生成鍵

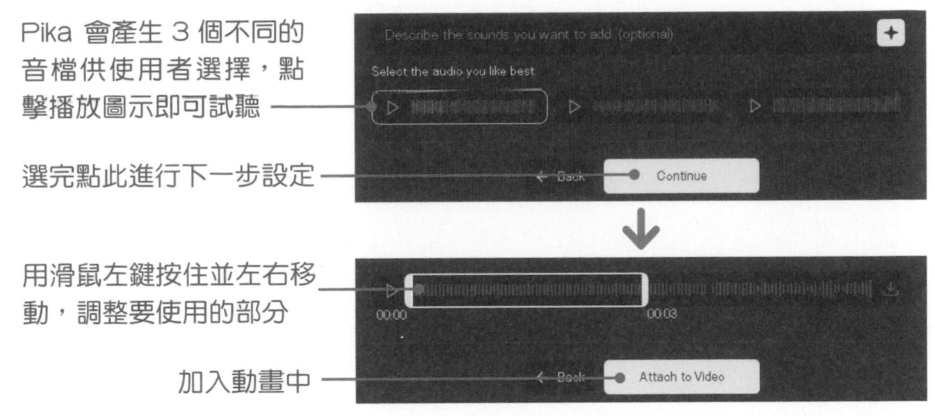

▲ 由於動畫只有 3 秒，但音檔不一定只有 3 秒，因此會讓使用者選擇要添加到動畫的部分

收費標準和版權

每位新註冊的使用者在一開始都可以得到 250 個初始額度，而後續會依照不同的付費等級決定每月更新多少額度，但除了最高付費等級沒有額度限制之外，包含免費方案在內，當初始的額度用完後，每天會補充 30 個額度。關於版權，需要訂閱最高等級的「PRO」方案，才會有商用的許可，詳細的費用與權限可以查看官方網站：

◆ https://pika.art/pricing?interval=month

3-4 飛速發展的 AI 動畫生成技術

除了前面介紹過的平台之外，市場上其實還有許多平台也推出了 AI 生成動畫的功能，這些平台各自擁有不同特色，相信掌握了 Kaiber、Haiper、Pika 的基本操作，對於其他平台應該也不難上手。

另外，AI 生成技術發展日新月異，有些平台已經公布研發成果，但還未正式推出，由於已經有不少人在敲碗等待，接下來我們也會一併列出給您參考。

LeiaPix

需要使用者先上傳圖片，LeiaPix 會自動幫你分離主體與背景，並套上有景深的 3D 動態效果。如果對成果不滿意，可以調整設定手動修改，不論是移動的方式，還是覺得主體沒有抓好，都可以輕鬆進行修正，但成果比較接近動圖，而非動畫。

LeiaPix 官方網站：

◆ https://www.leiapix.com/

▲ LeiaPix 官方網站，背景就是由圖片所生成的 3D 動畫

Stable Diffusion

在第 2 章提及的 Stable Diffusion 中，**deforum** 和 **animatediff** 是能夠從文字或圖片生成動畫的外掛，並且有多種風格可供選擇。但如同之前敘述的，需要先建置好環境才能使用，然而這對新手來說難度有點高。

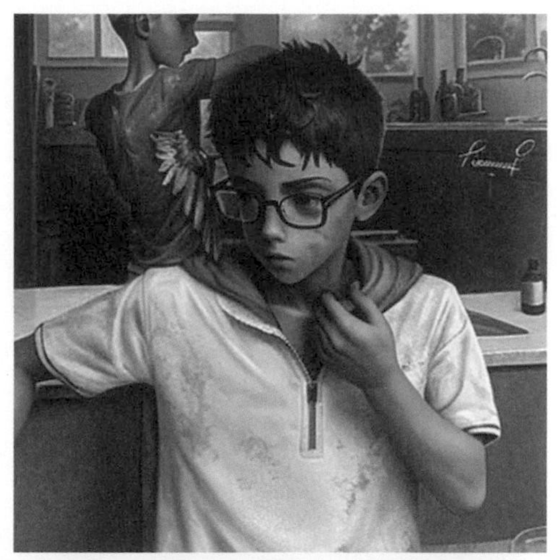

▲ Deforum 生成效果

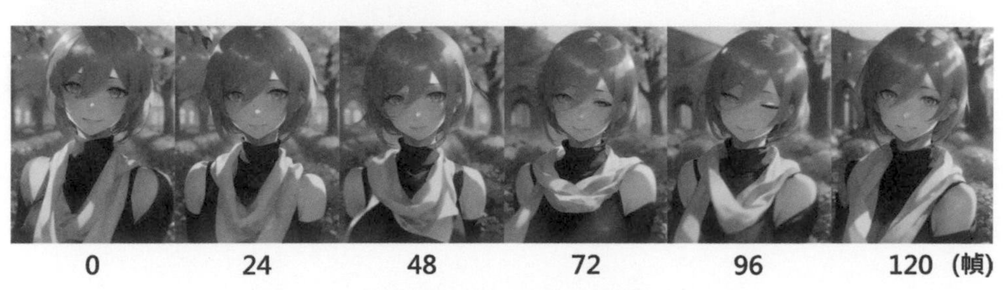

0　24　48　72　96　120（幀）

▲ AnimateDiff 生成效果

Lumiere

Google 在 2024 年 1 月發表的論文中，公布的 AI 動畫生成模型 — Lumiere，目前尚未正式推出。Lumiere 除了文字生成動畫之外，也可從圖片生成動畫，並同時展現了多種風格的調整。例如根據給予的參考圖片，產生相同風格的動畫；或是將影片中的主角修改成各種不同風格，像是把人換成由積木組成的樣子、或是把狗變成摺紙藝術的方式呈現等。除此之外，還有提供選取圖片特定區域製作動態效果，以及影像修復的功能。

Lumiere 官方網站：

◆ https://lumiere-video.github.io/

▲ 官網上示範調整生成風格的其中一種方式

Sora

由 OpenAI 基於 DALL-E 和 GPT 模型所建立，從文字生成動畫的技術，雖然目前還未正式推出，但在 2024 年 2 月官方發布了幾支非常真實、宛如電影場景的動畫影片，以及產生這些動畫時使用的 Prompt 後，其討論度日漸升高。

目前官方只給予部分研究人員存取權限，用以改善生成結果並找尋潛在的問題。根據官網的敘述，**Sora 可以生成長達 1 分鐘的動畫**，而 OpenAI 在網頁上也展示了不少 AI 生成的作品，其內容有長有短，但影片的流暢度和精緻程度都非常高。

Sora 官方網站：

◆ https://openai.com/sora

Prompt: A stylish woman walks down a Tokyo street filled with warm glowing neon and
animated city signage. She wears a black leather jacket, a long red dress, and black boots,... +

▲ Sora 的官網有附上生成時使用的 Prompt

Sevuqces

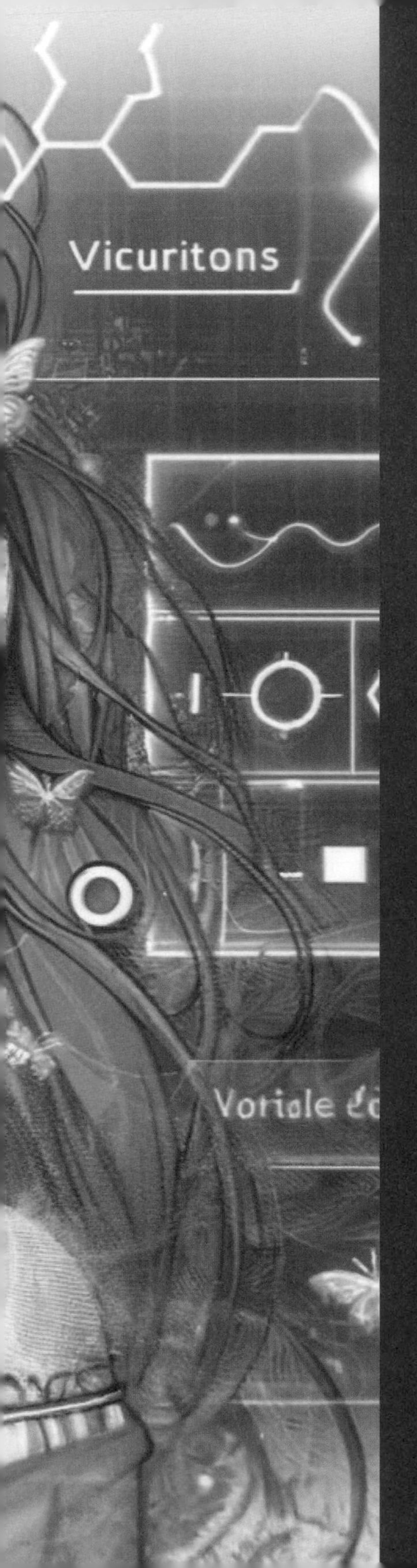

AI 語音克隆

在製作影音內容的過程中，時常會有錄製語音的需求，尤其在教學或解說影片中更是如此；但對於影片長度較長或說話容易吃螺絲的創作者而言，這個過程可能相當耗時繁瑣。不過，若有了完整的講稿，並使用 AI 技術克隆 (Clone) 自己的聲音後，就可以輕鬆地讓 AI 根據文稿自動生成語音，大幅節省時間與精力，還可以保有語音的識別度，不會聽起來跟別人一樣。

本章將介紹幾款實用的 AI 語音克隆工具，這些工具不僅可以讓整個製作過程更加高效，省去反覆錄製的麻煩，同時也能讓生成的語音保有個人的語調和聲音特色。

4-1 HeyGen 輕鬆創造你的虛擬人像

HeyGen 利用生成式 AI 簡化影片創作的流程，不僅提供了網頁轉影音、影片翻譯等實用功能，還能讓使用者自訂 AI 虛擬角色，並根據文稿生成語音，輕鬆製作出 AI 虛擬角色的說話影片。既免去了親自錄製的繁瑣，也無需影音製作團隊。本節將帶領讀者快速製作屬於自己的 AI 虛擬角色，一探這個既有趣又實用的功能。

輸入下方 HeyGen 的網址，或 Google 搜尋 HeyGen 並點擊官網進入之後，會看到如下圖的畫面：

◆ https://www.heygen.com/

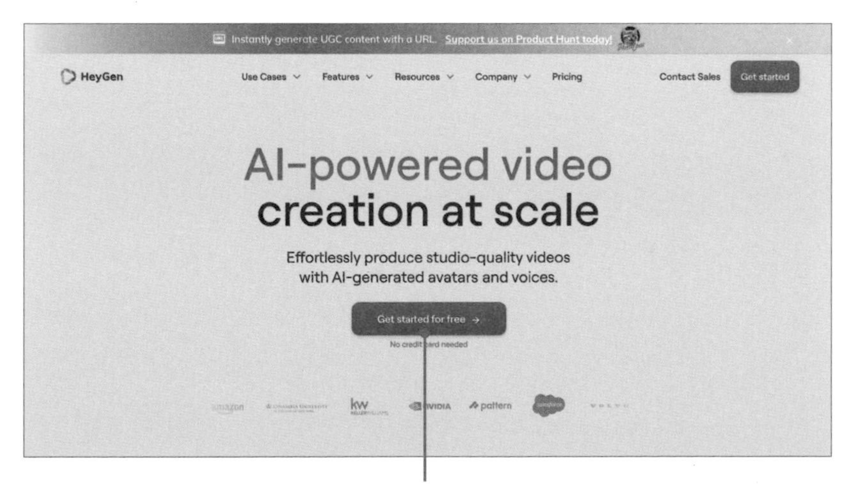

點擊以免費註冊 / 登入

點擊「Get started for free」，即可以 Email 註冊 / 登入，也能與 Google、Facebook 帳戶連結，或使用 SSO 服務登入。登入後點擊「Get Started」，會看到 6 個快速問題，點選最符合你的選項，最後再按下「Submit」即可進入 HeyGen 使用者介面：

- **Video Avatar**：創造可以在影片中說話的虛擬人像
- **AI Voice**：將文字轉換成自然的語音
- **AI Studio**：AI 工作室，可在此製作與管理影音內容
- **URL to Ads**：將網站連結轉換為廣告內容
- **Video Translation**：影片翻譯，可翻譯語音內容成多國語言
- **Instant Highlights**：快速將長影片轉換成多個精彩片段 (reels)
- **Pricing**：計費方式
- **Labs**：HeyGen 實驗室，其可作為 Adobe、Canva、ChatGPT 的外掛應用程式

在 HeyGen 製作你的 AI Avatar

點選左側的「Video Avatar」後，會看到 HeyGen 提供三種虛擬人像的創造方式，分別是**可以製作自己分身的即時虛擬人像 Instant Avatar**、**讓人像照片動起來的 Photo Avatar**，以及**工作室等級的 4k 虛擬人像 Studio Avatar**。

但由於製作自己分身的 Instant Avatar 功能僅提供給付費用戶使用，而 Studio Avatar 的前置作業門檻較高、較難達成（例如需要有綠幕的攝影棚）。因此，我們選擇以免費且平民化的 Photo Avatar 來製作虛擬人像，若之後覺得成品的效果還不錯，可以再考慮付費訂閱 HeyGen 的創作者方案。

Photo Avatar 讓照片中的人像說話了

點選「Photo Avator」後，會看到官方已提供一些內建的虛擬人像給我們選用，但相信各位應該會更想使用獨一無二的人像吧！所以，請點擊畫面右方的「Upload」，上傳**含有正面頭像**的人像照（也可以上傳自己的正面自拍照）；或是點擊「Generate」，輸入英文 Prompt 來生成 AI 虛擬頭像。

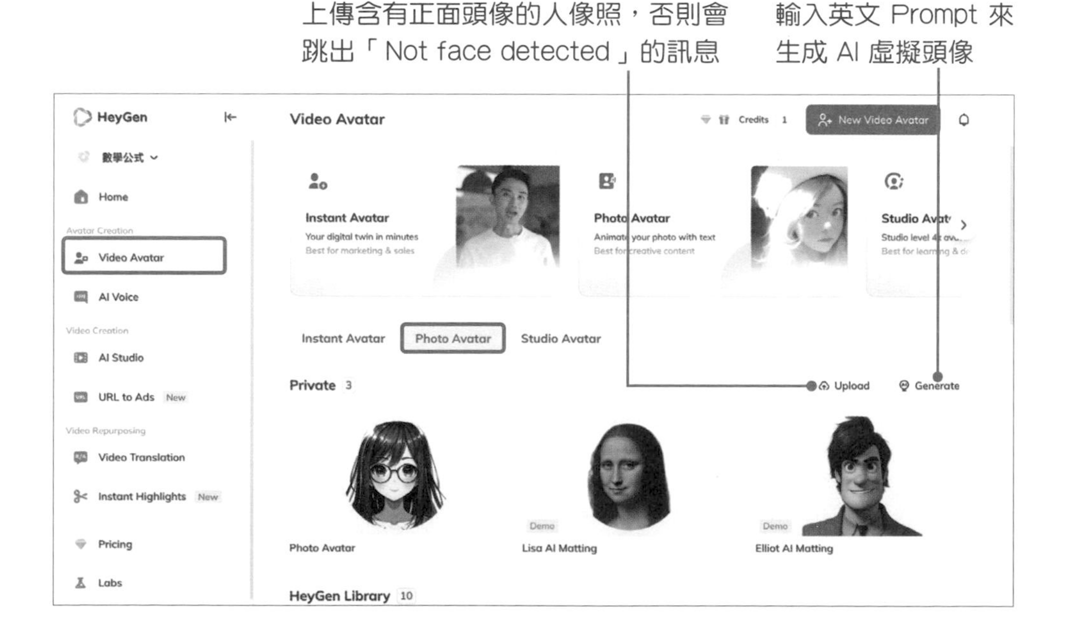

首先，來嘗試看看其「Generate」功能，點擊後會跳出一個聊天視窗，在對話框中輸入你想生成的人像英文描述，（**也可以先請 ChatGPT 協助翻譯**），接著選擇「Half-body 半身照」或「Close-up 特寫」，再點擊

「+ Generate」即可生成四張人像照。選擇你喜歡的並點擊「Save」，該人像就會出現在「My Avatar」中供我們使用；而若都不喜歡，可點擊「Refresh」以重新生成，但要注意免費版用戶每日的生成次數上限為兩次。

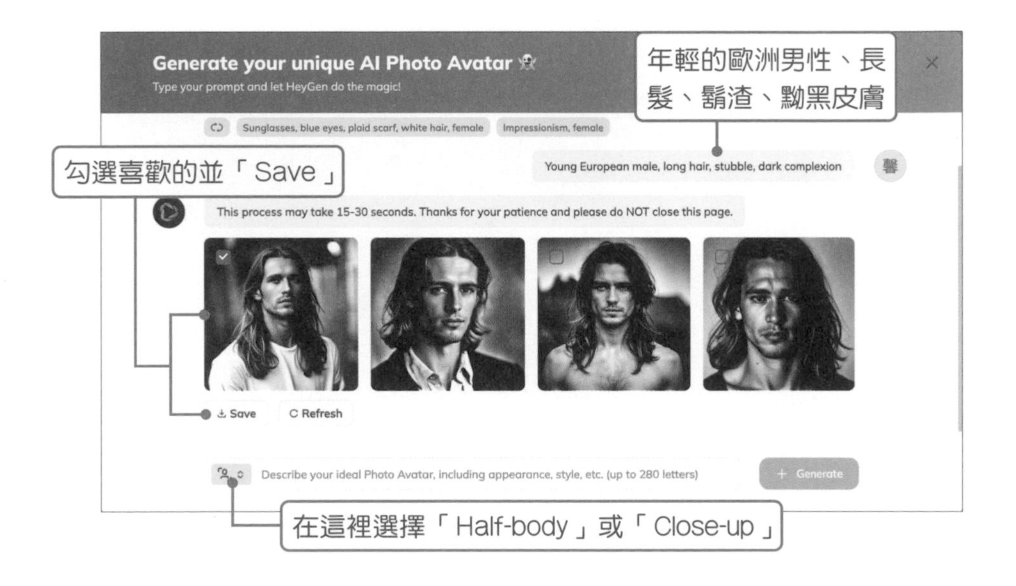

儲存後就會看到該虛擬人像出現在「My Avator」中，點擊後再點選「Edit Avatar」以編輯此人像：

ⓐ 超高解析度
ⓑ 去背
ⓒ 顯示模式：原始、方形、圓形
ⓓ 多國語言與聲音選擇。**有支援台灣口音的中文**，先選擇「Chinese」，再選擇對應的國旗圖示
ⓔ 語速
ⓕ 音高
ⓖ 聲音試聽

編輯完成後點選「Save as New 另存新檔」(付費用戶可點選「Save Changes 直接儲存」)，接著，就可以點擊**已編輯**的虛擬人像，再點選「Create with AI Studio」來製作虛擬人像說話的影片：

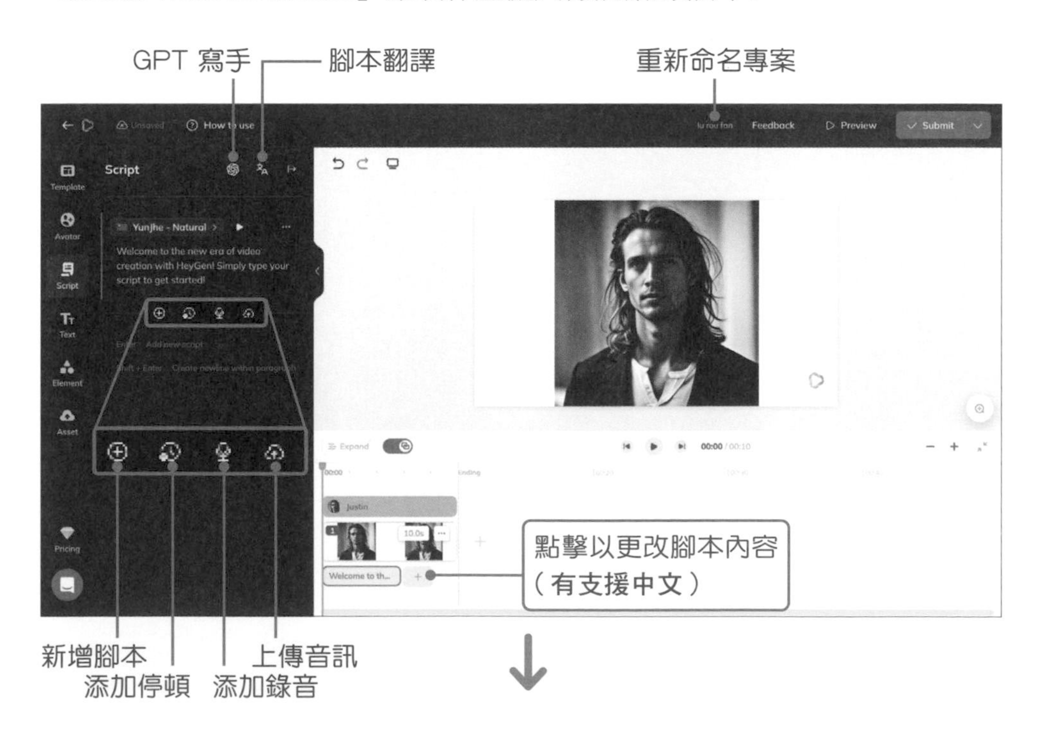

編輯完成並預覽確認語音內容無誤之後，點擊右上角的「Submit」，會顯示製作該影片將消耗的 credits，影片長度愈長，消耗的 credits 會愈多。確認後點擊「Submit」並稍待片刻，就可以觀看開口說話的 AI 虛擬人像影片。

▶ 拿起手機掃一下 QR Code，即可觀看此 AI 虛擬帥哥約你去吃滷肉飯的影片喔！

來賺 Credits ！

相信各位在使用 HeyGen 時，會發現許多功能都是付費用戶限定，而免費用戶又有多項限制，如：只有 1 credit 的額度、無法去除浮水印、不能製作 Instant Avatar、至多只能儲存 5 個 Photo Avatar 等。開始考慮是否該課金的你，在點擊「Pricing」後，卻又發現最便宜的 Creator 創作者方案，其月費至少也要 29 美元 (接近台幣 900 元)，實在下不了手 QQ。

因此，在這裡要提供各位免費賺取 credits 的方法：「以連結邀請你的朋友使用 HeyGen 並製作第一支影片，你就可以獲得 1 credit，每月最多可獲得 3 credits；而若受邀者訂閱 HeyGen 的付費方案，你將會獲得 3 credits，每月無 credits 獲取上限。但需注意，以這兩種方式獲得的 credits 皆會在 1 個月後過期。」

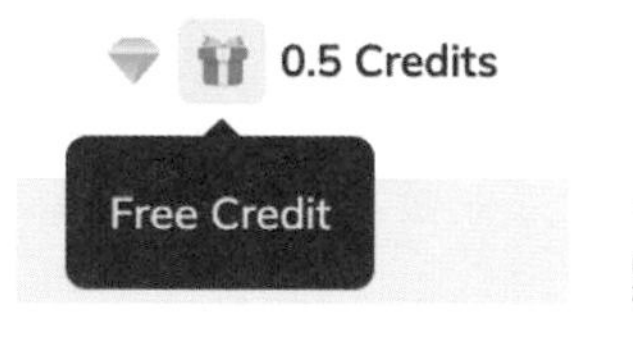

◀ 點擊剩餘 credits 旁的「禮物盒圖示」，再點擊「Copy Invitation」即可複製邀請連結

Photo Avatar 讓照片中的人像用你的聲音說話

我們可以藉由在 HeyGen 的「Photo Avatar」上傳自己的照片，來製作自己說話的動畫影片；不過，若是連聲音也都是自己的，是不是就更真實了呢？因此，我們要將 HeyGen 整合第三方的語音合成平台，將自己在該平台製作的語音克隆匯入 HeyGen。如此一來，我們就可以**使用自己的照片與自己的聲音，來製作出自己的虛擬人像**。

點選 HeyGen 介面左側的「AI Voice」，並點擊 My Voice 區域的「Integrate 3rd party voice」，會看到目前在 HeyGen 提供語音匯入服務的平台有 ElevenLabs 和 LMNT。只要將你在該**語音合成平台的 API 金鑰**貼上至「API key」欄位，再按下「Confirm」，即可匯入你在該平台的語音克隆。

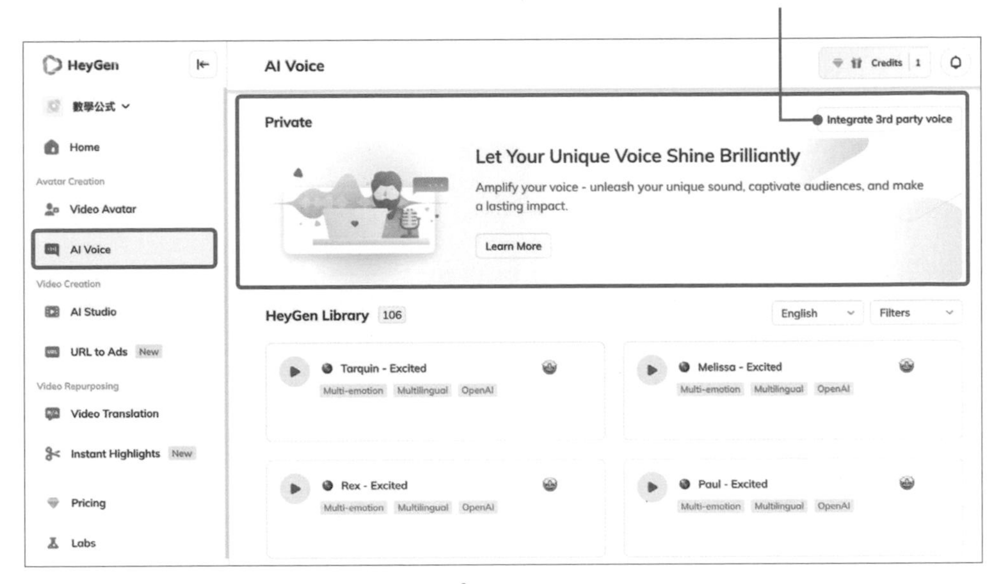

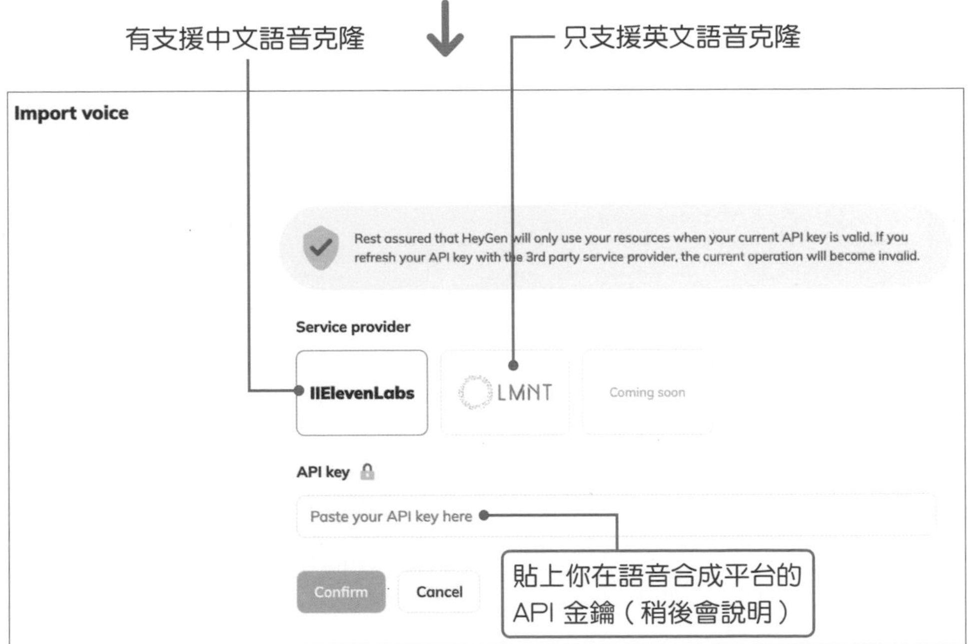

ElevenLabs 的第三方語音整合服務**僅提供給 ElevenLabs 的付費用戶**，因此若要在 HeyGen 使用任何存放在 ElevenLabs 的聲音，則每月至少需支付 5 美元 (約台幣 150 元)。

在 ElevenLabs 製作你的語音克隆

由於 ElevenLabs 有支援多種語言（**含中文**）的語音克隆功能，且費用較低，因此我們選擇使用該平台來克隆自己的聲音。輸入下方 ElevenLabs 的網址，或 Google 搜尋 ElevenLabs 並點擊官網進入之後，會看到如下圖的畫面：

◆ https://elevenlabs.io/text-to-speech

進入 ElevenLabs 文字轉語音介面後，即可在「TEXT TO SPEECH」輸入文字並選擇語者，以生成自然的語音；或是在「SPEECH TO SPEECH」上傳 / 錄製音訊，就能讓你選擇的語者說出該音訊的文字內容。

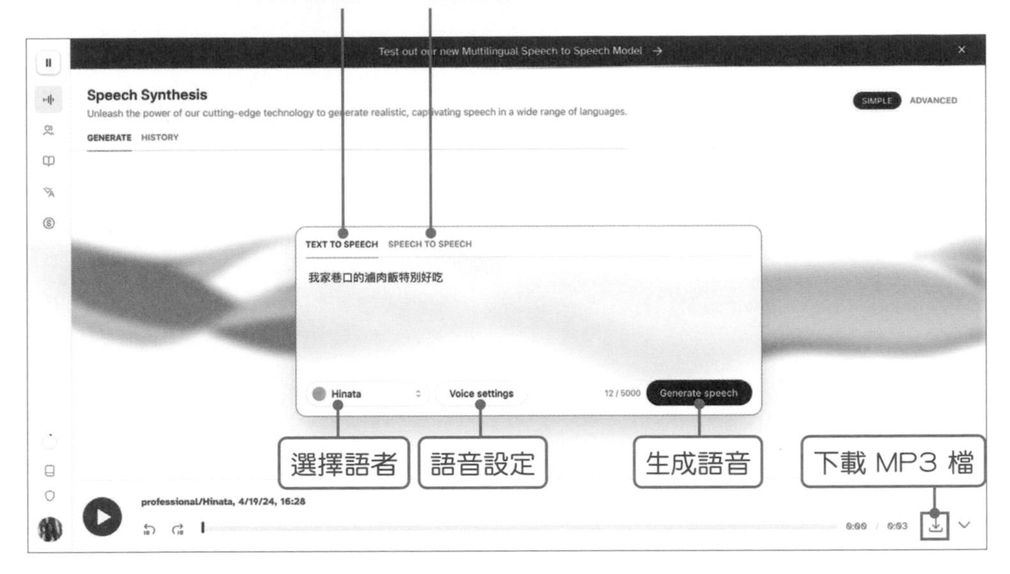

而點擊「Voice settings」則可對語音進行設定：

官方建議 Stability 設定在 50 左右、Similarity 設定在 80 附近，而 Style Exaggeration 設定為 0，可以得到較穩定且與原語者相似的輸出結果。

此外，筆者有嘗試過其他不同的設定值，確實可以改變原語者的說話風格，感興趣的讀者不妨以不同設定值測試看看，說不定會得到意想不到且有趣的結果喔！

Instant Voice Clonning 即時語音克隆

在認識 ElevenLabs 的基礎功能後，就趕緊來克隆我們的聲音吧！首先點選介面左側的「Voices」進入「VoiceLab」頁面：

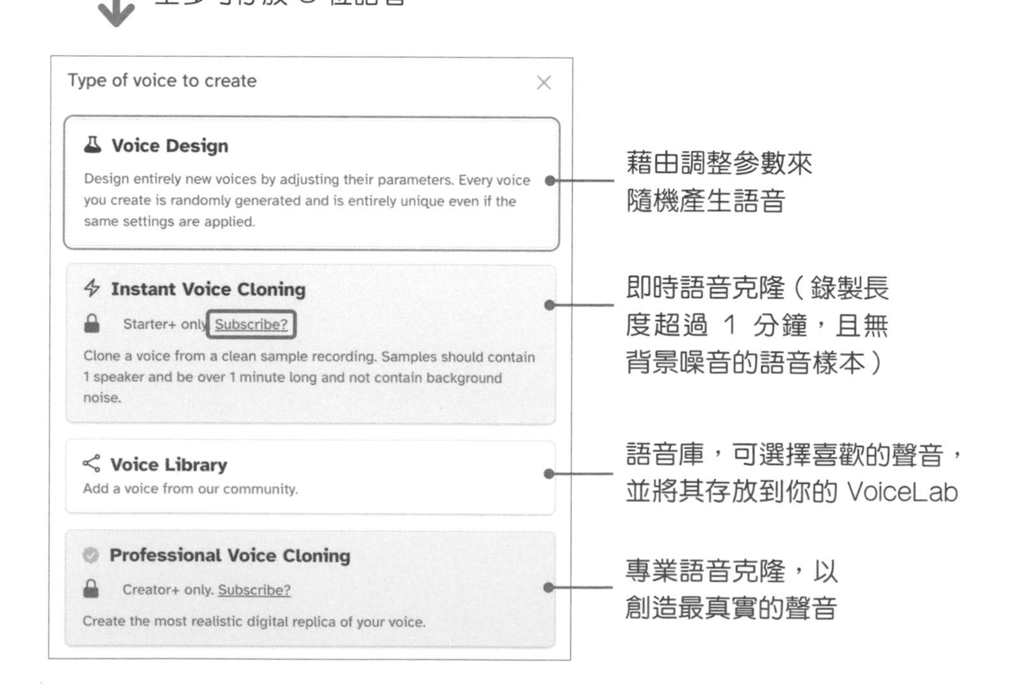

由於我們要克隆自己的聲音，所以需付費解鎖「Instant Voice Cloning」功能。點擊上圖小方框中的「Subscribe」，並選擇「Monthly」，可以看到 Starter 入門方案中，每個月只需支付 5 美元（約台幣 150 元），就可使用即時語音克隆的功能，且每月可生成的語音字數為 30000 字（約 30 分鐘的音訊）；而若想直上專業語音克隆功能，則需訂閱 Creater 創作者方案。

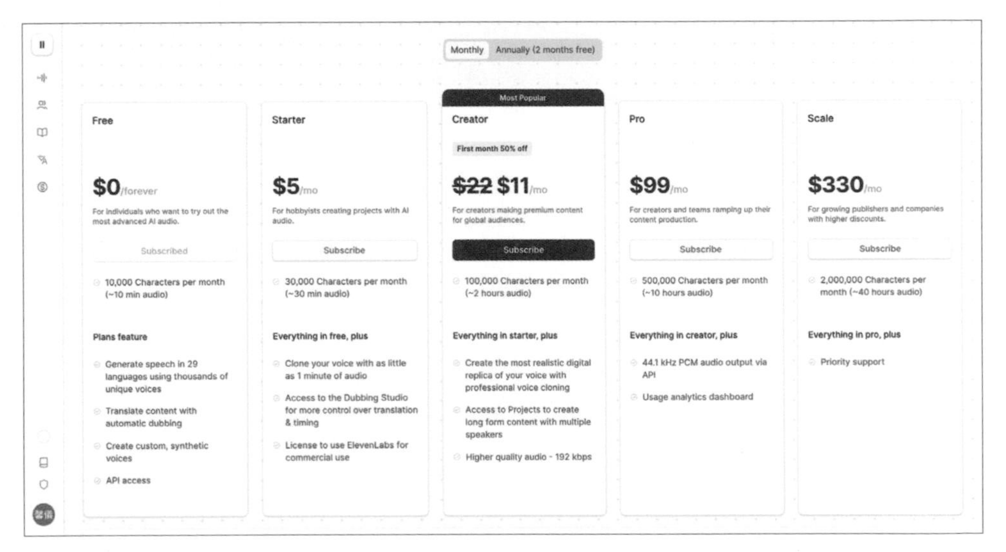

▲ 選擇方案並點擊「Subscribe」，填寫完付款資料後，就能馬上使用語音克隆的功能

> 前面有提到：「付費之後才可將存放在 ElevenLabs 的任何聲音匯入 HeyGen」。

回到 VoiceLab，會發現可存放的聲音已變為 10 個；再次點擊「Add Generative or Cloned Voice」，並點選已解鎖的「Instant Voice Cloning 即時語音克隆」功能後，會看到以下畫面：

對於上傳的語音樣本，有六點需要注意：

- 請確認您擁有這些上傳音訊檔案的版權或版權所有人的許可。
- 可上傳至多 25 個你想克隆的語音樣本 (若樣本來自同一位語者可得到最佳的效果)。
- 每個樣本長度不超過 30 秒 (若所有樣本總時長大於 5 分鐘可稍微提升生成的結果)。
- 上傳的語音樣本品質，比樣本數量的多寡還要重要 (背景噪音較多的樣本會導致較差的結果)。
- 你所選用的樣本與其說話的音調起伏，都會影響到之後生成的聲音。
- 若在錄製樣本的過程中，發現不知道該說些什麼，同樣可以向 ChatGPT 尋求幫助：

Prompt

請幫我生成一份約 5 分鐘的文本，我需要用來朗讀並訓練聲學模型。

上傳或錄製多個音訊後，再填寫該語音的標籤 (Labels) 與描述 (Description)，並勾選遵守 ElevenLabs 的服務條款後，即可「Add Voice」。接著，就會看到你克隆的語音出現在 VoiceLab 中，並且可供使用和編輯。

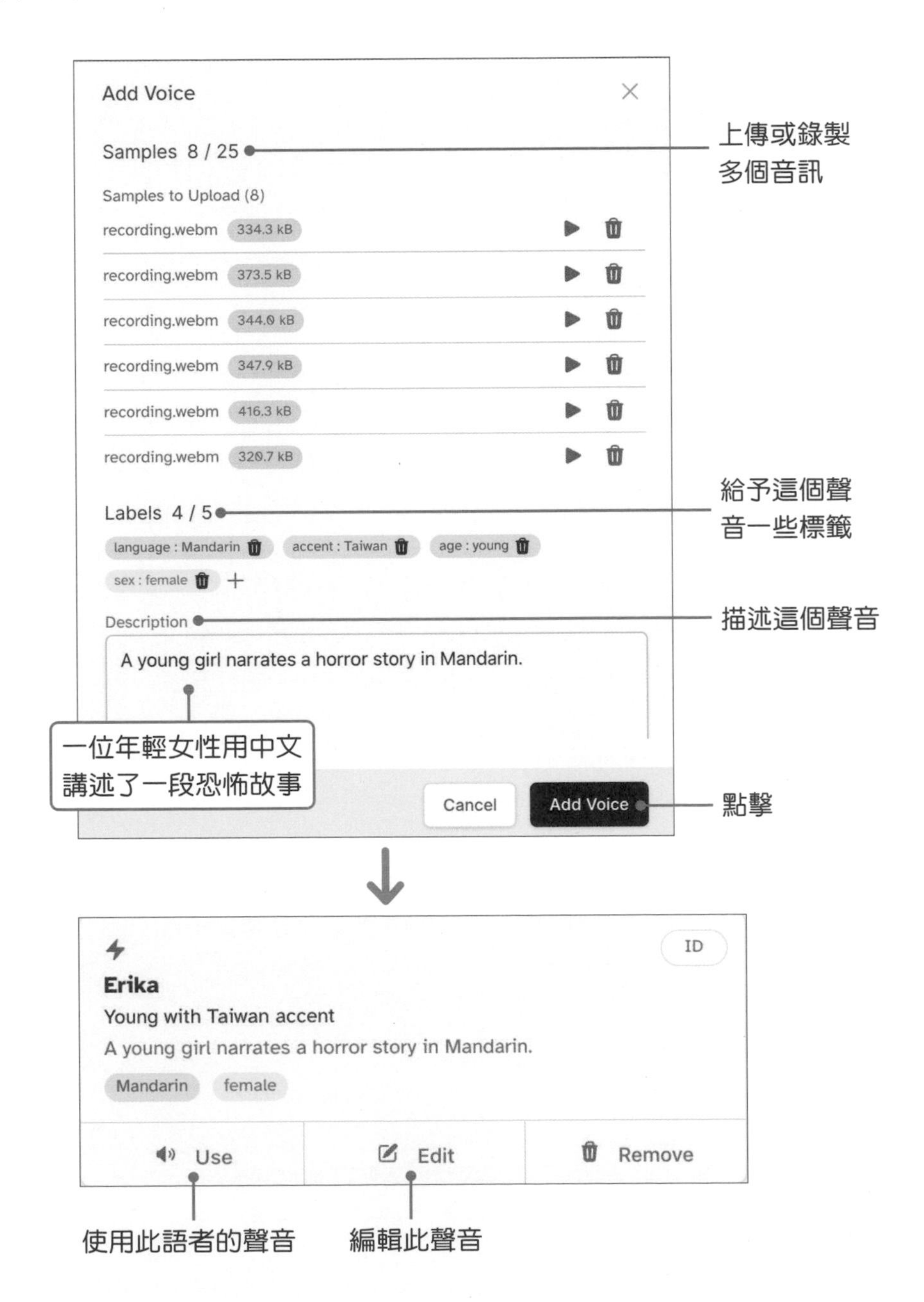

將存放在 ElevenLabs 的聲音匯入 HeyGen

最後，我們只要將 ElevenLabs 的個人 API 金鑰，貼至前面提到的 HeyGen 第三方語音服務欄位中，即可將在 ElevenLabs 克隆的聲音匯入 HeyGen 使用。

STEP 1 點擊 ElevenLabs 介面左下角的個人帳戶，再點選「Profile + API key」，會跳出 Profile Settings 的小視窗。

STEP 2 點一下「API Key」欄位旁的眼睛圖示，即可顯示你的 API 金鑰，請將其複製下來。

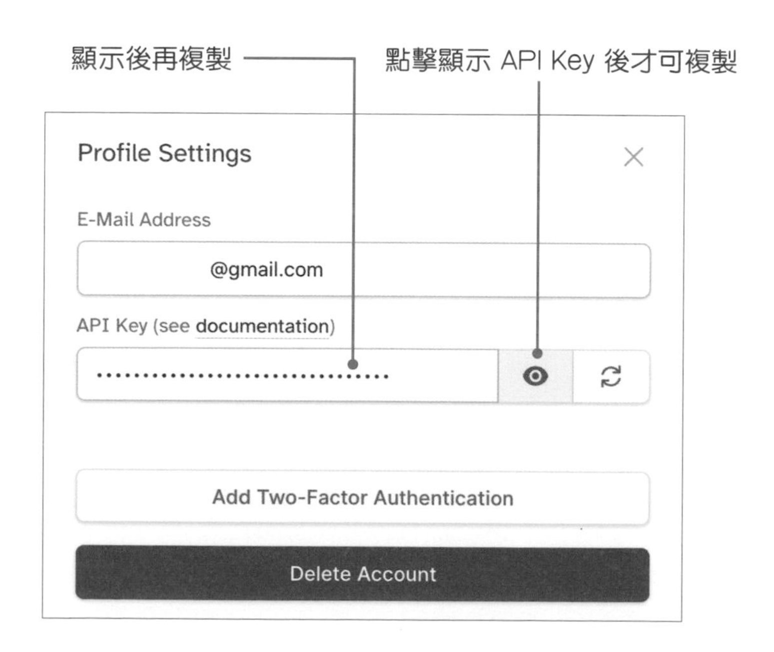

STEP 3 開啟 HeyGen，進入「AI Voice」，並點擊 My Voice 區域的「Integrate 3rd party voice」以開啟 Import voice 小視窗。

STEP 4 在其 Service provider 區塊，點選「ElevenLabs」，並將你從 ElevenLabs 複製下來的 API 金鑰貼上至「API key」欄位中，再點擊「Confirm」，就會顯示 Voice management 小視窗。

STEP 5 將在 ElevenLabs 克隆的聲音匯入 HeyGen 後，該語者就會顯示在 AI Voice 的 My Voice 區域。

← Voice management

Provider: ElevenLabs　API key: 8ec4************************b11b　　All voices　Imported　Not imported

Voice name	Category	Import to HeyGen
Erika	cloned	On
Adam	premade	Off
Alice	premade	Off

以上步驟順利完成之後，我們就可以在製作 Photo Avatar 時，選用這個由你克隆的聲音：

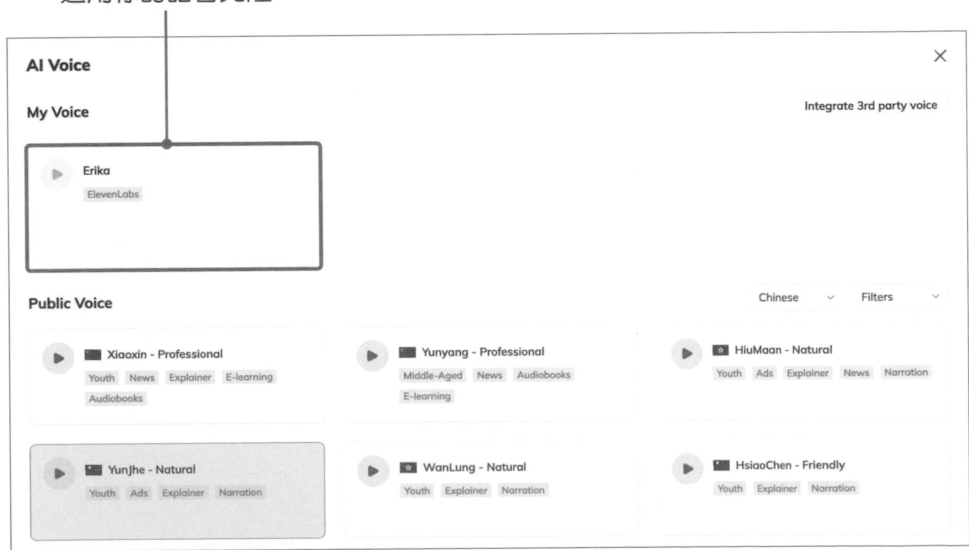

LOVO AI 讓你說一口流利的英文

LOVO AI（又稱 Genny）提供了**多種語言的文字轉語音**，以及**英文的語音克隆服務**，並且可以讓使用者根據語音內容，快速地製作與編輯影片內容；此外，還為此提供 AI 寫手、無版權圖片生成和字幕生成等功能，屬於以文字轉語音為基礎的一站式影音編輯平台。

輸入下方 LOVO AI 的網址，或 Google 搜尋 LOVO AI 並點擊官網進入之後，會看到如下圖的畫面：

◆ https://lovo.ai/

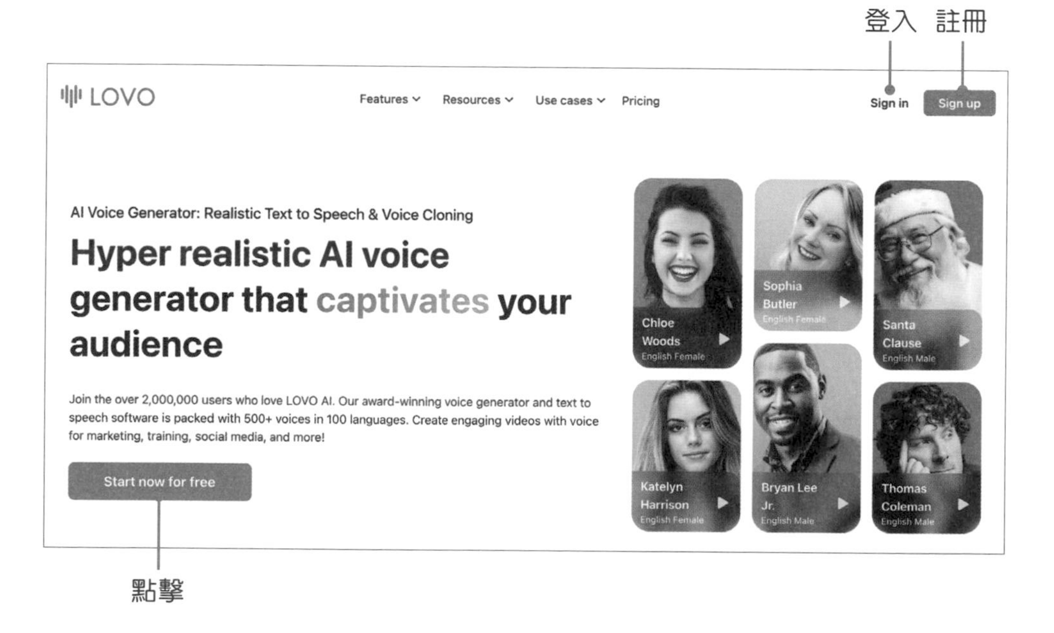

點擊「Start now for free」進入免費註冊的頁面，可以藉由與 Google 帳戶連結，或輸入使用者名稱、Email 和設定密碼，來註冊新帳戶。成功登入後即可進入使用者介面：

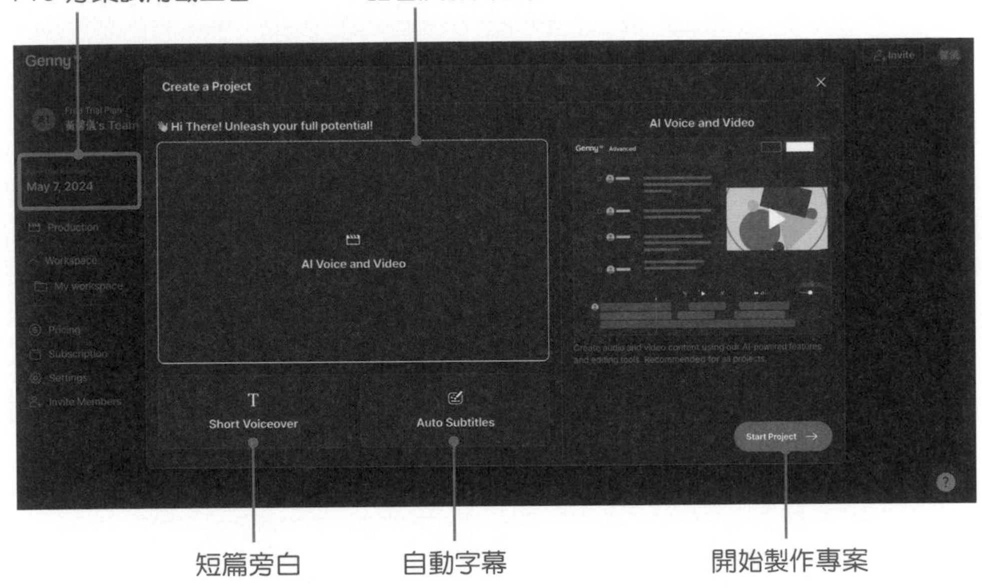

對於免費版與付費版用戶可使用的功能差異，可以在「Pricing」的「Compare plans」中進一步確認。

第一次進入 LOVO AI 會跳出 Create a Project 小視窗，提供「AI Voice and Video」、「Short Voiceover」以及「Auto Subtitles」三種專案類型給我們選擇。擇一之後再點擊「Start Project」即可開始製作專案。

Short Voiceover 短篇旁白

首先，我們來嘗試最單純的文字轉語音「Short Voiceover」功能，選擇並點擊「Start Project」之後會進入以下頁面：

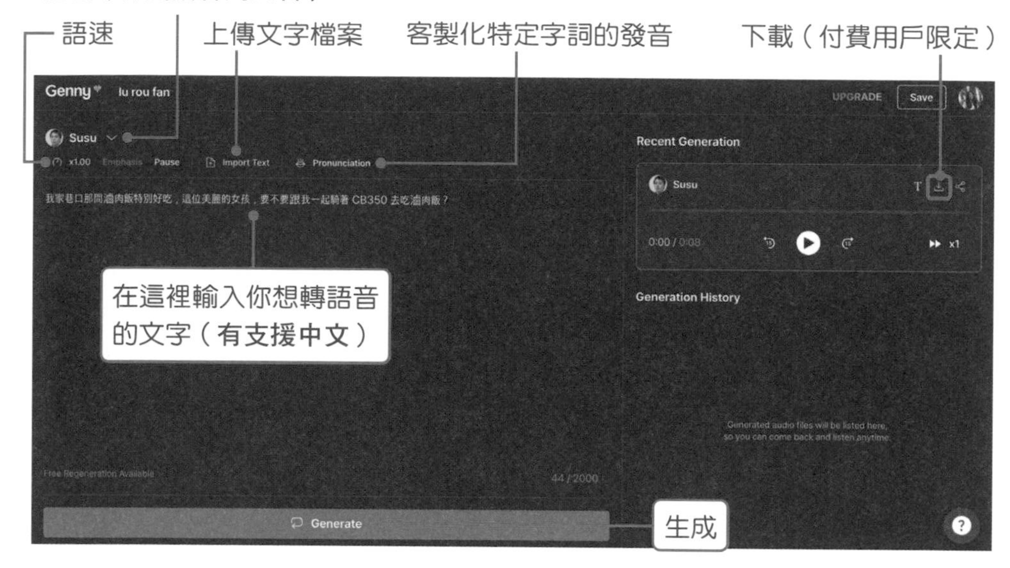

我們可以在文字框中輸入文字，或點擊「Import Text」上傳文字檔案之後，點選更換左上角的語者：

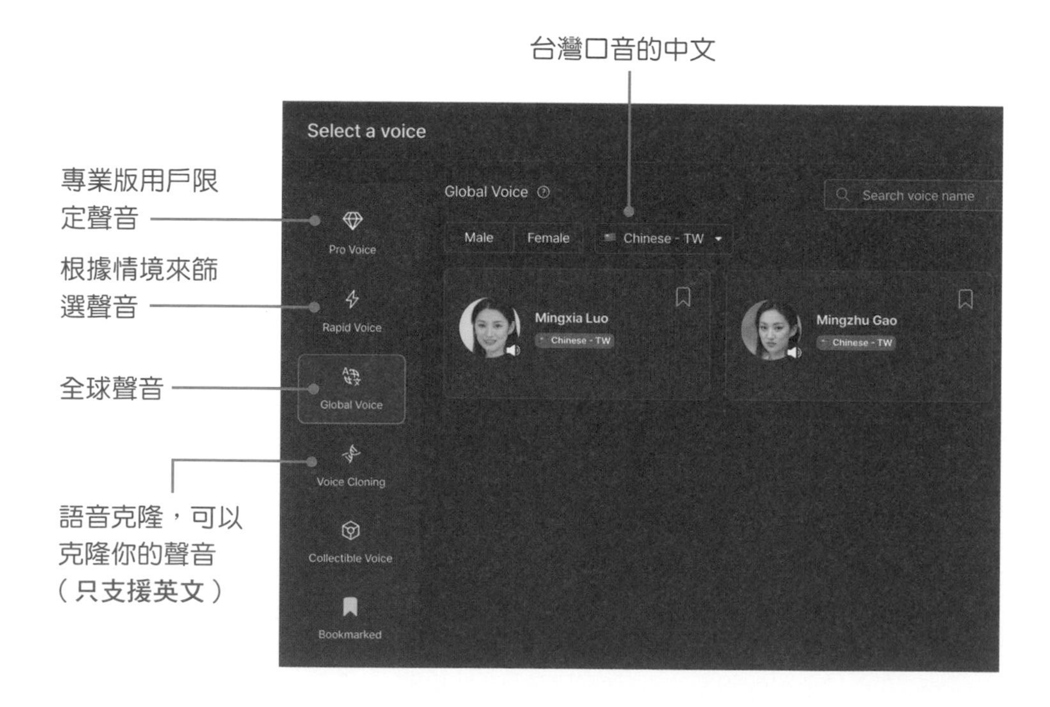

試聽並選擇一位語者後，點擊「Generate」即可根據輸入的文字生成語音（**免費版用戶每個月可生成 5 分鐘的語音**）。

克隆自己的聲音

若在選擇語者的階段點擊「Voice Cloning」，再點擊「Create a Voice Clone」，就可以藉由上傳英文語音音訊檔，或錄製你的聲音，來快速地在 LOVO AI 建立你自己的語音克隆（目前是 Beta 測試版，還可以免費使用）。

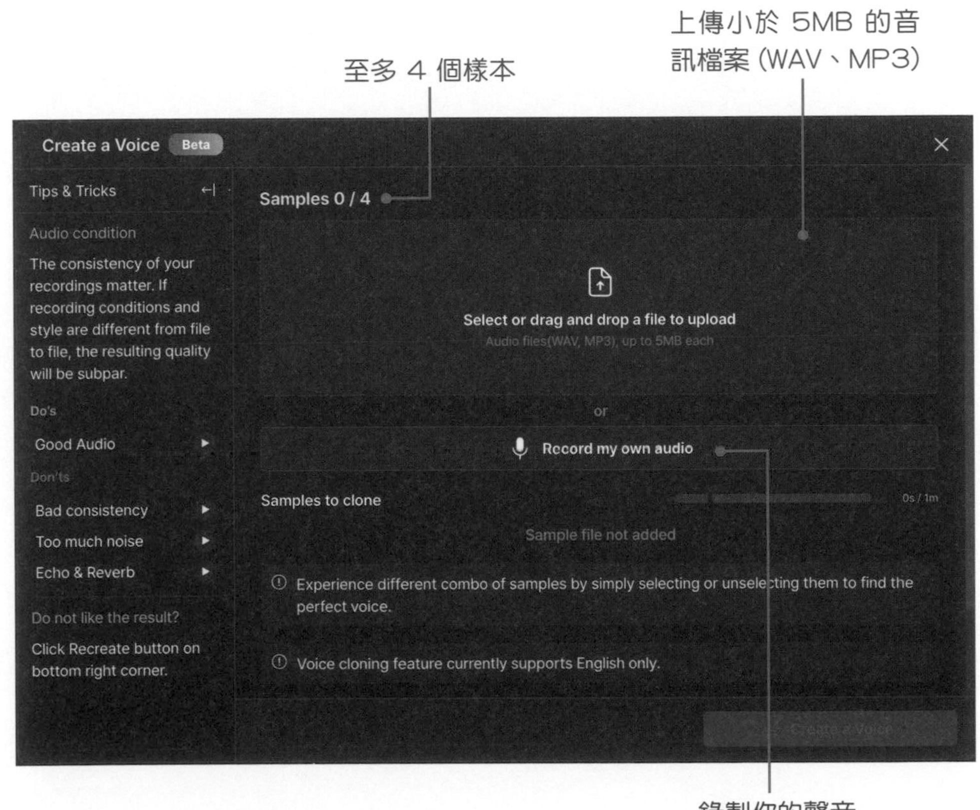

在 Create a Voice 小視窗中，有說明語音克隆的相關技巧：

- 避免在吵雜或回音很重的空間錄製音訊。
- 4 個語音樣本需保有一致性，包括相同的錄製環境、語者和風格。

目前 LOVO AI 語音克隆的功能**只支援英文**，但若手邊沒有英文語音音訊檔也沒關係，點擊「Record my own audio」之後，畫面上會顯示供你朗誦的英文句子。請在安靜的環境錄製 4 個音訊樣本，並完成「Advanced Settings 進階設定」之後，點擊「Create a Voice」，稍待片刻，即可「Preview your voice 試聽你的聲音」。確認沒問題，即點擊「Use This Voice 使用此聲音」；而若是不滿意，則可以點擊「Recreate a Voice 重製一個聲音」來重新建立你的語音克隆。

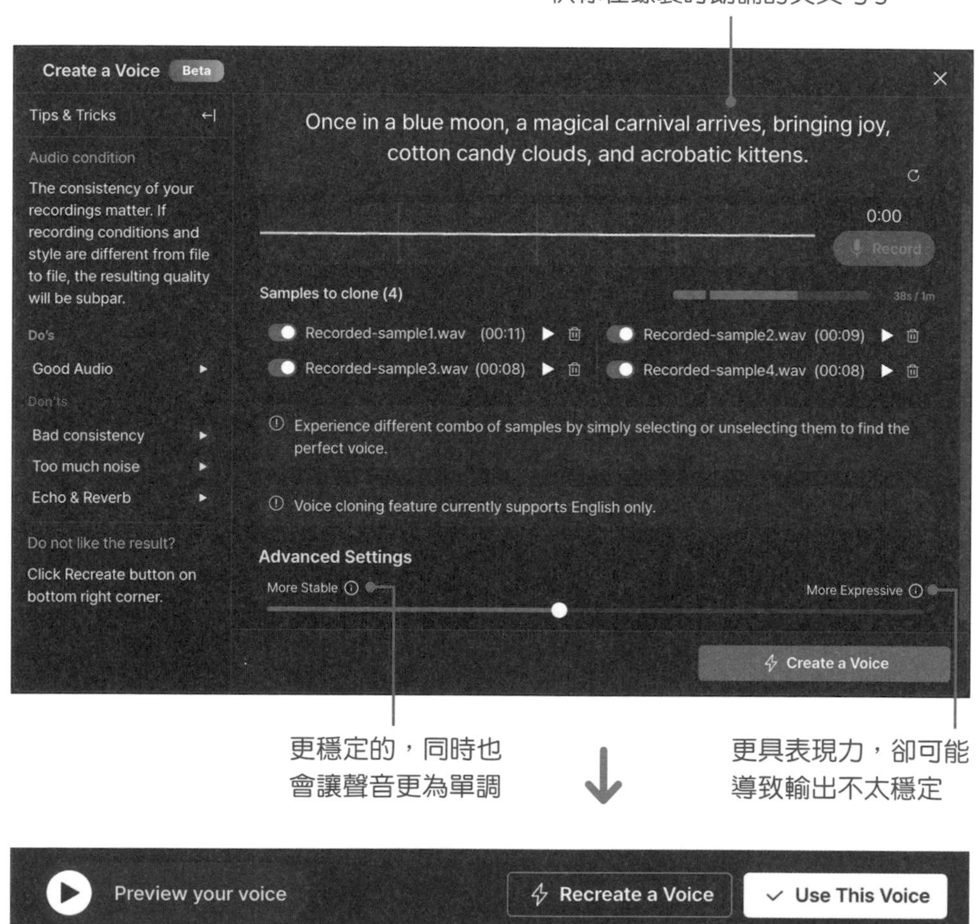

最後，請輸入語者姓名、性別、年紀、口音和風格等資料，並勾選右邊欄位同意條款，再點擊「Add a Voice」，就可以在後續專案中使用這個由你克隆的聲音。

（必需勾選）同意遵守 LOVO 的服務條款，並確認自己擁有上傳和複製這些語音樣本所需的權限，且保證之後在該平台生成的內容不會用於非法、欺騙或有害的目的

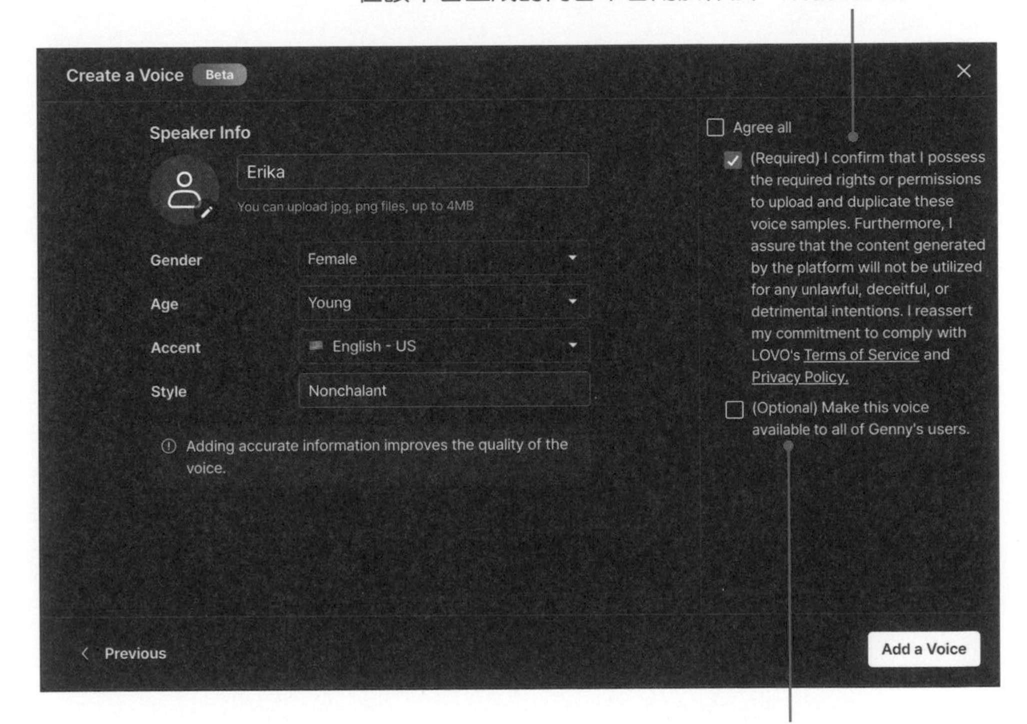

（可選擇是否勾選）同意讓 LOVO 的所有用戶使用此語音

AI Voice and Video

完成了自己的語音克隆之後，我們來嘗試功能最豐富的「AI Voice and Video」，選擇並點擊「Start Project」，即可進入以下頁面：

更換語者，可使用你自己的語音克隆

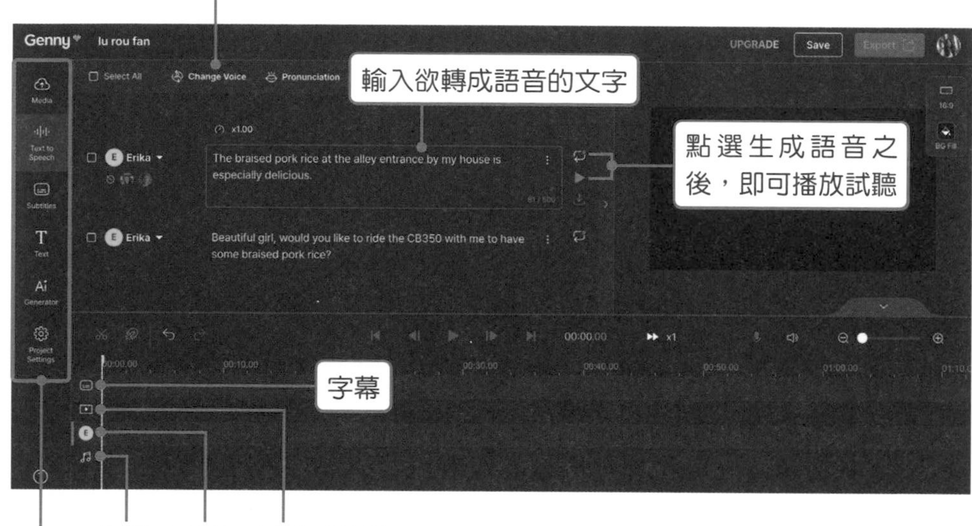

音樂　語音　圖片 / 影片

- **Media**：上傳媒體、素材
- **Text to Speech**：文字轉語音
- **Subtitles**：建立字幕
- **Text**：文字模板
- **AI Generator**：AI 生圖、AI 音效、AI 寫手
- **Project Settings**：專案設定

接著，點選「Text to Speech」功能，並在文字框中輸入欲轉成語音的文字，然後點擊該文字框右側的「Ready to generate」圖示來生成語音，完成後即可點擊「Play」來試聽；與此同時你也會發現，下方的**影片時間軸**出現了我們生成的語音內容。

然而，一部影音作品若只有語音內容是不夠的，因此我們需要再添加視覺媒材（圖片、影片），以及背景音樂（可根據需求選擇是否添加）。而這些媒材，可以藉由點選「Media」功能中的「Upload」來上傳，或在「Pixabay」選擇最合適的素材：

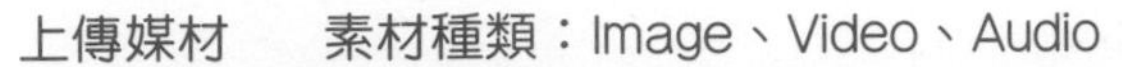

接著，對所選的素材進行編輯，並將素材顯示的時長調整至合適的長度，再點擊左側的「Subtitles」新增字幕就完成了（**免費版用戶每個月可生成 5 分鐘的字幕**）。

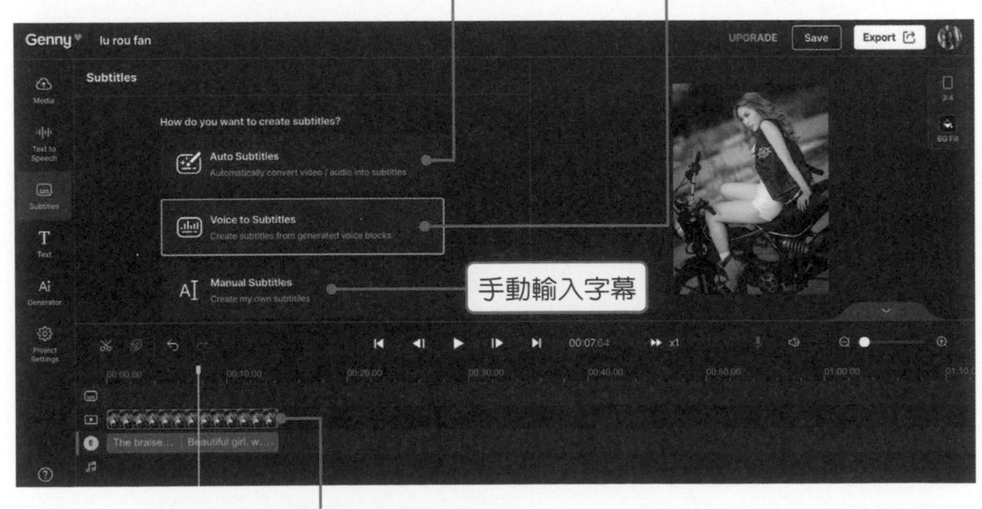

我們選擇「Voice to Subtitles」，讓系統根據生成的語音區塊 (Voice Blocks) 自動建立字幕：

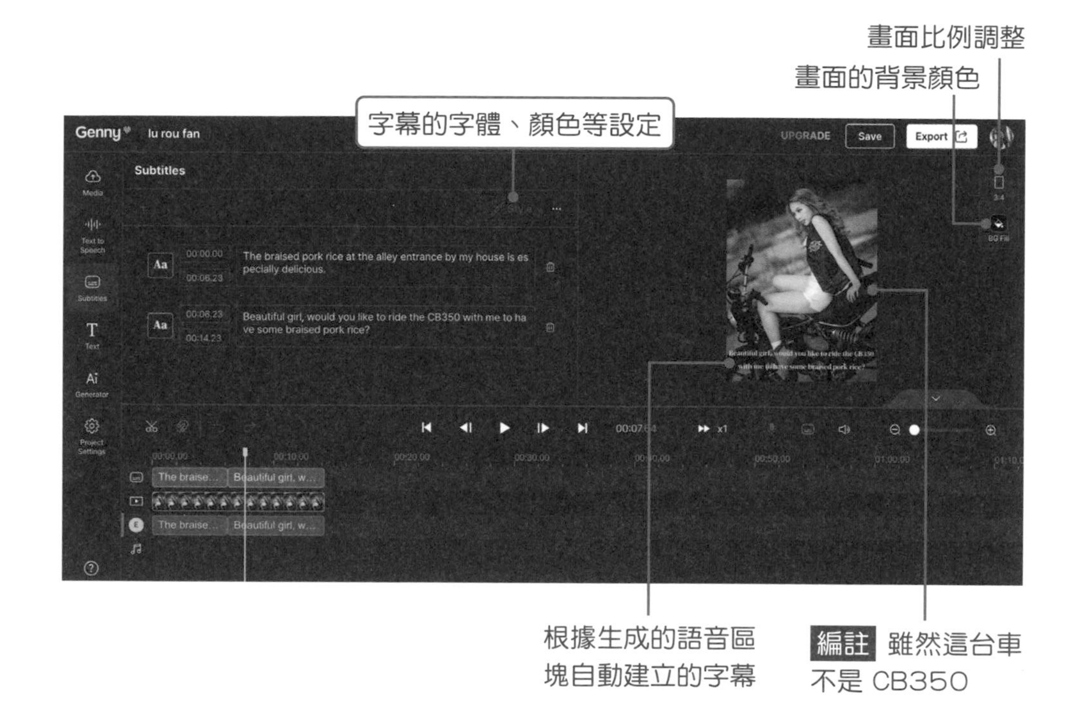

調整完字幕的字體、顏色與位置，並預覽整部影片確定沒問題後，即可點擊畫面右上角的「Export」匯出影片，(匯出影片後的下載功能為專業版付費用戶限定，而免費版用戶僅能分享該影片)。

◀ 拿起手機掃一下 QR Code，此範例影片中的聲音，是由筆者的語音克隆所生成

本節僅對於 AI Voice and Video 的功能進行基本介紹，而對於文稿和所需素材 (圖片、影片、背景音樂) 的生成，以及影片的編輯方法，在教學篇的其他章節中皆有詳細說明。

Auto Subtitles

最後，讓我們來嘗試令人驚嘆的「Auto Subtitles」功能，選擇並點擊「Start Project」之後會進入以下頁面：

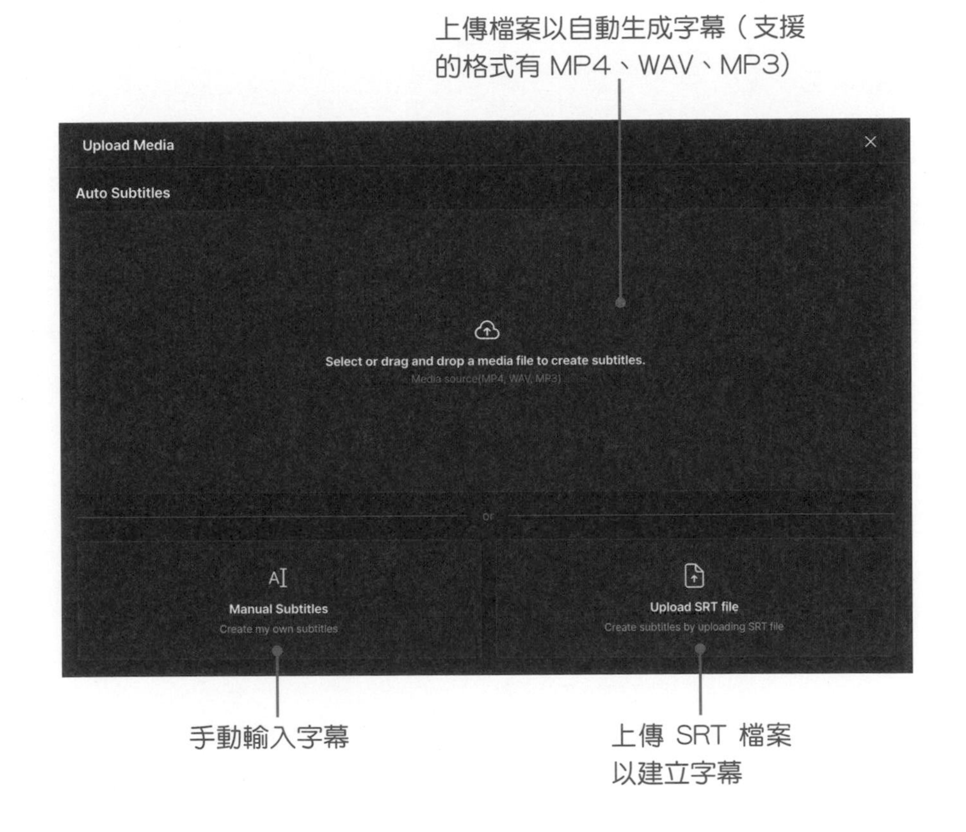

我們選擇上傳在 4-1 節製作的 HeyGen Photo Avatar 虛擬帥哥的說話影片 (MP4)，來讓 LOVO AI **自動生成該影片的字幕**。成功上傳後，會看到系統詢問「Which language are you using?」，由於影片中的語音內容為台灣口音的中文，因此我們選擇「Chinese - TW」，並點擊「Generate Subtitles」。請稍等一下，就會看到系統已自動生成繁體中文的字幕：

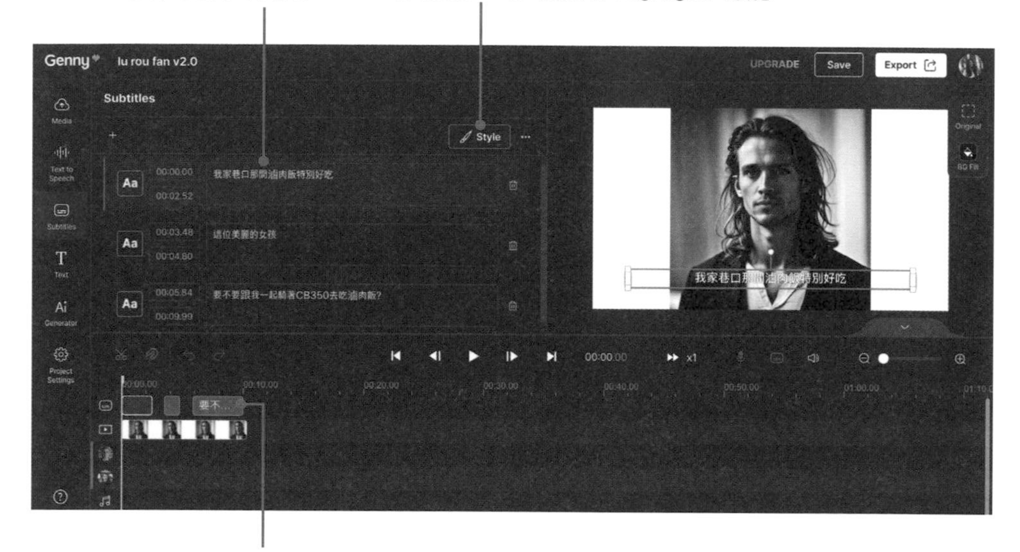

這項功能實在讓筆者驚嘆不已！只需在生成字幕之後播放影片，以確認字幕內容的正確性、出現和結束的時間點，以及字幕的換行與擺放位置即可，幾乎省去了以往輸入字幕與對齊時間點的大工程！

小編補充

第 6 章還會介紹其他通用的自動上影片字幕功能，可以適用其他不同應用情境。

4-3 Jammable 音癡救星

下一章我們將會介紹多種 AI 音樂生成器，其中也包括可以生成詞跟曲的 Suno。因此在這之前，我們要先把歌藝準備好，嘗試使用 Jammable 訓練自己的語音模型，以拯救自己拙劣的音準。

輸入下方 Jammable 的網址，或 Google 搜尋 Jammable 並點擊官網進入之後，會看到如下圖的畫面：

◆ https://www.jammable.com/

進入註冊 / 登入畫面後，會看到 Jammable 可與 Google 帳戶連結，或以 Email 註冊。成功登入之後，點擊上方列的「Features」，會顯示 Jammable 提供的功能選項；而往下捲動畫面，則會看到許多人物、角色的聲音模型。

AI Voices

點擊「Features」中的「AI Voices」，選擇或搜尋某個人物、角色，並使用該人物的語音模型來製作他的 **AI Cover 或文字轉語音**：

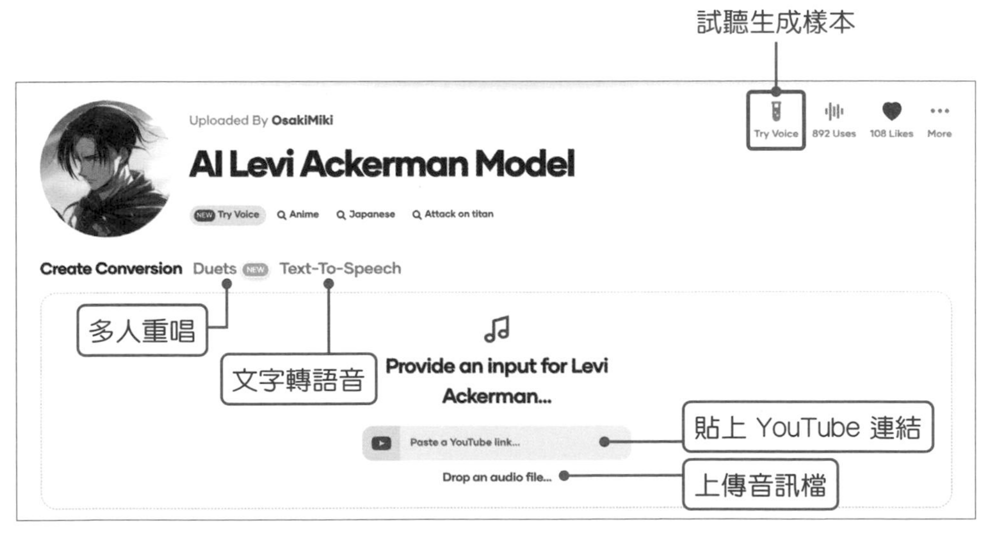

▲ 筆者是輸入「Levi」來搜尋兵長里維的語音模型

我們可以藉由貼上 YouTube 連結或上傳音訊檔，來製作兵長的 AI Cover；或是點擊「Duets」製作多人重唱；點擊「Text-To-Speech」將文字轉成語音。

使用 Jammable 生成時，有兩點需要注意：

- 無論是生成歌曲的 cover 或是文字轉語音，皆需要支付 Credits，然而，**Jammable 並沒有提供免費 Credits**，因此在點擊生成時，會跳出付費方案頁面：

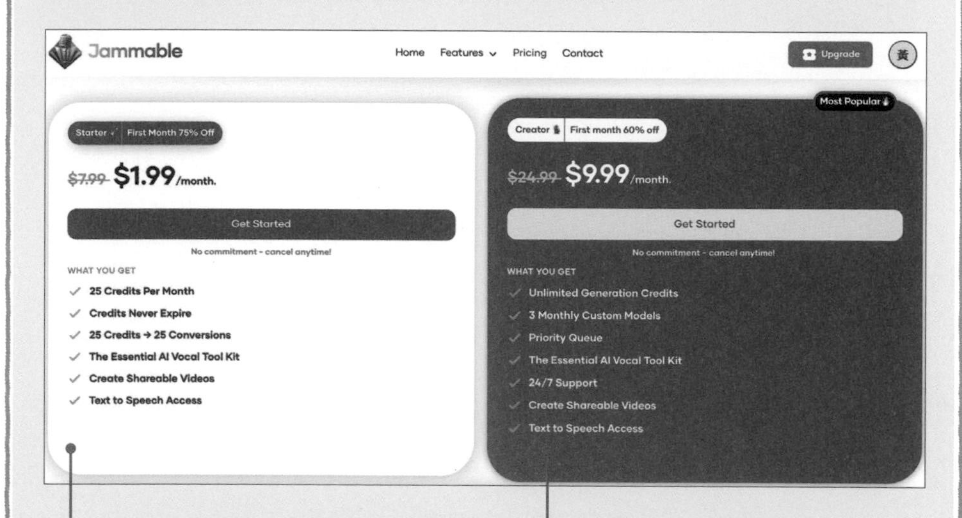

- Starter 方案第一個月約台幣 60 元，之後每個月約台幣 240 元
- 每個月有 25 Credits，也就是可以生成共 25 首 Cover

- Creator 方案第一個月約台幣 300 元，之後每個月約台幣 750 元
- 每個月有無限個 Credits
- 每個月可訓練 3 個語音模型

由於我們後續還要訓練自己的語音模型，因此先點擊「Features」的「Custom Voices」，以了解訓練模型需支付的費用。而我們會發現，若只是免費方案或 Starter 方案的用戶，光是訓練一個語音模型，就要花大約 7 美元 (約台幣 210 元)。所以筆者選擇購買右邊的 Creator 創作者方案，除了有無限個 Credits 之外，還可以訓練 3 個語音模型，比較划算。

→ 接下頁

▲ 可訓練的語音模型數量，與其對應需支付的費用

- 無論是欲生成歌曲 Cover 的 YouTube 連結和音訊檔，或是用來訓練語音模型的訓練資料音訊檔，**你都需要擁有這些歌曲和語音的版權**！以免產生任何侵權問題。

選擇一個方案並且付費完成後，點擊右上角的個人帳戶，會顯示剩餘 Credits 和語音通行證（也就是可訓練的語音模型數量）：

接續先前的步驟，有了 Credits 即可生成該人物的歌曲 Cover，並且會在貼上 YouTube 連結或上傳音訊檔後，顯示下圖的小視窗：

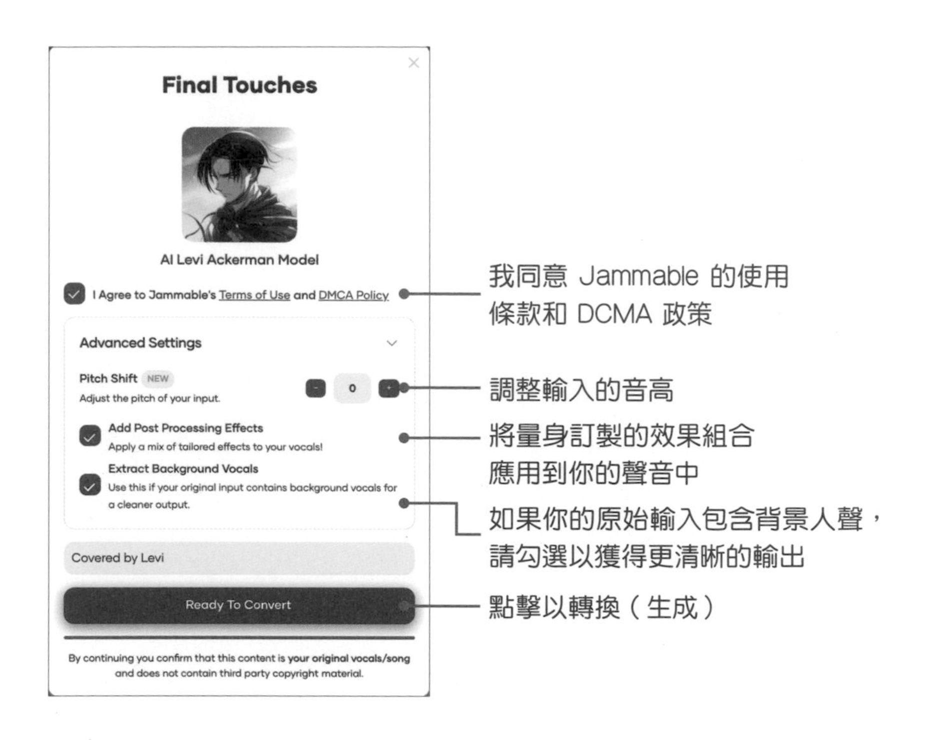

稍等一會兒，就能聆聽由兵長 Cover 的歌曲囉：

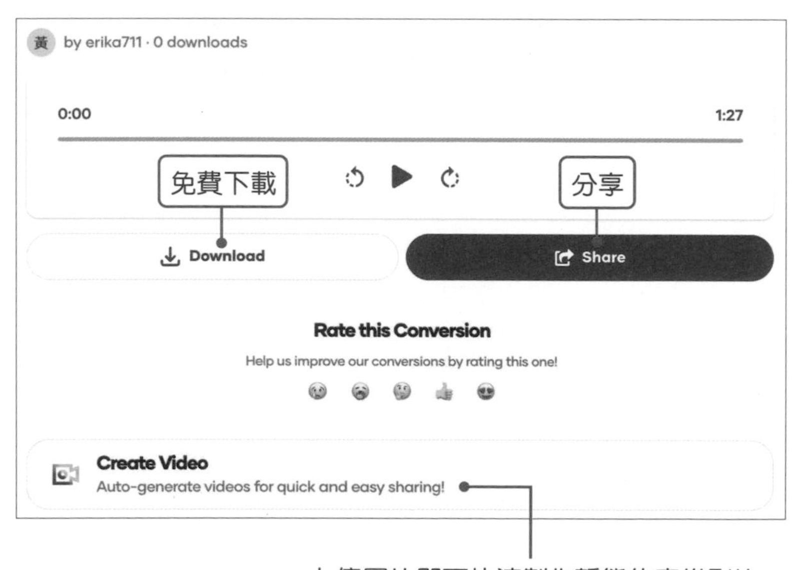

Duet 重唱

點擊兵長語音模型頁面中的「Duets」，再點擊「Start Duetting」，即可添加其他人物的語音模型，如艾連和米卡莎。接著點擊「Next Stage」並貼上 YouTube 連結或上傳音訊檔，再調整「Voice Swap Tempo 聲音切換的頻率」、勾選 Jammble 的使用條款與進行「Advanced Settings 進階設定」之後，點擊「Ready To Convert」即可製作三人的重唱 Cover。

添加其他人物的語音模型

Text-To-Speech 文字轉語音

點擊兵長語音模型頁面中的「Text-To-Speech」，輸入欲轉成語音的文字內容，並設定語言、情緒和語速，再點擊「Convert Text」。接著勾選 Jammble 的使用條款與進行「Advanced Settings 進階設定」，然後點擊「Ready To Convert」，就能生成對應文字的語音。

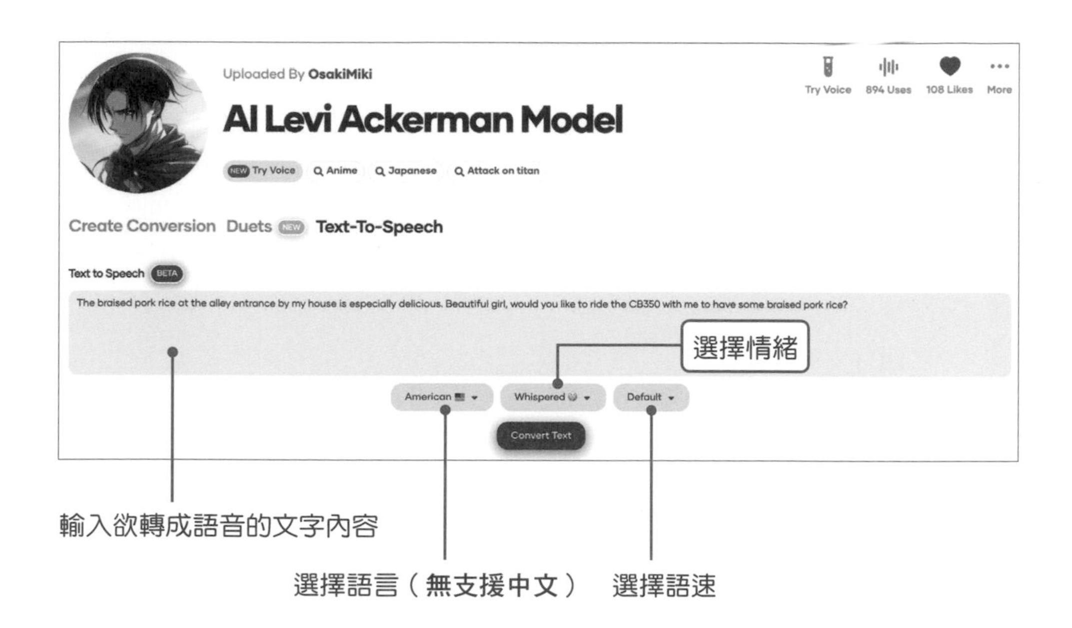

訓練自己的語音模型

經過上述的基本介紹後，你可能會想：「**如果可以使用自己的聲音，結合 AI Cover 的技術，那不就可以拯救我那悲劇的音準了？！**」是的，我們只需要付點錢、上傳幾個訓練音訊檔，再訓練語音模型，就可以使用上述提及的 AI Voices 技術，以自己的聲音來進行 AI Cover。

點擊「Features」的「Custom Voices」後，再上傳數個訓練音訊檔（支援格式為 MP3、WAV 或 M4A）至「Drop Dataset Here！」(已課金的玩家就不會再顯示付費訊息)，接著就會跳出如下圖的小視窗：

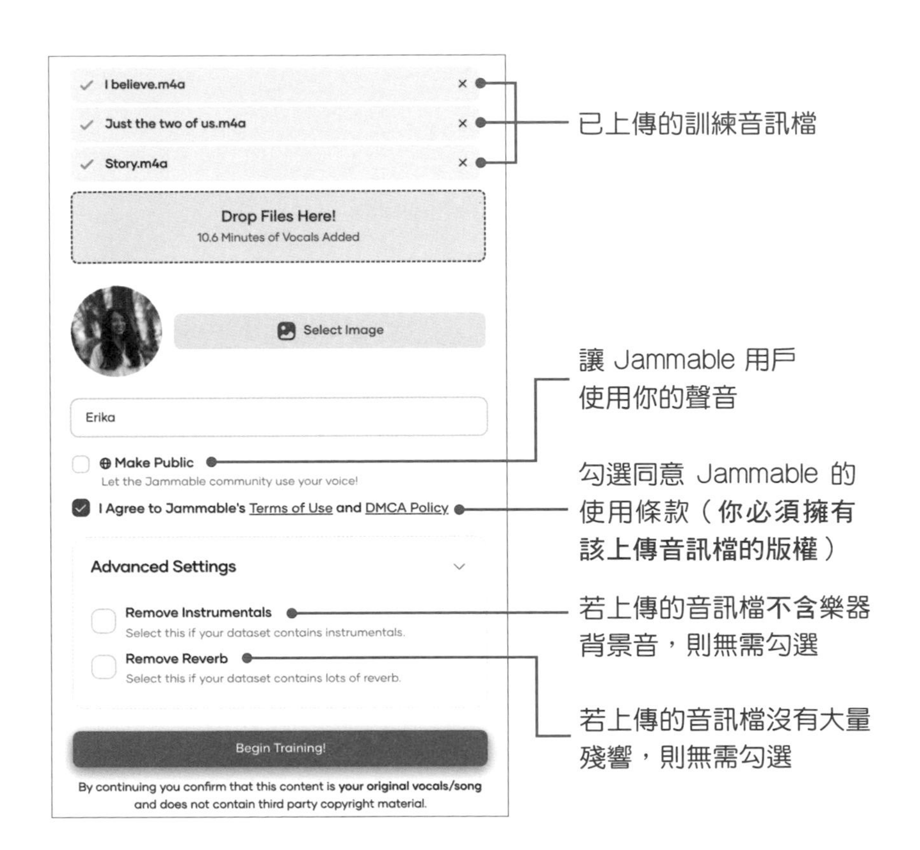

小編補充

經筆者測試後，提供幾個上傳訓練音訊檔的建議：

- 雖然可以藉由勾選「Remove Instrumentals」和「Remove Reverb」，來去除背景音樂與殘響；但由於目前提取人聲的技術有限，若想得到較佳的訓練結果，建議在安靜且不太會有回音的環境錄音，且上傳的訓練音訊檔不要包含歌曲的伴奏。
- 若想使用 AI Cover 的技術，建議**訓練音訊檔不要僅提供說話的語音資料**，這是因為我們說話的音域範圍有限。所以筆者提供了一首清唱的中文歌、一首清唱的英文歌，以及一個 3 分多鐘的說故事錄音檔，作為訓練資料集；並且選用音域不同的中文歌和英文歌，如此可以讓模型提取出中英文的咬字以及不同音高的特徵。
- 若錄製語音內容的文稿產出困難，可以請求 ChatGPT 的協助：

Prompt

請幫我生成一份約 3 分鐘的文本，我需要用來朗讀並訓練聲學模型。

設定完畢之後，點擊「Begin Training！」就可以開始訓練你的語音模型：

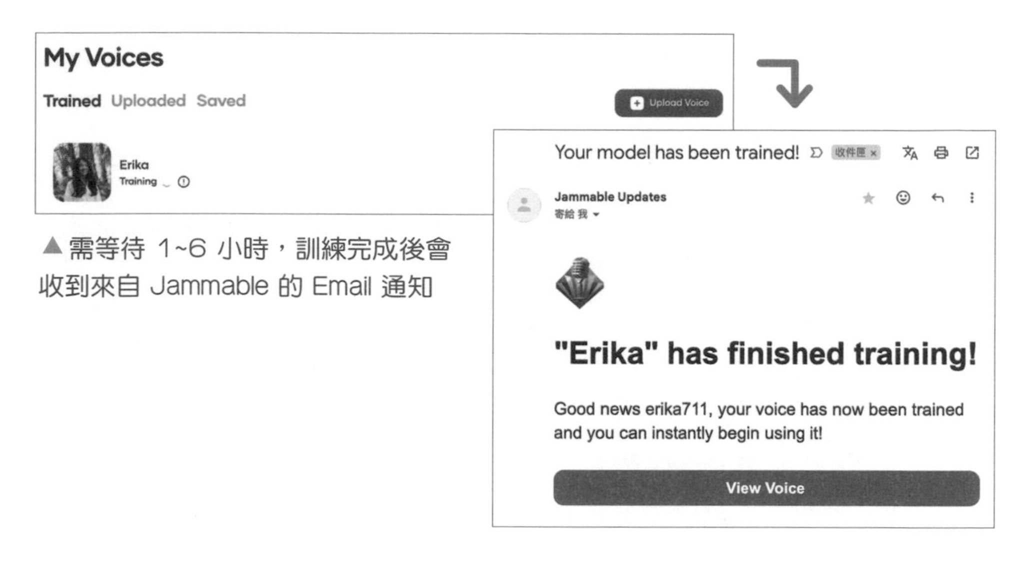

▲ 需等待 1~6 小時，訓練完成後會收到來自 Jammable 的 Email 通知

來唱歌吧！

點擊個人帳戶中的「My Voices」就會看到已訓練的語音模型，而接下來的所有操作步驟皆與前面相似。趕快來生成你的第一首 AI Cover，看看該模型是否有提取到你的聲音特徵吧！

▲ 點擊訓練好的語音模型，就可以使用自己的聲音來 Cover 歌曲了

▲ 拿起手機掃一下 QR Code，即可聆聽筆者的 AI Cover

AI 音樂生成器

相信許多愛唱歌、熱愛音樂的人都曾有過一個音樂夢，幻想著自己有朝一日能夠自彈自唱、組個樂團，甚至作詞作曲；或是在製作影音作品時，總希望能有一首獨特、動聽，且符合內容的 BGM (Backgroud Music，背景音樂)。

然而，對於沒有音樂基礎、也沒有基本混音概念的人而言，似乎只能找專業音樂人作曲，或是從茫茫素材庫中挑選別人可能已經使用過的音樂；但若沒辦法砸大錢請人協助作曲，那就請近年來陸續問世的 AI 音樂生成器來幫忙吧！這類工具能根據使用者的需求，自動生成符合指定曲風和氛圍的 BGM，大幅降低音樂製作的門檻。

5-1 Suno 讓你無痛成爲詞曲創作家

自從 2024 年初 Suno 推出新版本 (v3) 後 (現已更新至 v3.5)，其生成的歌曲完成度大幅躍進，因此名聲突然變得響亮。不同於其他音樂生成器，Suno **除了作曲之外，還能夠自動填詞**，運氣好的話甚至可以生成出有記憶點的歌曲，並且可供免費下載。此外，Suno **每天都有提供 50 credits 的作曲額度**，這對於免費版使用者而言，無疑是一大福音。

創作你的第一首歌

輸入下方 Suno 的網址，或 Google 搜尋並點擊進入 Suno 官方網站後，會顯示如下圖的畫面：

◆ https://suno.com/

- **Home**：每天更新的「Trending 熱門公開曲目」和「Top Categories 熱門類別」等
- **Create**：詞曲創作介面
- **Library**：作品存放區與播放清單
- **Explore**：與 Suno 一同探索新的音樂風格
- **Search**：關鍵字搜尋歌曲

在註冊 / 登入前，可以看到「Make a song about anything」區，這裡會隨機出現三個不同的 Prompt，選取一個喜歡的，或是在下方欄位自行輸入你想生成的歌曲主題，再點擊「Create」就可以無腦作詞作曲了。

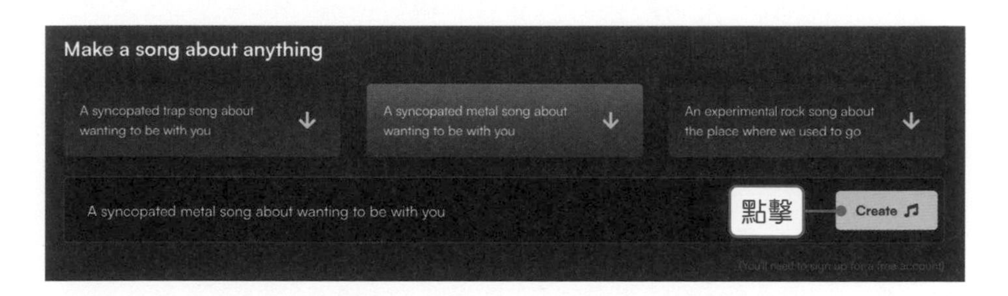

點擊後，畫面中央會出現註冊 / 登入提示框，可以選擇使用 Discord / Google / Microsoft 帳號直接登入。接著就會進入到下圖介面，會發現「Song Description 歌曲描述」欄位中已自動填入剛才選擇的 Prompt；而免費版用戶的畫面左方會顯示「40 credits」，表示本次生成已消耗 10 credits。

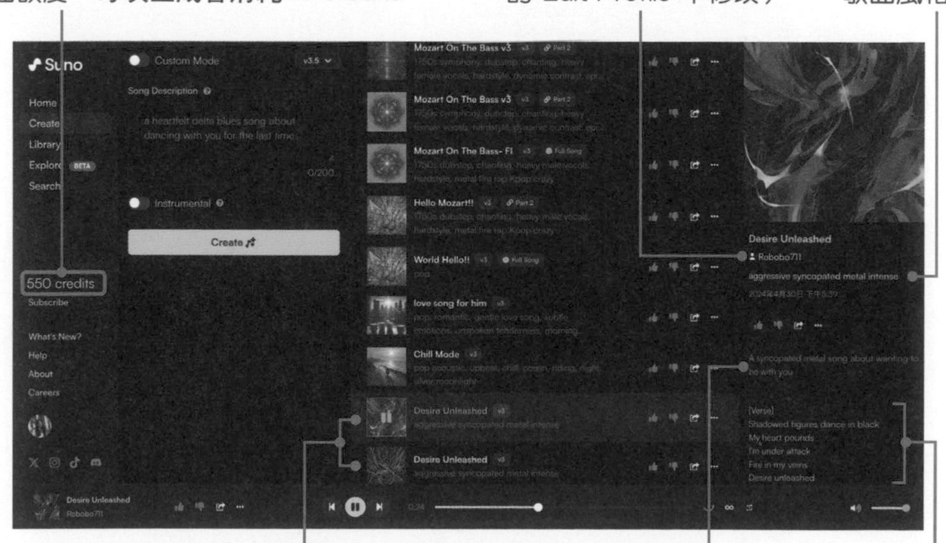

▲ 生成自相同 Prompt 的兩首不同歌曲

等待數秒後就會看到 Suno 已生成兩首出自相同 Prompt 的歌曲，點開還會發現 **Suno 已根據 Prompt 自動生成歌名、曲風與歌詞，通常會直接生成約 1~2 分鐘含有主、副歌的歌曲**。而點擊分享鈕旁的 3 個圓點（更多功能），可以藉由點選「Reuse Prompt」，再次使用此 Prompt 來生成新歌曲；或是「Extend 延長」，以續寫這首歌。這兩個功能等一下會以熱門歌曲的再製來詳細說明。

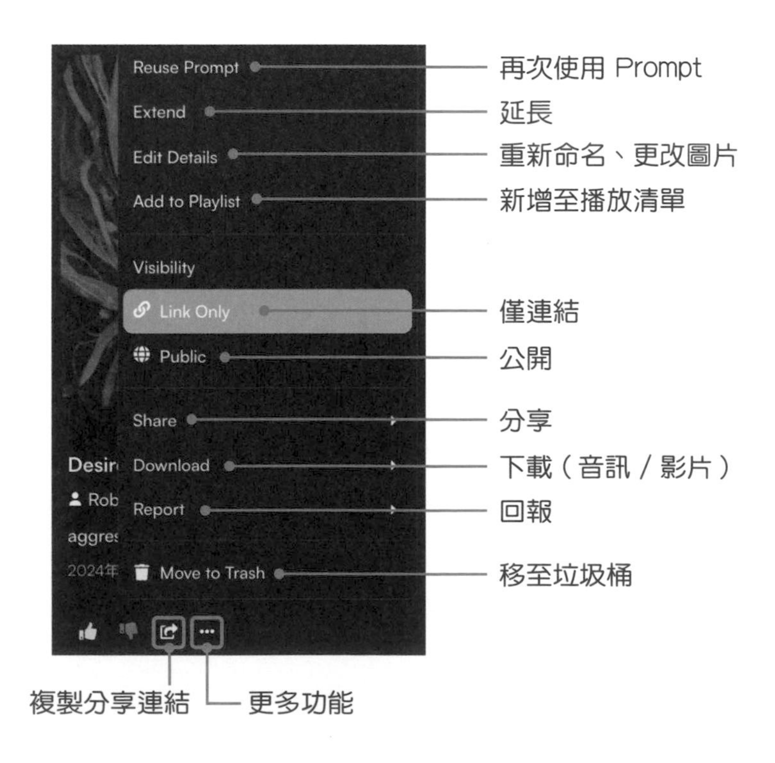

若點選 3 個圓點中的「Download」，可以下載其「Audio (MP3 / WAV)」或「Video (MP4)」檔案，供日後作為素材使用；而點選「Add to Playlist」，即可將其儲存至播放清單。

接著，點選畫面左側的「Library」，再點選「Playlists」，就可以看到已建立的播放清單和儲存的歌曲；而我們曾經生成的所有曲目皆會被存放在「Library」中的「Songs」。

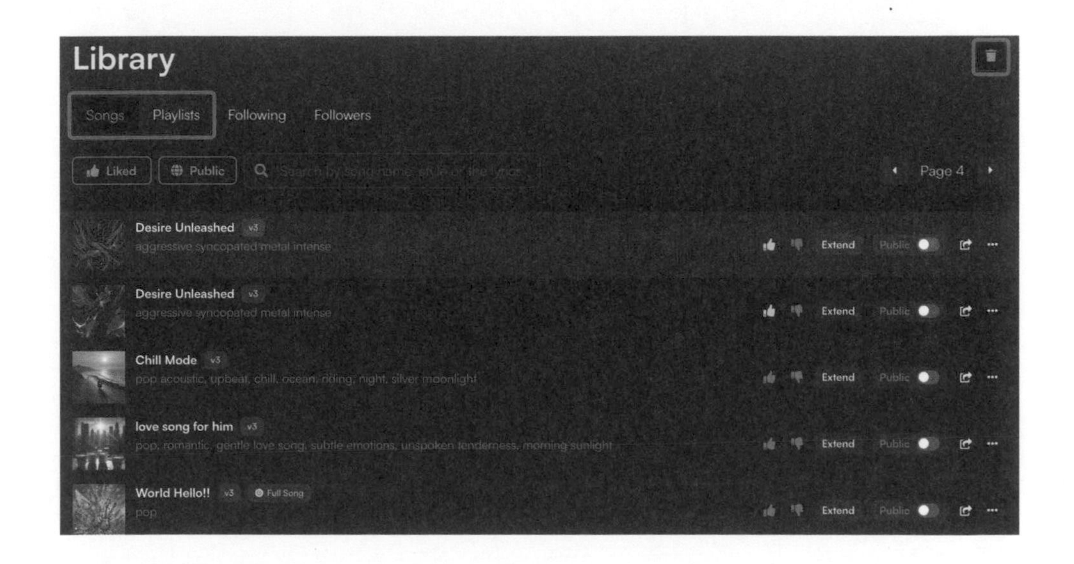

對於不太滿意的作品，也能將其「Move to Trash」移至垃圾桶；而若不小心手殘誤刪，也可以點擊右上角的垃圾桶圖示，將誤刪的歌曲藉由「Restore to Library」還原至原處。

與 Suno 一同 Explore 新的音樂風格

在這次的更新中，Suno 也推出了新功能「探索 (測試版)」，可以輔助我們認識更多元的音樂風格，才不會在下 Prompt 時毫無頭緒。點擊左方的「Explore (BETA)」，即可進入下方頁面：

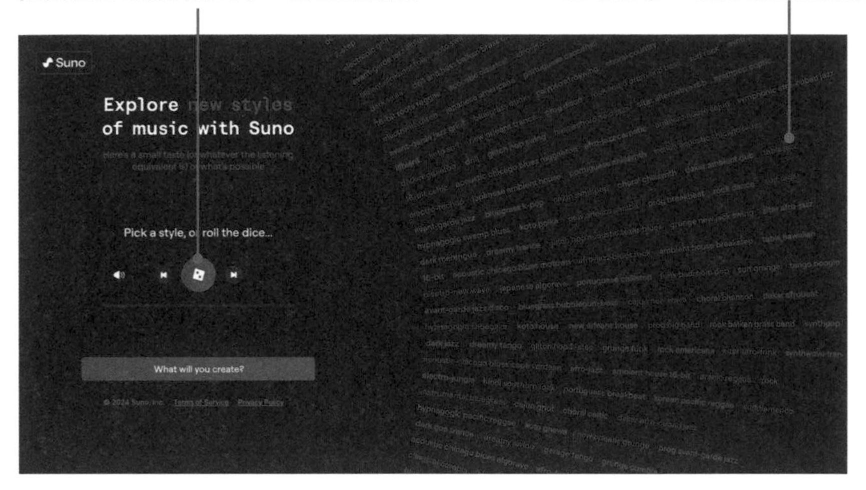

Explore 畫面右方的所有音樂風格皆為可點選的，選擇一個感興趣的曲風後，畫面左方的播放器會顯示該曲風的 5 首歌曲供我們聆聽。而我們也能複製該曲風，並在「Create」介面中製作類似風格的歌曲。

熱門歌曲的再製

熟悉介面操作之後，我們再次回到「Home」，這裡顯示一些近期熱門歌曲與熱門類別等內容。點選一首喜歡的歌曲後，畫面右側會顯示這首歌的歌名、曲風和歌詞，且歌詞欄位還會細分成 **Intro（前奏）**、**Verse（主歌）**、**Chorus（副歌）**、**Bridge（橋樑）**、**Solo（樂器獨奏）**和 **Outro（尾奏）**等區塊。

> 由於 Suno 會每日更新熱門歌曲，而對於非自行創作的歌曲又沒有提供下載功能，因此若遇到喜歡的歌曲，建議直接按讚或儲存至播放清單中。

不過，對於自己喜歡的熱門歌曲，除了默默地保存下來之外，我們也能進一步藉由「Reuse Prompt」或「Extend」將這首歌曲重新生成。

Reuse Prompt 重複使用提示詞

挑選好想再製的歌曲並點選「Reuse Prompt」後，會發現我們可以對其 Lyrics (歌詞)、Style of Music (音樂風格) 和 Title (歌名) 進行修改，(當然，你也可以什麼都不更改)。接著點擊「Create」，即可生成出與原曲風格相似的兩首歌曲。

小編補充

若想修改歌詞但不擅長寫詞，可以點擊「Make Random Lyrics」隨機產生新的歌詞；而若想改變曲風卻毫無靈感，也可以點選 Style of Music 欄位中提供的曲風選項。

而若在按下「Create」之後跳出 Error 錯誤訊息，通常是因為歌詞長度過長，系統無法一次生成長達 2 分多鐘的歌曲，因此請先刪去部分歌詞後，再重新生成。

第一次在「Lyrics」欄位中修改歌詞時，會跳出一個對話框，其內容為：**請確保你只會使用 AI 生成的歌詞、你的原創歌詞或你有被授予版權的歌詞，避免使用市面上已存在的歌詞內容**，以避免侵權。確認後點選「I accept」表示你同意這項要求。

Please accept our terms to make a song with custom lyrics

Suno is designed for creating original music. Please confirm you will only submit AI-generated lyrics, original lyrics or lyrics to which you otherwise hold rights to continue.

I accept

對於由人類撰寫的歌詞和 Prompt 其實都是有著作權的，因此在使用「Reuse Prompt」功能的你，若選擇不修改歌詞和曲風，則需特別注意：如果只是基於好奇、想嘗試的心態，是沒問題的，但也請不要將此生成公開展示，甚至商用。

若是你特別喜歡這首歌曲的風格，想對其進行再製，卻又擔心會產生侵權問題，此時可以請 ChatGPT 協助使用**相同歌曲架構與意境**來生成新的歌詞，並提供幾個相似於原曲曲風的 Prompt。

Extend 續寫此歌曲

對原曲點選「Extend」之後，會發現在「Title」欄下方出現「Extend from MM:SS」，以及你想續寫的原曲，這表示我們將從原曲的 MM 分 SS 秒處接續生成。

以此例，我們選擇使用某一首熱門歌曲進行再製，欲從第一次副歌結束後的間奏處接續下去，也就是改寫第二次主歌 (Verse 2) 與 Bridge。

聆聽原曲，找到接續生成的時間點 01:03

改寫 [Verse 2] 和 [Bridge] 的歌詞

要接續原曲的歌詞情境和架構來寫英文歌詞實在不是一件容易的事，因此我們向 ChatGPT 尋求協助：

Prompt

現在你是一位詞曲創作家，請參考我給你的歌詞，依照其**歌詞情境、架構與文字長度**，重寫 [Verse 2] 和 [Bridge] 的**英文歌詞**。

原曲歌詞如下：

這裡貼上原曲歌詞

ChatGPT

[Verse 2] Under starlight, we orchestrate the dream, Mixing beats and melodies, a timeless theme. Keys and chords in a dance with electronic, Mozart's essence in a world symphonic.

[Bridge] As the night falls, rhythms rise high, In every note, Mozart's legacy flies. Bridging centuries with beats that resonate, Classical and electronic, we amalgamate.

▲ ChatGPT 根據我們的要求生成出歌詞了

接著，我們請 ChatGPT 協助將所有歌詞翻譯成中文，以確認歌詞情境是否相符：

Prompt

請協助翻譯整首原曲的歌詞，以及您新寫的 [Verse 2] 和 [Bridge] 歌詞。

確認之後，就可以將新寫的 [Verse 2] 和 [Bridge] 歌詞貼在「Lyrics」欄中，**記得要先將「Lyrics」欄清空再貼上喔！**

STEP 3 修改 Style of Music，使續寫的歌曲基於原曲稍作變化

由於我們希望續寫的第二段主、副歌能夠稍作改變，會讓整首歌聽起來比較有層次感、也比較豐富，因此需要修改 Style of Music 中的 Prompt：

Prompt

這是我的原曲風格：

這裡貼上原曲風格

我想保留一些原曲風格，並增添一些交響樂的元素，想請您提供我一些想法。

ChatGPT

Memory updated

可以將你原曲的風格與交響樂的元素結合，以創造一個強烈且獨特的音樂體驗。這是一些想法供你參考：

1. **交響樂前奏**：以管弦樂的方式開場，並逐漸加入你的原曲風格，讓聽眾做好進入一場音樂旅程的準備。
2. **重金屬弦樂**：使用小提琴和大提琴來演奏激烈的弦樂旋律，搭配鼓點來製造強烈的節奏感，為電子和嘻哈元素打下堅實基礎。
3. **合唱與人聲對話**：結合交響樂的合唱與男聲人聲，透過不同層次的聲音對話，營造出富有衝擊力的氛圍。
4. **節奏交織**：使用打擊樂器（例如定音鼓和鈸）加強電子和硬派風格的節奏，帶來一種能量滿滿的效果。

5. **電子與交響樂融合**：利用電子元素與交響樂進行互動，例如在交響樂的背景中加入電子合成器來構建音牆。

6. **高潮衝擊**：曲子在高潮部分，使用電子節奏與交響樂的猛烈節奏相結合，達到一個令人震撼的終結。

試著將這些想法結合在一起，調整以符合你特定的風格需求。這樣，你就能打造出既保留原曲風格，又融入交響樂元素的作品。

此時 ChatGPT 會提供一些音樂融合的想法，我們可以從中挑選幾個，並請 ChatGPT 協助將其撰寫成英文 Prompt。

Prompt

請您幫我將原曲風格的 Prompt，以簡單的英文關鍵字增添您建議的所有元素，並協助翻譯成中文。

接著，就可以將 ChatGPT 提供的英文 Prompt 貼在「Style of Music」欄中，但由於該欄位有內文長度限制，因此會需要縮短 Prompt，請自行刪去你覺得相對不重要的英文關鍵字。

點擊「Extend」之後，再從原曲的 01:03 處接續合併

修改「Title」後，點擊「Extend」以續寫原曲 (Part 2)。

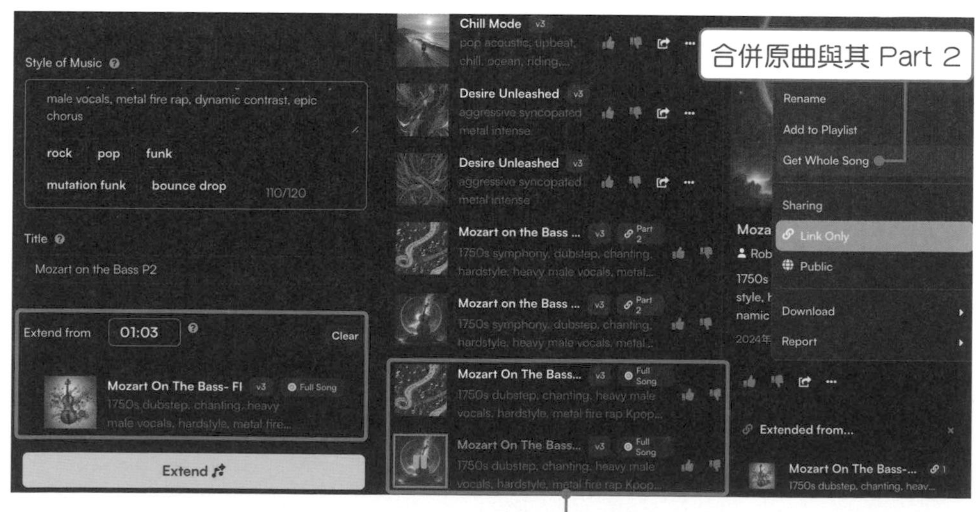

點開 Part 2 後會發現歌曲下方顯示「Extended from…」以及原曲，點選 3 個圓點的「Get Whole Song」，以合併原曲段落 (00:00~01:03) 與我們接續生成的 Part 2。最後，點開合併的「Full Song」，並聆聽確認銜接後是否連貫流暢。

當然，若你覺得聽起來不錯，那就再以同樣的方式繼續生成 Part 3 並合併，讓整首歌曲更加完整，直到你滿意為止。

▲ 續寫完成的熱門歌曲

小編補充

- **如何生成歌曲結尾**：你可能會發現，無論 Extend 幾次，這首歌曲聽起來都沒有要結束的意思，此時只需在填寫歌詞的「Lyrics」欄位最下面加入 **[Outro]** 即可；也可以在 [Outro] 之前加上某樂器的獨奏，如 [Guitar Solo]，讓歌曲不會結束得很突然。
- **兩功能的混合用法**：先點選 A 曲的「Extend」，再點選 B 曲的「Reuse Prompt」，就能以 B 曲的風格續寫 A 曲，實作兩首歌曲的曲風融合。

這裡要注意的是，每位用戶每日都有 50 credits 可用來免費生成歌曲，每次會生成兩首，並消耗 10 credits。即使是使用 Reuse Prompt 或是 Extend 這兩個功能，其每次生成也都會消耗 10 credits；只有在使用 Make Random Lyrics 和 Get Whole Song 功能時，不會消耗任何 credit。若當天的 credits 都用完了，那就要等明天囉！

Create 一首屬於你的歌曲

再製完別人的歌曲後，相信你對 Suno 的操作已逐漸上手，想必心中的創作魂也蠢蠢欲動，想創作一首類似「Trending」排行榜上的熱門 (或迷因) 歌曲了吧！

點選畫面左方的「Create」，進入詞曲創作介面，可以在「Song Description」欄中輸入任何你想生成的歌曲描述。將滑鼠移至該欄位旁的問號圖示，會顯示說明：「描述你想要的曲風以及主題，並使用音樂流派和氛圍，**而不是特定作曲家或現有歌曲**」，以避免侵權。

而下方的「**Instrumental**」是 v3 版的新功能，開啟後可以根據你的 Song Description **生成沒有歌詞的純音樂**；而若是沒有開啟，則會自動生成出符合 Song Description 的詞跟曲。沒錯！連歌詞也不用你來填！

Custom Mode 自訂模式

若是開啟最上方的「Custom Mode (自訂模式)」，即可自行填詞，而不是由 Suno 自動生成。將滑鼠移至「Lyrics」旁的問號圖示，會顯示說明：「隨機生成歌詞、寫下你的歌詞，或向 AI 尋求一些幫助。使用兩段主歌 (8 行) 以獲取最佳的歌曲生成結果」。此外，輸入的歌詞不僅限於英文，其**中文、日文等多種語言也都支援**。

而下方的「Style of Music」則是輸入欲生成的曲風描述，如音樂流派和氛圍。經筆者測試後，發現**輸入英文 Prompt 生成的效果最佳**，而由其他語言 Prompt 所生成的歌曲，往往不符合我們輸入的曲風。

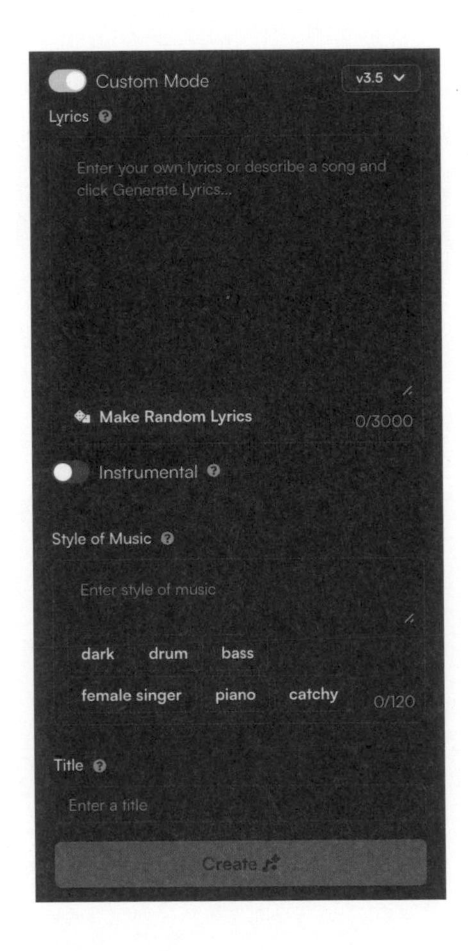

輸入完成之後，選擇模型版本並點擊「Create」即可生成兩首歌曲。而由於操作步驟與前面相似，因此筆者將不再示範，請各位讀者直接開啟 Suno 來玩玩看，或是翻至第 10 章，一起來製作一首濱海公路騎車的英文歌曲 MV！

計費方式與使用權限

AI 生成的作品仍存在著許多爭議，因此在使用前需閱讀官方的使用說明文件，在 Suno 中是點選畫面左方的「Subscribe」和「Help」來確認我們的使用權。

先點擊「Subscribe」中的「Monthly Billing」，可以看到 Basic Plan 免費版使用者的權限為每日 50 credits，且生成的歌曲僅限於非商業用途；而若是 Pro Plan 專業計畫使用者，每個月需支付 10 美元（約台幣 300 元），就有 2500 credits 可以使用，且生成的歌曲可供商業用途，如上傳至可營利的社群媒體、網站、音樂串流平台等，或是將歌曲使用在廣告、電影、電視節目、Podcast 中。

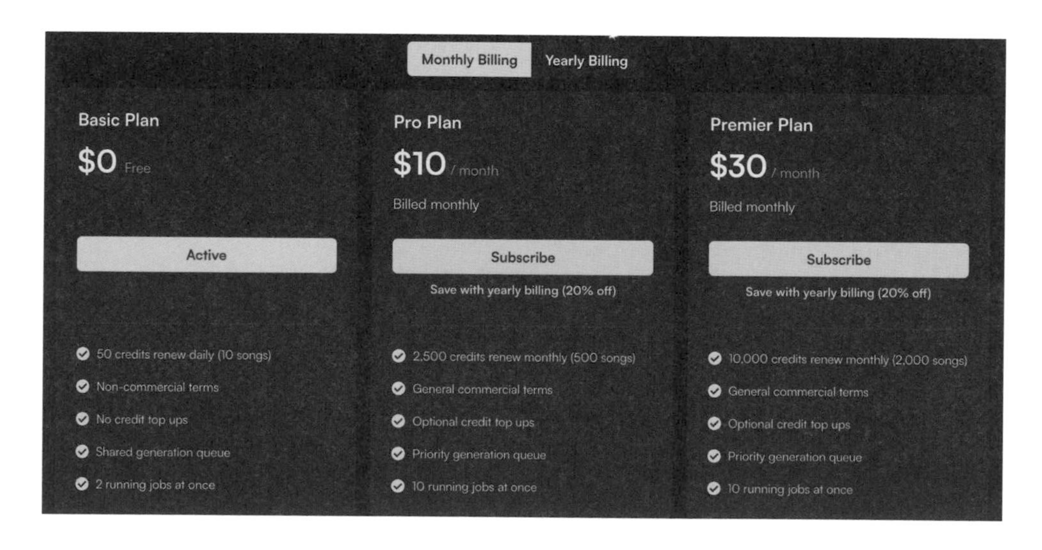

因此，需考量自身的用途再決定是否付費使用，但最重要的是，無論是否為付費版使用者，皆需標明歌曲出處為 Suno，並且需要遵守 Suno 的服務條款。若想進一步了解更多使用權等相關資訊，請查閱 Suno 的「Help」，以避免在使用新科技時產生任何侵權行為。

5-2 Stable Audio 文字轉音樂 / 音效

Stable Audio 是由 Stability AI 所開發的音訊生成模型，而各位應該對於 Stability AI 也不太陌生，因其為開發 Stable Diffusion 文字生圖模型 (第 2-4 節曾介紹過) 的公司，其生成的圖片也令人驚豔。但大家可能不太知道的是，這間公司也有開發文字生成音樂 / 音效的模型，並且在推出 2.0 版之後，其生成的音樂品質提升了不少，本節就讓我們一起來體驗 Stable Audio 吧！

認識 Stable Audio

輸入下方 Stable Audio 的網址，或 Google 搜尋 Stable Audio 並點擊官網進入之後，會看到如下圖的畫面：

◆ https://stability.ai/stable-audio

點擊「Try Now」之後，就會進入官方說明網頁，往下捲動畫面，會看到 Stable Audio 有提供 **Text-to-audio 文字轉音訊**、**Audio-to-audio 音訊轉音訊**，以及 **Input vocals 輸入人聲** 這三種功能。而再繼續往下則是「Stable Radio」，其為 YouTube 上的 AI 生成音樂 24/7 live 直播電台；以及「Stable Mixtape」，由 Stable Audio 社群所生成的音樂作品播放器。最後則是「User guide」音樂生成的操作說明與下 Prompt 的技巧。

接著至頁面最下方，點擊「Try now」註冊 / 登入帳號並開始使用；或是回到頁面最上方，點擊右上角的「Sign up」註冊新帳戶，已有帳戶的讀者可以點擊「Log in」直接登入。第一次登入會顯示 Stable Audio 的服務條款，閱讀後點選「I have read and accept the Terms and Conditions.」同意該條款，而下方為是否訂閱電子報，選擇後點擊「Next」就可以進入音訊生成介面。

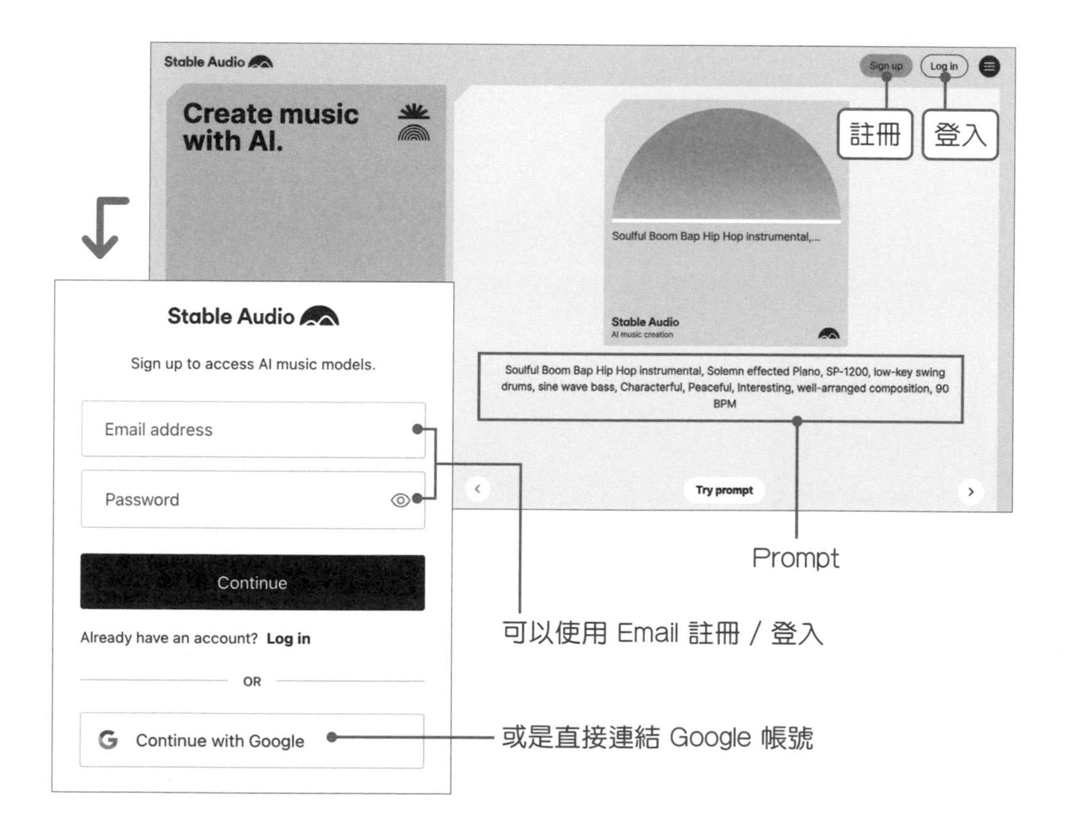

音樂生成介面共分成三個區塊，左區為「Input 輸入區」、右上為「Preview 預覽區」、右下為「History 歷史記錄區」，每個大區塊的各功能簡介如下：

- **Prompt**：描述我們希望音訊輸出的聲音
- **Prompt Library**：提示詞庫，點擊播放鍵以了解該提示詞對應的風格
- **Model**：有三種生成模型可供選擇。預設選擇最新模型，生成一個音訊會消耗 2 track credits
- **Duration**：生成的音訊長度，最多 3 分鐘 0 秒
- **Input audio**：上傳或錄製音訊，使模型基於此音訊生成新的音訊。而後方則表示每月付款週期剩餘的可上傳音訊時長，如剩餘 30 分鐘 0 秒
- **Add extras**：添加額外內容以控制音訊產生，包括 Steps（生成迭代步數）、Number of results（結果數，付費用戶限定）、Seed（種子）、Prompt strength（提示強度）
- **Generate**：生成鈕，旁邊顯示本次生成會消耗多少 track credits

❶ **Use prompt again**：再次使用目前歌曲的 Prompt
❷ **Copy prompt**：複製目前歌曲的 Prompt
❸ **Use as input**：將正在預覽的音訊作為下一次生成的輸入音訊
❹ **讚 / 倒讚**：用於協助 Stability AI 改進 AI 生成模型
❺ **History**：生成的音訊歷史記錄
❻ **Uploads**：上傳的音訊歷史記錄

Text-to-audio 文字轉音訊

在認識 Stable Audio 的音樂生成介面之後，我們就可以使用 Prompt 來生成音樂或音效了！

Text-to-music 文字轉音樂

然而，新手面臨的第一個困難就是「有想法卻不會下 Prompt」。由於**輸入英文 Prompt 可以得到最佳的生成結果**，但若英文不好、知道的音樂術語或流派不夠多，該怎麼辦？此時，有幾種方法可以解決：

- 第一種：點選畫面上方的「Mixtape」，進入由 Stable Audio 社群所生成的音樂作品播放器，選擇喜歡的音樂並點選下方的「Try prompt」。
- 第二種：點選「Prompt Library」，聆聽各種音樂風格，並點選一個以自動填入 Prompt，或是最下方的「Surprise me」隨機生成 Prompt。
- 第三種：點選 Prompt 輸入框旁的「guide」，進入 User guide 使用指南的頁面，往下捲動畫面，點擊 Text-to-audio 的「View」，並找到「Text prompt」區塊，這裡有說明一個好的 Prompt 需具備哪些元素，我們可以複製這些元素，並請 ChatGPT 協助 Prompt 的生成。而該頁面下方也有提供一些音樂 / 音效 Prompt 與其輸出的音訊範例，不妨參考看看。

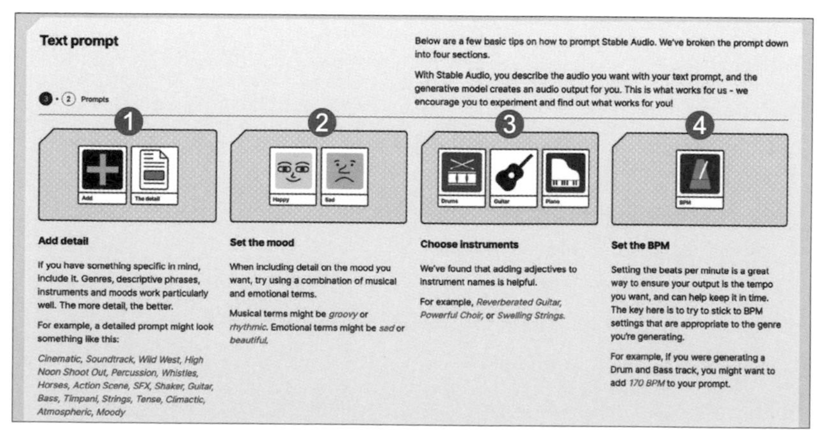

▲ 複製圖中的文字，並貼上至 ChatGPT

❶ **添加細節**：任何具體想法的關鍵字描述，尤其音樂流派、曲風、情緒、樂器等，越詳細越好
❷ **設定情緒**：情緒細節，使用音樂術語和情感用語尤佳
❸ **選擇樂器**：為樂器加上形容詞的效果會更好
❹ **設定節拍**：可以自行設定，也可以試著使用你想要的流派中常見的 BPM（beats per minute，節拍）

Prompt

現在你是一位生成「Text-to-music 音樂生成」Prompt 的專家，我可能有一些想法，但沒辦法表達得很詳細。

因此我想請你接下來能按照以下原則，基於我給的想法，協助我生成「詳細的英文 Prompt」，並同時將你生成的 Prompt 翻譯成繁體中文：

[ ] ← 這裡貼上剛才複製的 4 個元素（下 Prompt 的技巧）

以下是幾個 Prompt 的範例：

[ ] ← 這裡貼上其中 1、2 個該頁面下方提供的音樂／音效 Prompt 範例

You
House 曲風、大家一起跳舞、會讓人想跟著一起搖擺、速度不要太慢也不要太快、國外、海邊、派對、雞尾酒、夜晚、舒服的天氣

ChatGPT
English Prompt:
House, Dance Party, Invokes Swaying Motion, Moderate Tempo, International, Beach Vibes, Party Atmosphere, Cocktail Lounge, Nighttime, Comfortable Weather

繁體中文翻譯：
House曲風、舞蹈派對、引發擺動的節奏、中速、國際風格、海灘氛圍、派對氣氛、雞尾酒酒吧、夜晚、宜人的天氣

▲ 如果覺得自己有點詞窮，也可以再請 ChatGPT 幫你多補充一些描述，並添加到原本的 English Prompt 中

解決 Prompt 的問題之後，就可以設定你想要生成的音樂長度「Duration」並設定「Add extras」。

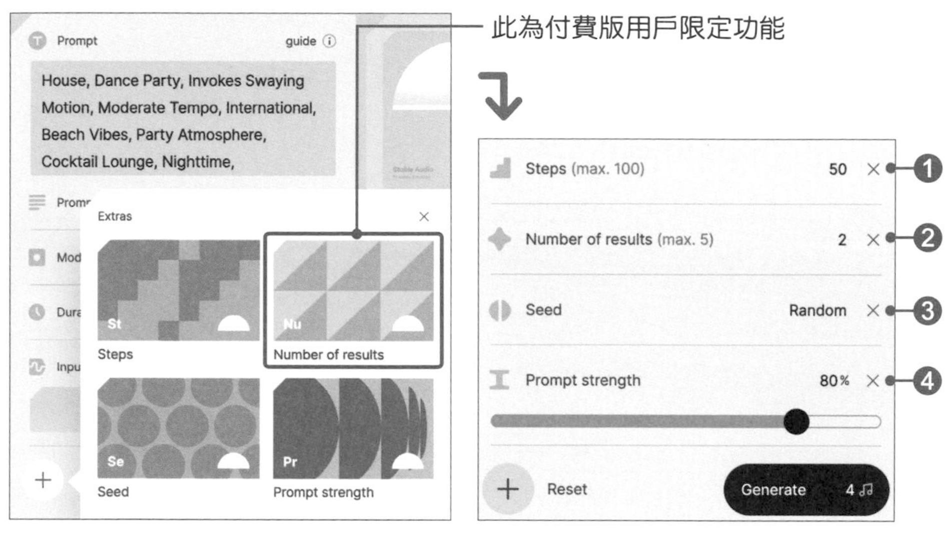

▲ 設定「Add extras」可以協助我們控制生成結果

❶ 建立音訊的生成迭代數，最大步數為 100，更大的步數可以稍微提高音訊品質。官方建議設定為 50 會得到最佳結果

❷ 生成的音訊個數（付費用戶限定），每次至多可生成 5 首，且生成愈多首需花費愈多的 track credits

❸ 預設為 Random（隨機），而若是指定某個種子值，如 1314，則可使用相同的訊號來生成（若 Prompt 也一樣，則生成的結果會比較相似）

❹ 控制生成的音訊內容與 Prompt 的接近程度，越大的百分比表示越接近

設定完成後，點選「Generate」並稍待片刻，即可生成音樂。而點選播放條旁的下載圖示，就能下載 MP3 檔或 Video 檔，若是付費用戶還可以下載音質較好的 WAV 檔。

▶ 生成的音樂 WAV 檔

Text-to-sound effect 文字轉音效

在 User guide 使用指南的 Text-to-audio 說明文件中，我們也發現了官方有在文件下方提供一些生成的音效範例。沒錯！Stable Audio 除了可以生成音樂之外，還可以使用同樣的方式生成長達 3 分鐘的音效，只要輸入足夠詳細的 Prompt，就能客製化影音製作時所需的音效素材。

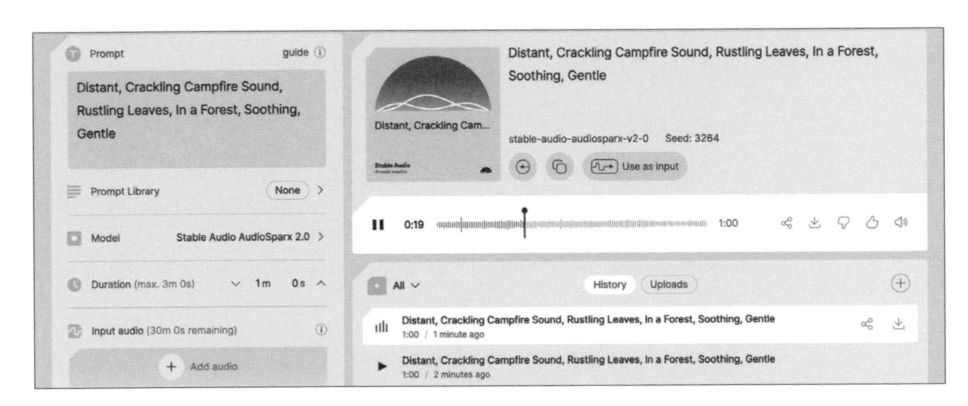

▲ **Prompt**：遠處、篝火聲、樹葉沙沙作響、在森林裡、舒緩的、輕柔的

音樂與音效的差別主要在於它們的功能和組成：

音樂通常是由旋律、和弦、節奏等音樂元素組成的作品；而音效則是指能夠傳達特定資訊或營造情境的聲音效果。其前者包括樂器演奏、歌唱等藝術或情感的表達；而後者如雨聲、海浪聲或人為製造的聲響等，通常用於輔助敘事或製造氛圍。

小編補充

在 User guide 的「Prompt structure」中，還有說明更多建立 Prompt 的格式與技巧，並提供一些常見的流派、曲風、樂器、情緒等關鍵字，以及相關範例與生成結果，有興趣的讀者也可參考看看！

Audio-to-audio 音訊轉音訊

除了直接以 Prompt 來生成音訊之外，還可以讓 Stable Audio 基於我們上傳的音訊檔以及輸入的 Prompt 來綜合生成新的音樂或音效。

Use as input – 將 Stable Audio 生成的音訊作為輸入

若想對於 Stable Audio 生成的音訊進行加工，可以點選預覽區的「Use as input」，就會發現左側輸入區的「Input audio」中出現該音訊檔案，且檔案下方多出了一個「Input strength」滑桿，此為將輸入音訊加到最終輸出結果中的量，較低的百分比表示輸出結果會有較多的變化；而「Duration」欄位的時長也會自動改為我們輸入的音訊長度。

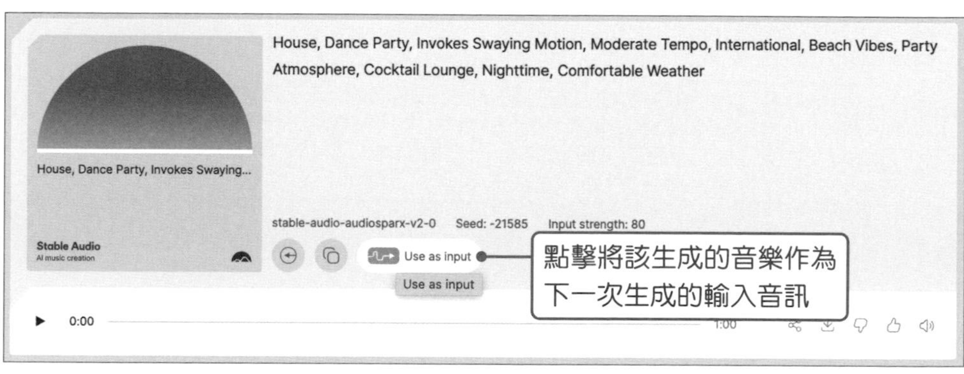

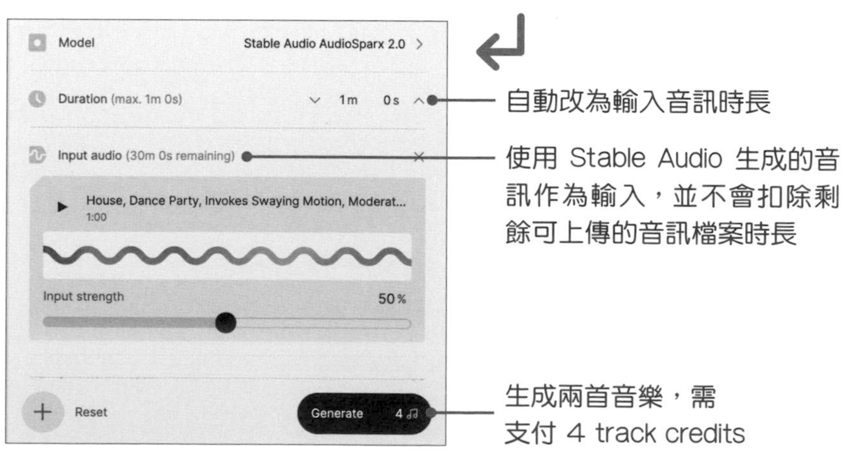

Upload Audio 上傳音訊檔

我們也可以直接上傳現有的音訊檔，點選 Input audio 的「Add audio」，會跳出提示框，其內容主要為「每月可上傳的音訊時長限制，以及**系統會檢查我們上傳的音檔是否受版權保護，若此有侵犯到他人版權，則我們無法使用該音檔**，且該上傳檔案時長仍會從每月可上傳總量中扣除」。閱讀並點擊兩次右下角的「Next」，會看到如下圖的注意事項：

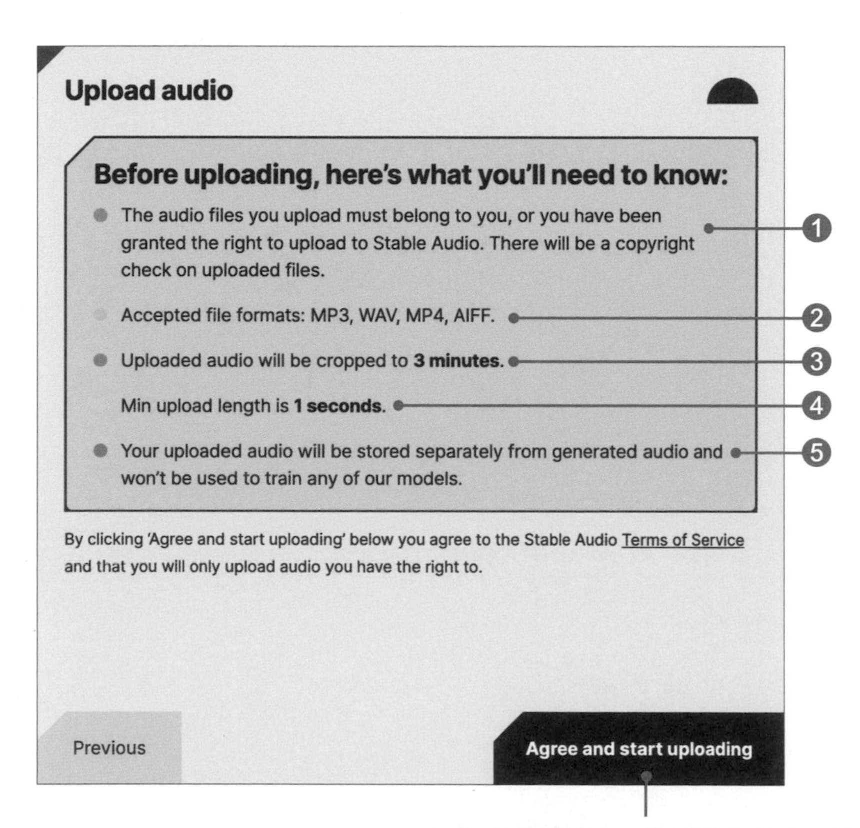

❶ 我們必須擁有該上傳音檔的版權
❷ 支援的檔案格式：MP3、WAV、MP4、AIFF
❸ 上傳的音訊會被裁切為 3 分鐘（**免費版用戶則會被裁切為 30 秒**）
❹ 最小上傳長度為 1 秒
❺ 我們上傳的音訊不會被用於訓練 Stability AI 的任何模型

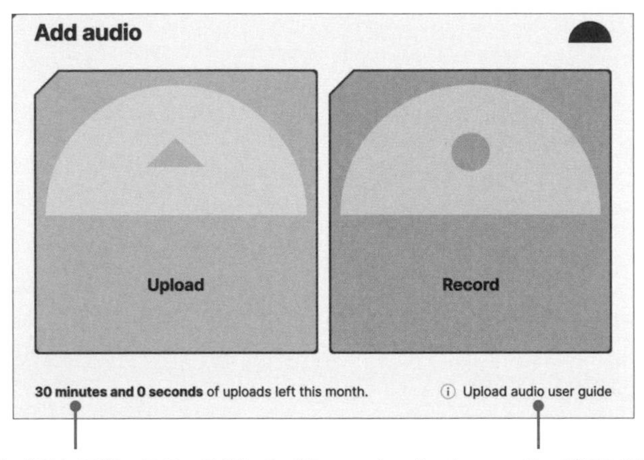

接著點選「Upload」就能上傳音訊檔案了。後續音訊生成的操作步驟與前面提過的「Use as input」功能相同，因此筆者就不再重複說明。

Record Vocals 錄製人聲

其實有許多音樂人作曲是先以哼唱的方式錄下來，之後有空再譜曲或是交給專業作曲人處理，而 Stable Audio 也可以輕鬆做到這種作曲方式。點選上圖中的「Record」，再點擊畫面中的紅色圓點即可錄製人聲，開始錄音時，請即興哼唱任何旋律。

官方說明在錄製時建議使用有線麥克風，以避免發生約半秒的延遲。

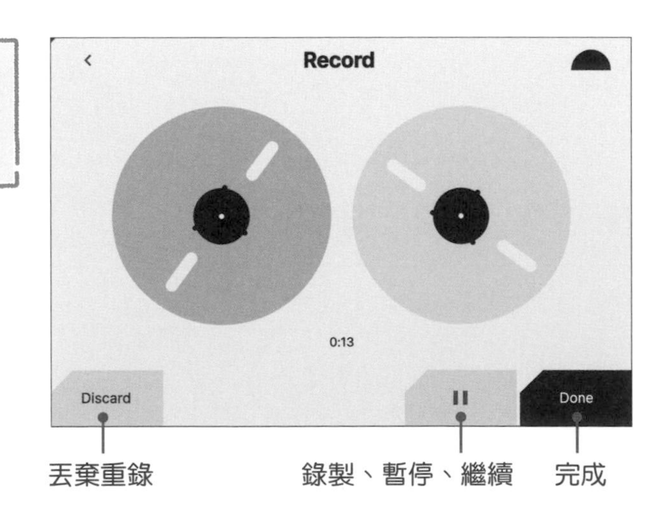

接著，同上述的音訊生成操作步驟，可以將原始錄製的人聲作修改：

本月剩餘的可上傳音訊檔案時長，因自行上傳或錄製音訊而有所減少

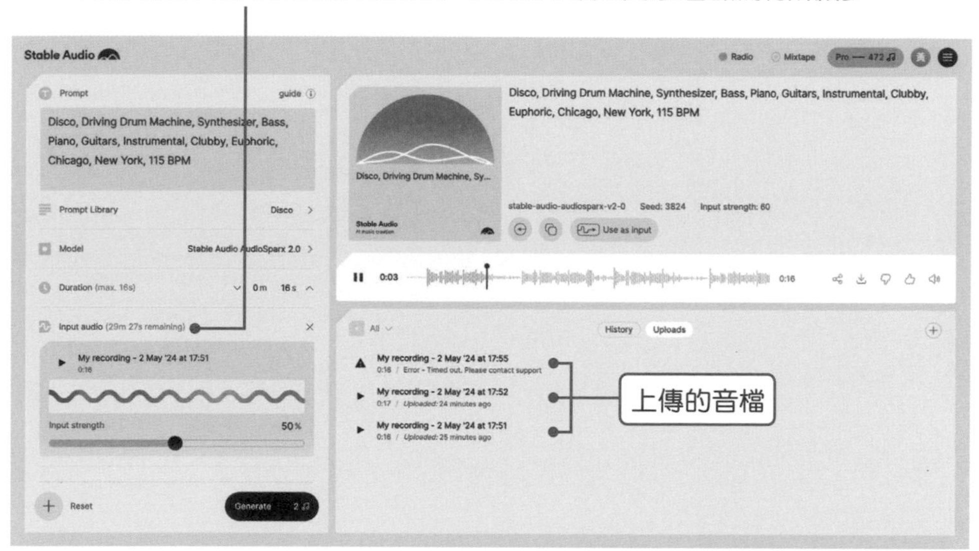

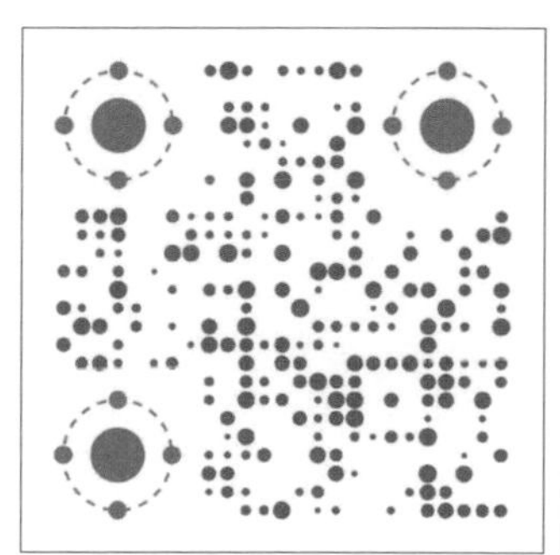

▲ 錄製的音訊

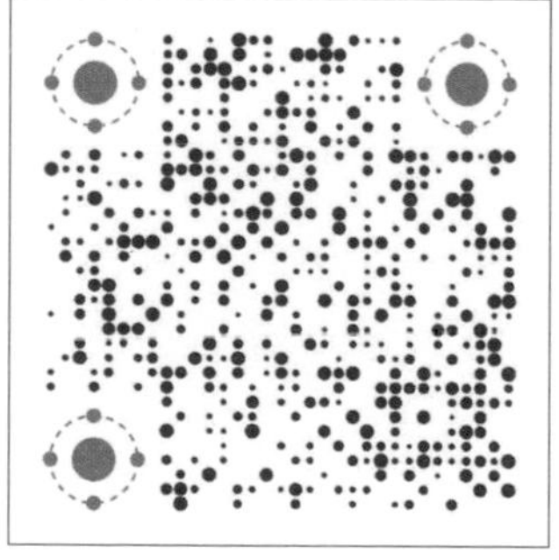

▲ 基於此音訊生成的音樂
Input strength: 60

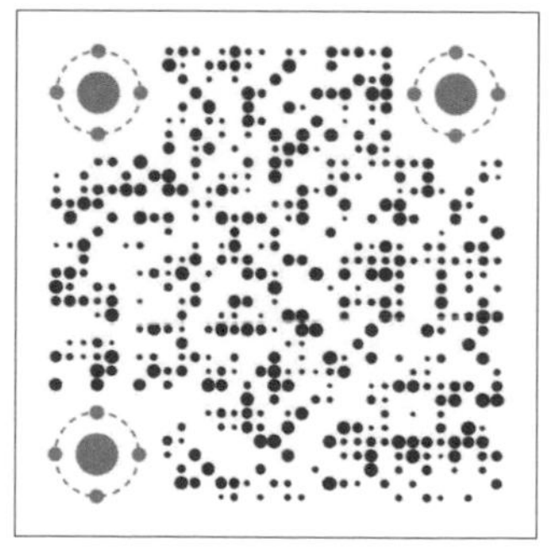

▲ 基於此音訊生成的音樂
Input strength: 50

計費方式與使用權限

如同上一節，在使用任何 AI 生成器之前，都需要先了解當前的法律規範與官方說明，點擊畫面右上角個人帳戶旁的黑色圓圈，再點擊「Pricing」和「FAQs」以確認我們的使用權。

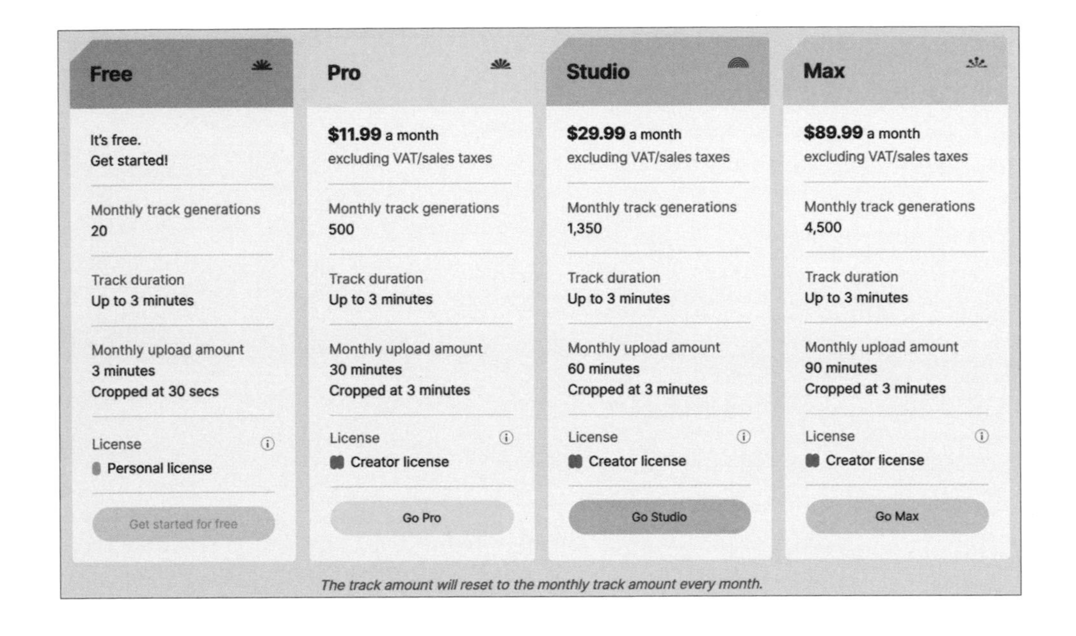

在「Pricing」頁面中顯示，免費版用戶一個月只有 20 track credits 可以使用，也就是說，若使用最新模型，只能生成 10 首 3 分鐘的音樂或音效，且不能商用；而升級成 Pro 專業版，每個月需要花費約 12 美元（約台幣 360 元），但一個月有 500 track credits 可以使用，且每月可上傳的音訊檔總時長也大幅提升，最重要的是我們生成的音訊檔案可供商用，此外，還能解鎖 Add extras 的 Number of results 功能，以及可下載較高音質的 WAV 音訊檔。

而在 Stable Audio 的官方說明文件中也提到，與其他音樂生成模型不同的是，該模型可以生成長達 3 分鐘連貫且結構化的高品質完整音樂，包括前奏和結尾，且每次生成的音訊都是獨一無二的；此外，Stable Audio 已使用不同的資料集，訓練了一個開源的音樂生成模型。因此，是否升級成專業用戶需考量自身的需求，但無論如何，還是得保有道德意識並合理使用 Stable Audio，並且避免侵犯到他人版權。

5-3 SOUNDRAW 依流派 / 情緒生成 BGM

前兩個小節都是以輸入文字 Prompt 來生成音樂，但這對於不熟悉音樂流派、曲風的人而言，即使有 ChatGPT 作為輔助，仍存在一定的難度。然而，使用 SOUNDRAW 生成音樂並不會遇到這類難題，因為我們只要選擇**「Genre 流派」、「Mood 情緒」和「Theme 主題」**，就能生成對應風格的音樂，且 SOUNDRAW 每次都會生成 15 首音樂供我們聆聽與挑選；此外，我們還能以簡單的操作來**「編輯」生成的音樂**。所以對於新手來說，這是一個非常友善的音樂生成器。

Create Music without Log In

輸入下方 SOUNDRAW 的網址，或 Google 搜尋 SOUNDRAW 並點擊官網進入之後，會看到如下圖的畫面：

◆ https://soundraw.io/

若只是想要先試用看看的讀者，可以點擊一開始的「Try it for free」免註冊、免登入直接生成；而對於免費版用戶，其是否註冊帳戶的差異在於，有帳戶的使用者可以保存喜歡的音樂作品。

沒有帳戶的使用者若有註冊需求，點選畫面右上角的「Sign up」，就會進入 Step 1: Create an account，可以直接點選「Sign up with Google」與 Google 帳號連結，或是在下方使用 Email 註冊。接著勾選「I'm not a robot 我不是機器人」再點選「Sign up」，就會進入專業方案選擇介面，**請不要急著點選「Checkout」，這是要付錢的！在此鈕的下方有「Skip Subscription 略過訂閱」可以點選！**即可先成為免費版用戶，待確認有付費需求時，再購買所需方案。

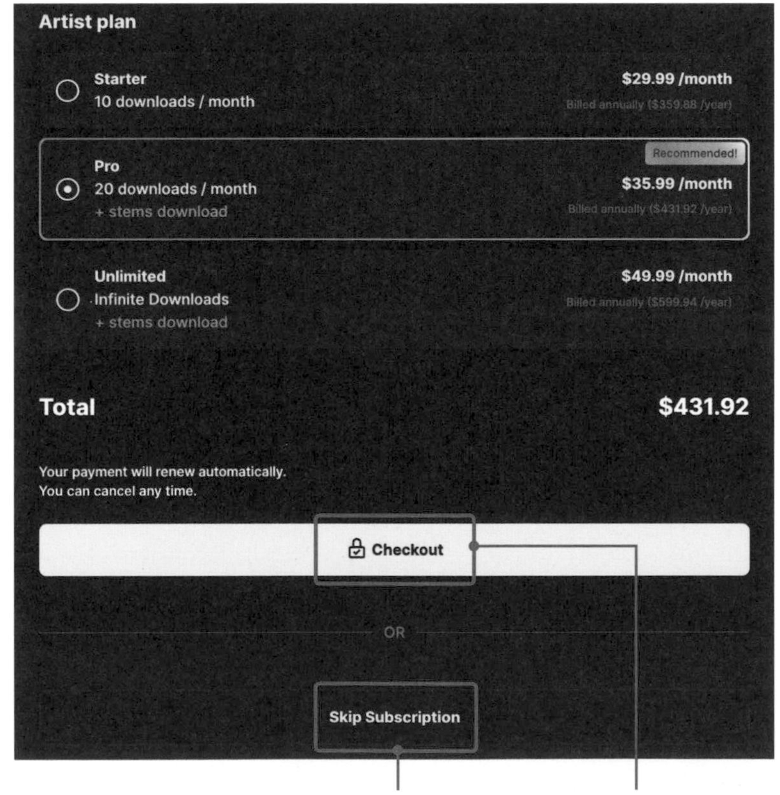

接著，會看到以下畫面，總共分為五個區域：「CHOOSE THE LENGTH 選擇長度」、「TEMPO USED TO GENERATE TRACKS 速度」，以及「START GENERATING 開始生成」的「Select the Genre 選擇流派」、「Select the Mood 選擇情緒」和「Select the Theme 選擇主題」三種分類。

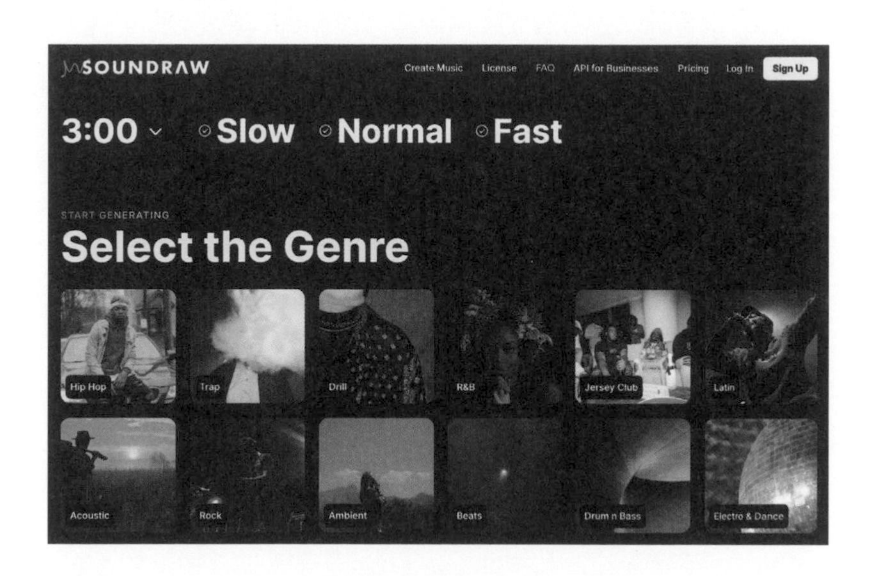

首先，設定欲生成的音樂時長，預設是 3 分鐘，最短為 10 秒、最長為 5 分鐘。接著，選擇想要的速度，預設是全選，若不想生成出任何慢速的音樂，就取消勾選「Slow」。最後，從流派、情緒、主題中點選一個你感興趣的風格 (筆者是選擇「Rock 搖滾樂」)，系統就會直接生成 15 首對應風格的音樂，而且整個過程非常快速！

然後就可點選以聆聽由 SOUNDRAW 生成的音樂，若是聽完一輪都沒有喜歡的，請點擊第 15 首下方的「Create more music」，系統會再生成 15 首對應曲風的音樂；或者添加更多條件重新生成。

一開始我們只有選擇「Genre」中的「Rock」，但若想生成不只一種風格的音樂，可以再點選「Genre」中的其他流派；或是點選上方「Mood」和「Theme」來添加情緒和主題。接著，就會看到我們選擇的標籤顯示在音樂清單的上方，且每當新增或刪除標籤時，SOUNDRAW 都會根據我們的選擇而重新生成音樂清單。

同樣地，我們也能改變「Length 音樂時長」、「Tempo 速度」，以及「Instruments 使用的樂器」。甚至還能點選同一列工具列最右方的「+ Video Preview」，並點擊小視窗將欲配樂的影片上傳至此，再播放其中某首音樂，以觀察這首音樂是否適合作為這部影片的 BGM (背景音樂)。

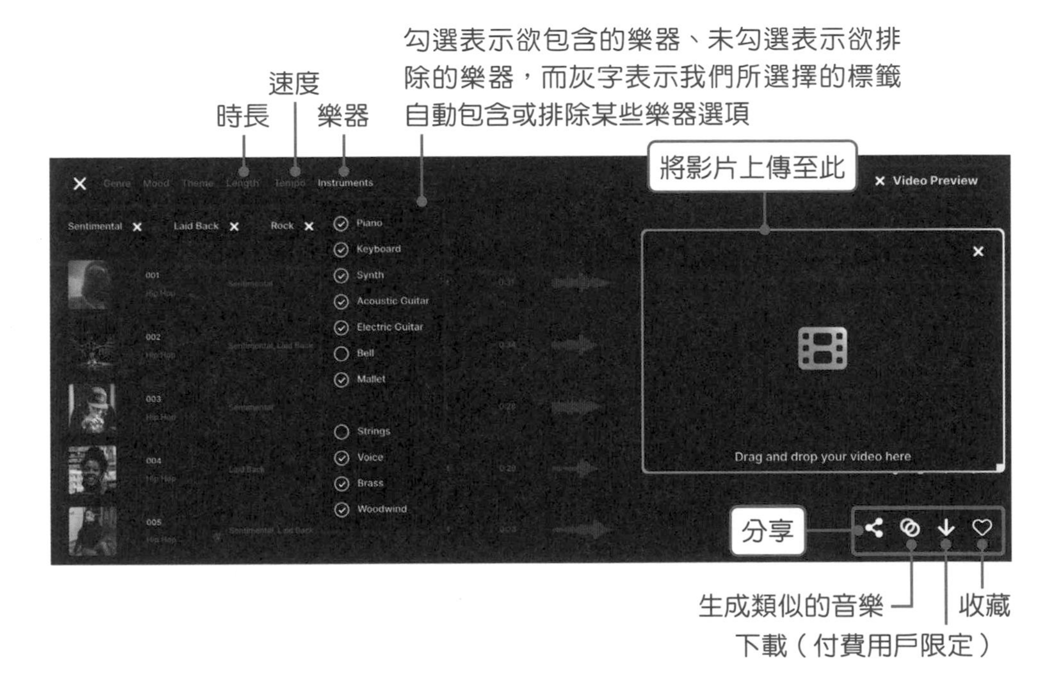

點選音樂右方的小工具列，即可分享這首樂曲、生成類似的音樂、下載 (付費用戶限定，免費版用戶點擊後會跳至付費方案選擇頁面)，以及收藏 (需登入才可收藏，會收藏在帳戶選單的「Favorites」中)。

編輯生成的音樂

SOUNDRAW 還有一項特別的功能是「讓使用者手動編輯生成的音樂」。點一下想修改的音樂，就會出現以下編輯介面：

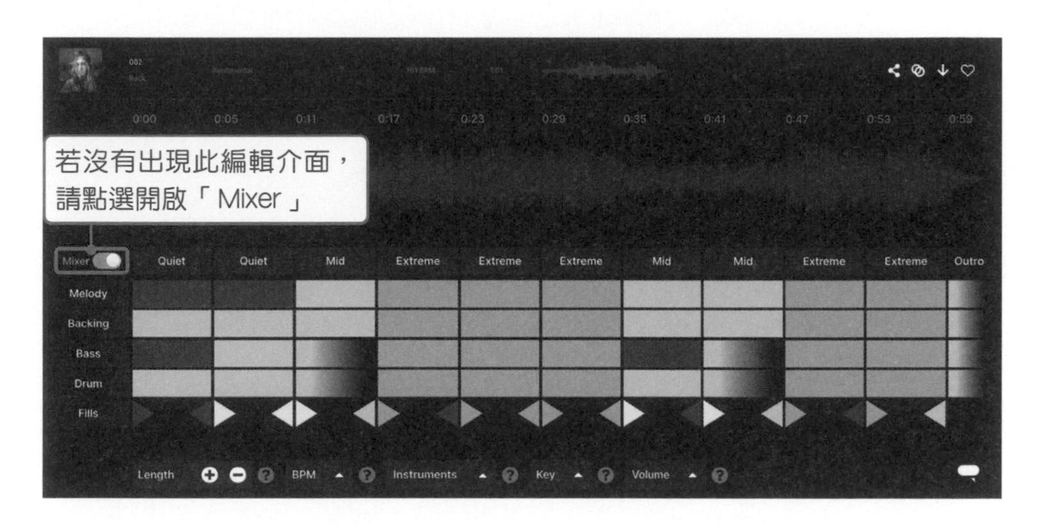

接著，就會發現一首音樂依時間被切割成數個區段 (上圖範例約每 6 秒切割成一個小區段)，以及「Mixer」開關的下方分別有**「Melody 主旋律」、「Backing 背景和弦」、「Bass 貝斯」、「Drum 鼓」和「Fills 填充 (過門的概念)」**。也就是說，一首音樂被切分成數個區段，而每個區段又是由 Melody、Backing、Bass、Drum 和 Fills 所構成，因此，我們就能藉由調整對應樂器的藍色方塊來編輯不同的區段。

首先看向「Mixer」開關旁那一列帶有英文字的灰色方塊，其表示該區段的強度，分成「Quiet 安靜的」、「Mid 中等的」、「Intense 強烈的」和「Extreme 激昂的」；再看向下方灰色、藍色的純色方塊，共分為三個等級，其「灰色、淺藍色、深藍色」分別代表「柔和、中等、強烈」；最後看向「Fills」那列的三角形，此為填充強度，共分為四個等級，其「深灰色、淺灰色、淺藍色、深藍色」分別代表由弱至強。我們可以**藉由滑鼠左鍵點選這些方塊來調整對應區段的樂器強度；而由滑鼠右鍵點選則可以創造過渡的淡入或淡出效果**。

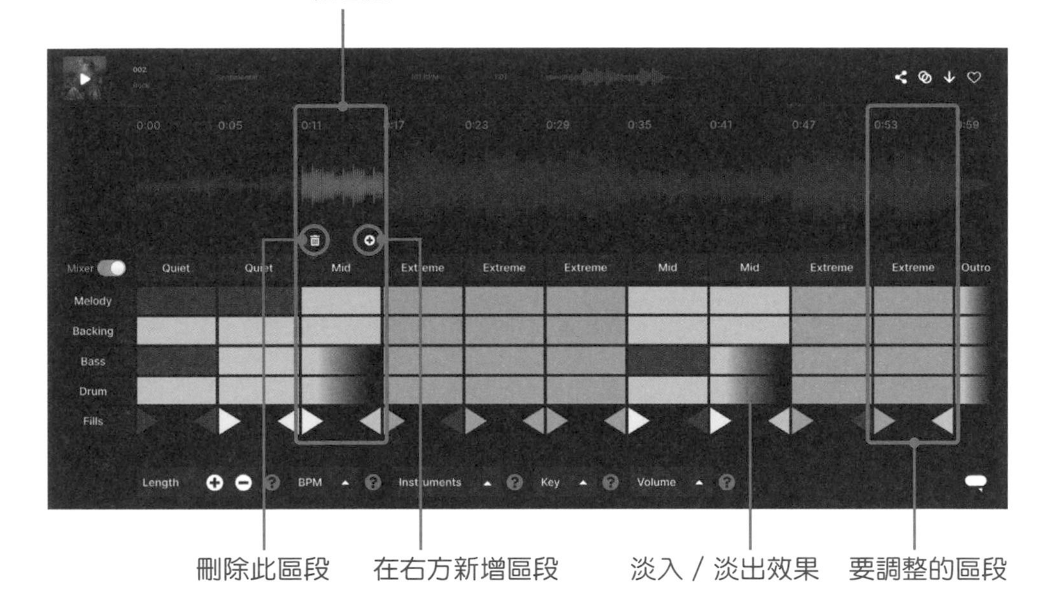

聽完之後，我們會發現這首曲子在最激昂的時候直接收尾，情緒被中斷得太突然了，因此需要編輯 0:53~0:59 區段，也就是第二次副歌、接近尾奏的部分。

首先，在該區段的右側新增一個區段，此時，整首曲子會被延長 6 秒。接著，點三下「Outro」旁的「Extreme」，會發現強度變成「Intense」，且下方的四個方塊顏色強度也自動地隨之改變了；再次播放此區段，也會發現聽起來跟原先的有所不同。而若是覺得此區段的「Bass」和「Drum」還是太重，也可以直接點選對應的方塊來調整。不過，在調整之後，會感覺前 6 秒的副歌和這 6 秒的音樂，聽起來似乎存在著一個斷層，此時可以調整這兩個區段中的「Fills」三角形強度，來做一個良好的銜接。

最後再看向畫面下方有一排工具列，可以對音樂做整體的調整：

- **Length**：長度，按 ⊕ 和 ⊖ 來調整音樂長度
- **BPM**：節拍，每分鐘的拍子數，數字越大表示速度越快
- **Instruments**：樂器，可改變背景和弦與樂器的搭配模式
- **Key**：改變這首歌的調性
- **Volume**：調整每個樂器的音量

有了這個易於操作的編輯模式，我們就可以根據你想伴奏的影片，來客製化調整生成的音樂喔！

計費方式與使用權限

SOUNDRAW 在官方說明文件中有強調是生成「**Royalty-free 免版稅**」的音樂，並說明其生成的音樂相關版權與商標權皆屬於 SOUNDRAW。而相關的使用說明與付費方案皆可在畫面上方的「License」和「FAQ」中找到。

點擊畫面上方的「Pricing」，再點選「Paid Plans」右方的「Monthly」，即可看到月費方案，並依使用需求分為「Content creators 內容創作者」與「Music Industry Professionals 音樂產業專業人士」。這兩個方案的差異在於，Content creators 的音樂使用範圍在於影音作品的背景音樂，且可商用於 YouTube、Podcast、遊戲、電影、廣告等媒體中；但有特別提到，若音樂作品是影片的主要內容，如 Lofi Girl 風格的頻道、音樂 MV 等，則被視為「音訊創作」，需要訂閱 SOUNDRAW 的「Artist Plan 藝術家計畫」，順帶一提，此方案的用戶才有權利將生成的音樂作品發佈到 Spotify、Apple Music 等平台。

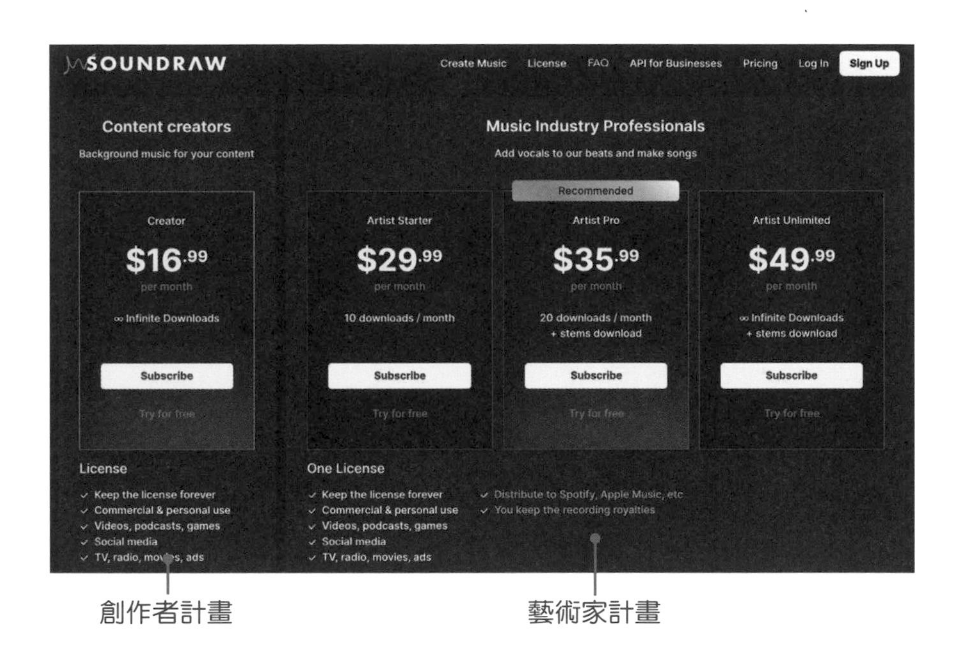

因此，需考慮自身的用途再決定是否付費使用，並確認每種方案的使用權限，才可免於任何侵權問題。

5-4 其他 AI 音樂生成器

除了可生成詞曲的 Suno、可生成音樂和音效的 Stable Audio，或是可手動編輯的 SOUNDRAW 之外，本節還會簡單介紹幾個由知名機構或公司所開發的、以及幾個討論度極高或富含特色的音樂生成器。

Dream Track

Dream Track 是由 YouTube 和 Google DeepMind 共同開發的 AI 音樂實驗，其核心為 Google DeepMind 目前最先進的音樂生成模型 Lyria，可以生成像是 YouTube Shorts 的短片音樂內容。

Dream Track 目前僅開放給部分創作者使用，其操作方式為：使用者先輸入一個創意構想，然後從九位參與該計畫的藝術家中選擇一位。接著，AI 會根據輸入內容生成一段至多 30 秒的歌曲，其生成包含背景伴奏，並以所選藝術家的歌聲克隆來進行生成曲目的 AI Cover。由於尚未全面開放，因此本書未能詳細介紹，不過接下來的發展很值得期待。

MusicLM / MusicFX

各位或許對 Google 開發的音樂生成模型 MusicLM 比較熟悉，而 MusicFX 是在 MusicLM 的基礎上，結合了 Google DeepMind 技術的音樂生成模型。使用者只需輸入簡單的英文文字描述（也就是 Prompt），並自訂音樂風格、節奏，MusicFX 就能創造出 30~70 秒的原創音樂。

然而目前 MusicFX 僅開放給幾個特定國家使用（不包括台灣）；不過我們仍可在官網上試聽已生成的音樂範例，而這些範例也顯示出 MusicFX 相較於 MusicLM 在音樂流暢度的顯著進步。

◆ MusicLM 生成範例：
https://google-research.github.io/seanet/musiclm/examples/

◆ Music FX 官網：
https://aitestkitchen.withgoogle.com/tools/music-fx

按一下，再點擊「Home」即可看到更多範例

MusicGen

MusicGen 是由 Meta（即 Facebook 母公司）開發的「開源」音樂生成模型，可以讓開發者和研究人員自由使用與修改程式碼，以進行各種創新及改良。而大眾使用者則可以透過輸入一些簡單的文字描述（英文 Prompt），來生成全新的音樂；此外，也可上傳音訊檔案、或是直接錄音，再輔以文字描述，來創造基於這些音訊或旋律的音樂改編。

◆ MusicGen 生成範例：
https://audiocraft.metademolab.com/musicgen.html

◆ MusicGen 使用者介面：
https://huggingface.co/spaces/facebook/MusicGen

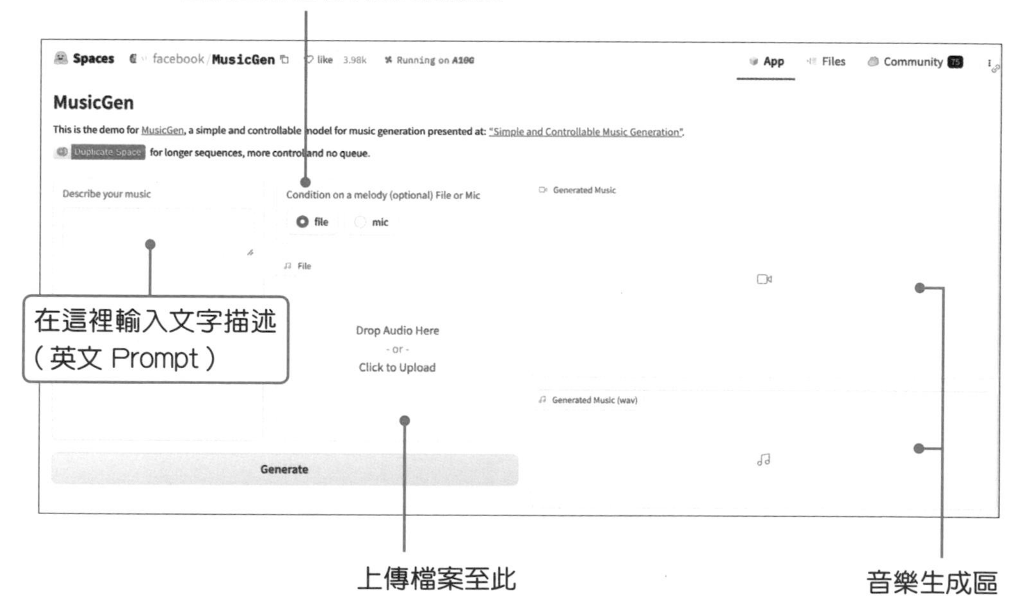

小編補充

經測試發現，有基於音訊檔的音樂生成結果會比較好喔！

AIVA

AIVA (Artificial Intelligence Virtual Artist) 是由盧森堡一家新創公司開發的音樂生成器，也是全球第一個正式註冊為作曲家的 AI，其主要目的是為作曲家提供創作靈感輔助。AIVA 最著名的作品是為 NVIDIA 在 GTC 論壇上製作的開場音樂《I am AI》。

AIVA 可以讓使用者選擇不同的創作模式來生成音樂，包括從 AIVA 提供的曲風選擇、再搭配和弦進行，或自訂節拍和樂器等詳細設定來進行創作；也可以在 Influences 功能中上傳音訊檔或 MIDI 檔，使得 AIVA 模仿該曲的風格進行創作。此外，AIVA 還**內建了數位音訊工作站 (DAW)，讓使用者可以直接在該平台進行音樂的編輯與調整**。

◆ AIVA 官網：https://www.aiva.ai/

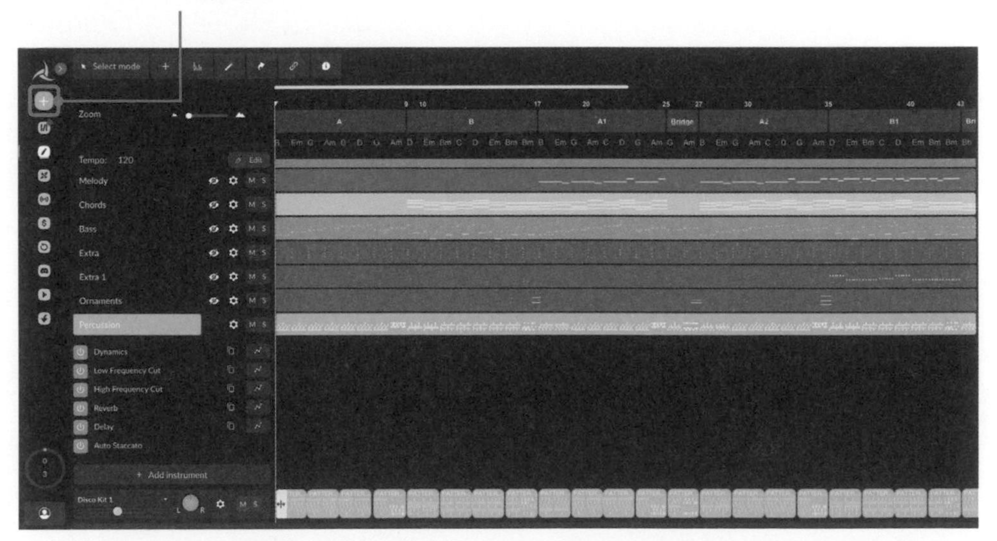

▲ AIVA 內建的數位音訊工作站 (DAW)，可供使用者直接編輯生成的音樂

Udio

Udio 是由前 Google DeepMind 的研究人員開發，並於 2024 年 4 月初公開發布測試版，且功能**類似於 Suno 的音樂 / 歌曲生成器**，讓使用者透過輸入簡單的音樂描述、曲風和歌詞，來創造含有人聲的歌曲，或是不含人聲的純音樂。目前 Udio 處於公開測試階段，**開放給所有用戶免費使用**；但由於是免費生成的，所以**還不能商用**。

如同 Suno，Udio 也有提供「Remix」功能來進行重新混音，或是「Extend」功能來續寫歌曲；而與 Suno 的不同之處在於，Udio 生成的音樂音質與人聲清晰度皆優於 Suno，但歌曲的連貫性與曲風符合程度仍是 Suno 表現較佳。

◆ Udio 官網：https://www.udio.com/

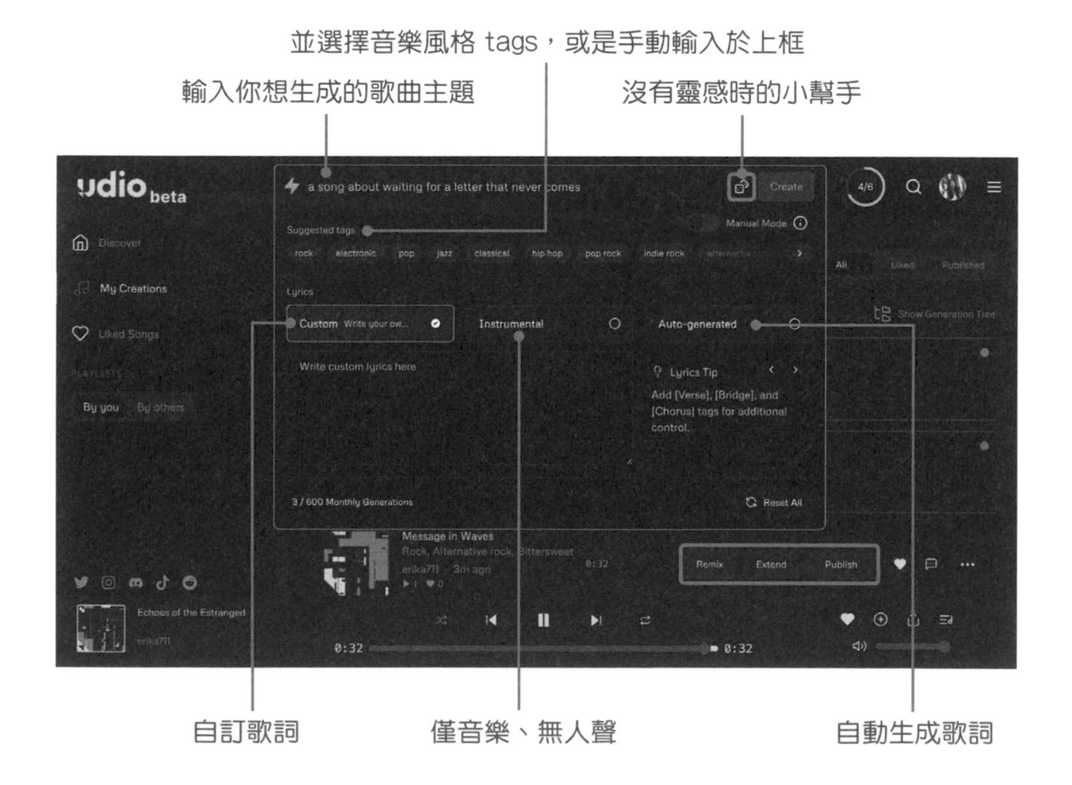

輸入 Prompt 再點擊「Create」之後，Udio 會生成兩首約 30 秒的歌曲，接著點擊「Extend」，即可延長此歌曲：

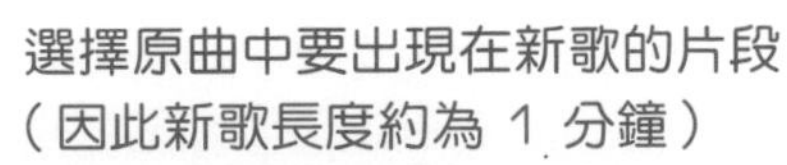

選擇原曲中要出現在新歌的片段
（因此新歌長度約為 1 分鐘）

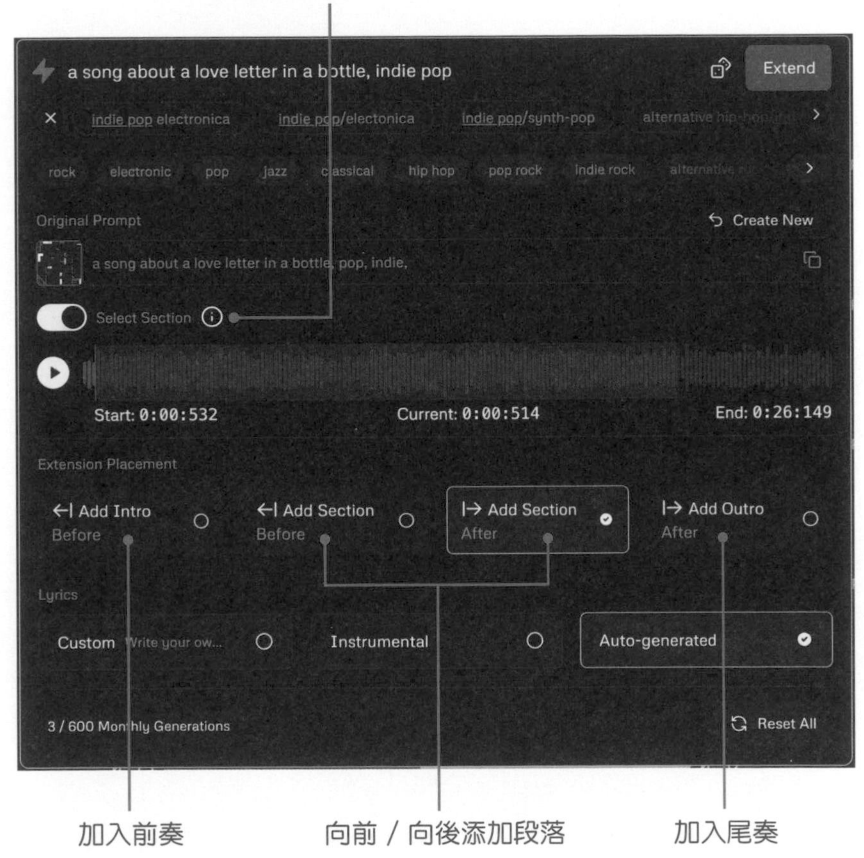

近幾年隨著生成式 AI 的飛速進步，許多企業爭相推出自家研發的音樂生成器。過去，讓 AI 生成出一段流暢連貫且悅耳的音樂並非易事，不過我們也發現近期推出的音樂生成器，如 Udio，其生成的音樂品質也快要與 Suno 並駕齊驅。這也代表著音樂生成的發展已逐漸成熟，並且有望在不久的將來，能創作出更高品質的音樂。

CHAPTER

AI 全力加持的線上影音編輯器

隨著 AI 的技術越來越進步，影音編輯器也開始導入 AI，提供使用者各種方便且強大的功能，降低了影片編輯的技術門檻，讓更多人能夠輕鬆製作出具有專業水準的影片。另外，將繁瑣又單調的作業交給 AI 處理，不但省下了不少時間，還提高了編輯效率。本章會介紹幾個有提供 AI 功能的線上影音編輯器，就算是初學者也能輕鬆使用這些功能，創作出更加吸引人的視覺作品。

6-1 Fliki 從部落格 / PPT 製作短影片

這是一個使用介面非常簡單的 AI 影片生成器，不需要煩惱該怎麼找素材，AI 會依照使用者輸入的文字，從素材庫中找尋符合的媒材來建立影片，加上提供支援多國語言的 AI 語音旁白，初學者也可以在短時間內製作出令人驚豔的影片。而且不是單純只有製作影片，還有支援將**部落格文章、PPT 投影片**等內容轉換成影片，只要貼上連結或上傳檔案，就會自動擷取文本內容，生成適當的影片。

註冊 Fliki

Fliki 可以免費註冊使用，或直接使用社群帳號登入。需要注意的是，雖然在網路上可以找到 Fliki 手機版和電腦版的應用程式，但那並非官方推出的，目前 Fliki 仍只有網頁版，有針對不同裝置進行最佳化，不論是使用電腦還是手機效果都很不錯，建議不要下載使用非官方的軟體，以免有安全疑慮。

首先進入 Fliki 官網：

◆ https://fliki.ai/

點擊開始註冊

Fliki Features Use cases Explore Pricing Login Signup →

Turn product into videos with AI voices

Transform your ideas into stunning videos with our AI video generator. Easy to use Text to Video editor featuring lifelike voiceovers, dynamic AI video clips, and a wide range of AI-powered features.

Start for free →

credit card not required

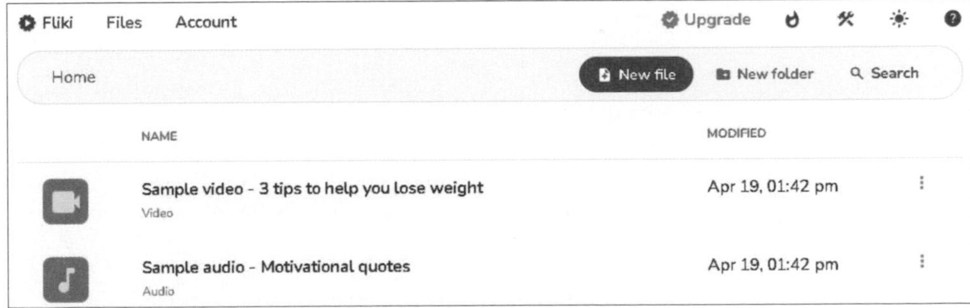

▲ Fliki 的主頁面

Fliki 的基本操作與 AI 生成影片

成功登入主頁面後，就可以開始使用 Fliki 生成影片，這邊會先介紹如何用文字生成一小段影片，其他生成方式後面會介紹：

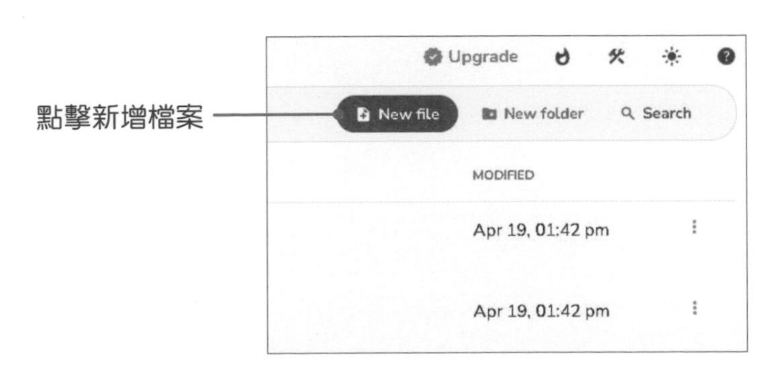

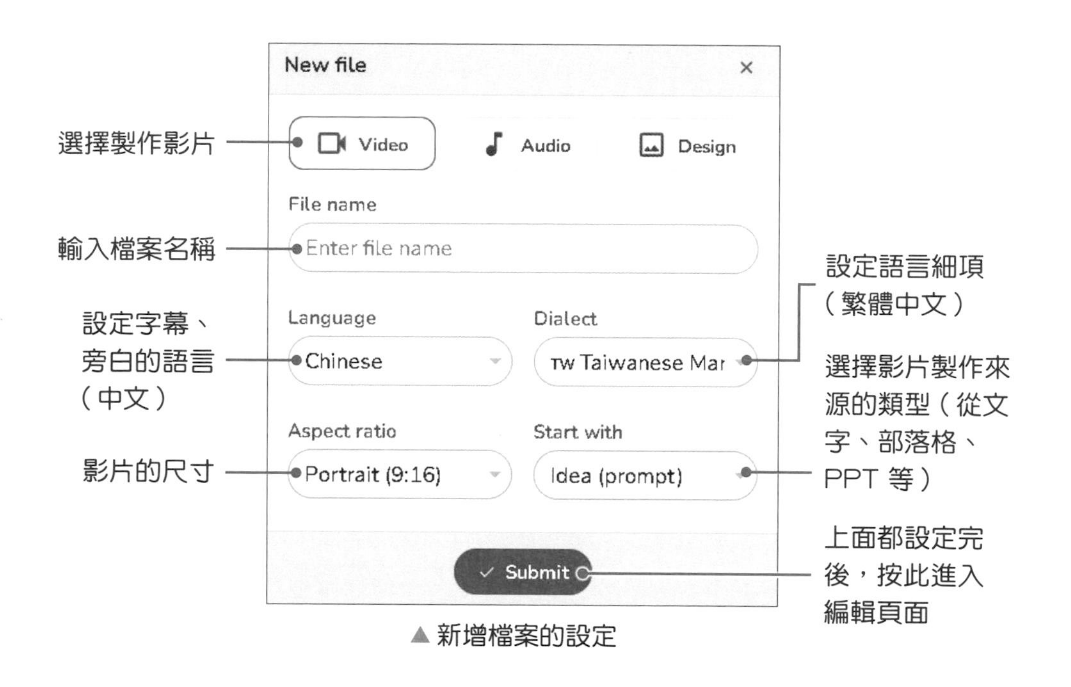

▲ 新增檔案的設定

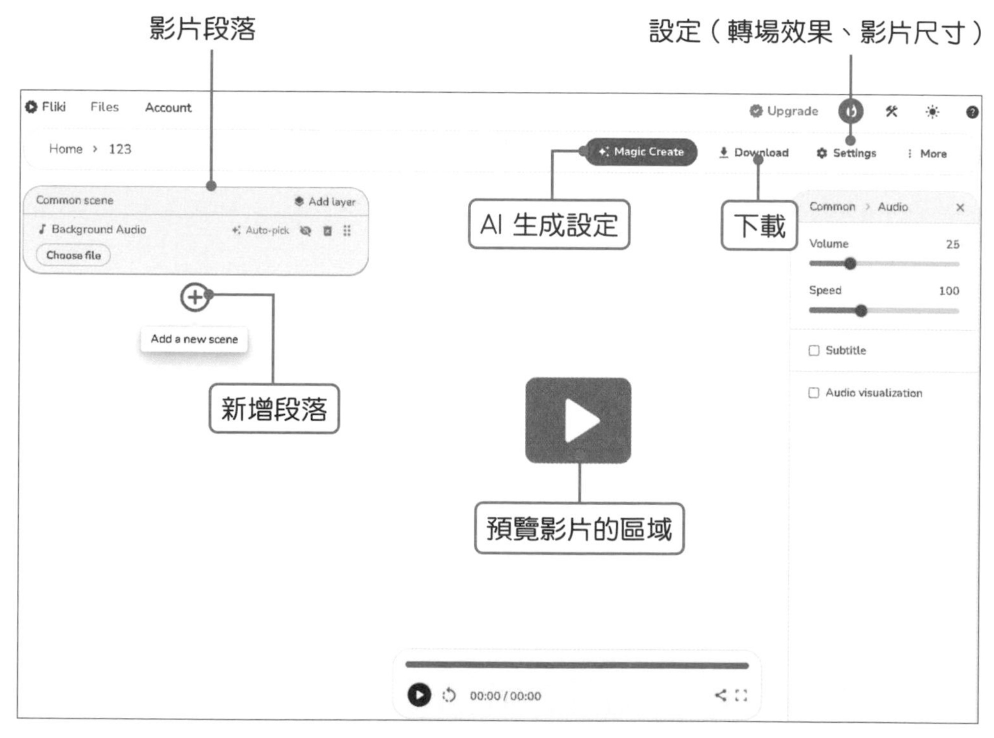

▲ Fliki 的影片編輯畫面

▲用 Magic Create 生成影片的詳細設定

Fliki 的影片是**分段落製作**的，因此頁面上沒有時間軸，而是會在左邊出現組成該影片的段落，修改影片時編輯對應的段落即可，後續想增減影片內容也是從段落進行調整。另外，Fliki 有對應多國語言，因此筆者直接輸入中文的 Prompt，就生成結果來看主題都吻合，應該是真的有看懂中文。

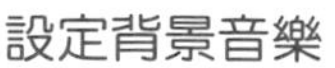

字幕的相關設定（大小、字體等）

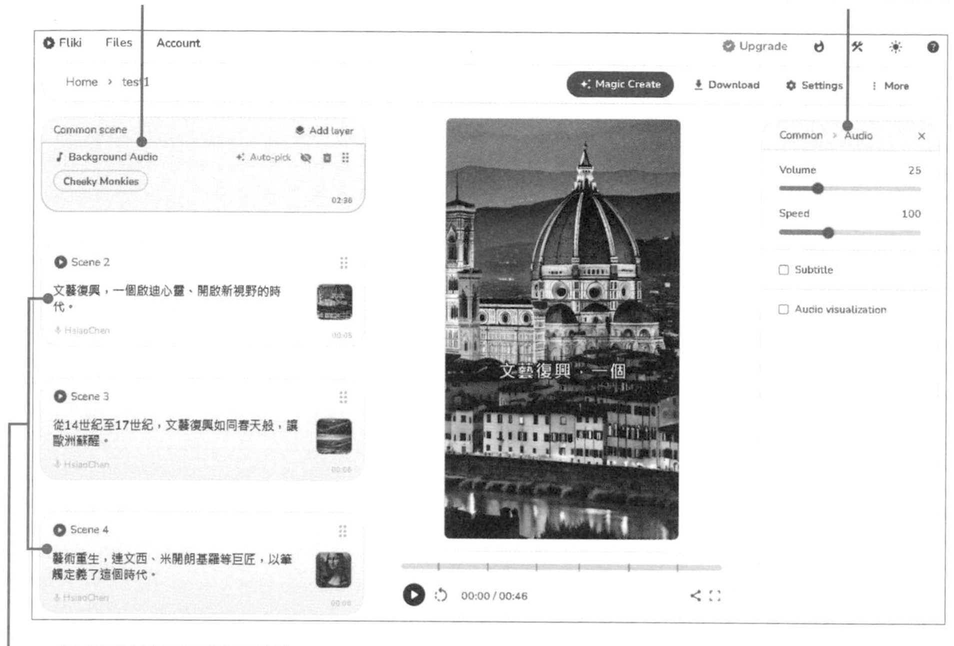

各個影片段落的設定

在建立檔案時無法選擇 AI 的聲音，現在可以在這裡修改

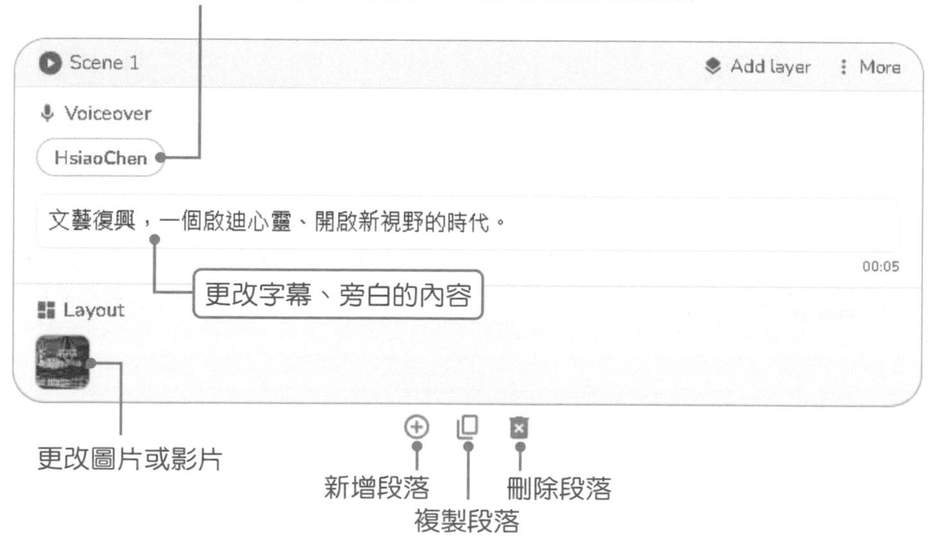

更改圖片或影片

新增段落

複製段落

刪除段落

▲ 段落的詳細設定

Download ×

No previous export was found. You can start new export to download the file.

Resolution 720p

Format mp4

Upgrade your plan to change export options.

✓ Supported resolution are 1080p, 720p and 360p

✓ Supported formats are MP4 and MOV

✓ No watermark

Subscribe now

Start export →

確認輸出

▲完成後點選右上角的「Download」，會出現影片輸出的選單，請注意免費使用無法更改輸出格式

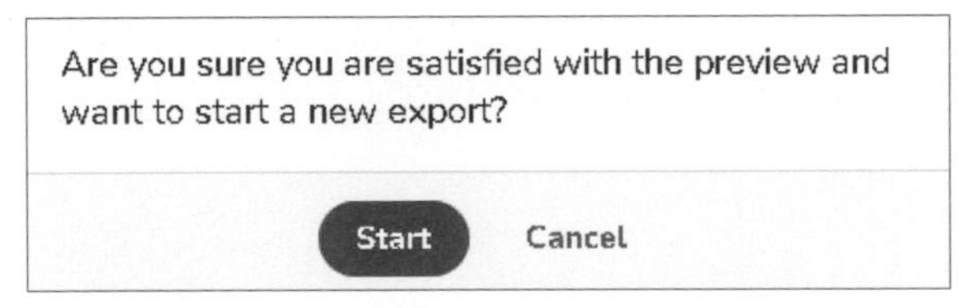
Are you sure you are satisfied with the preview and want to start a new export?
Start
Cancel

▲因為有每月使用額度的問題，所以在輸出前會出現再次確認的視窗，按下「Start」就會開始輸出

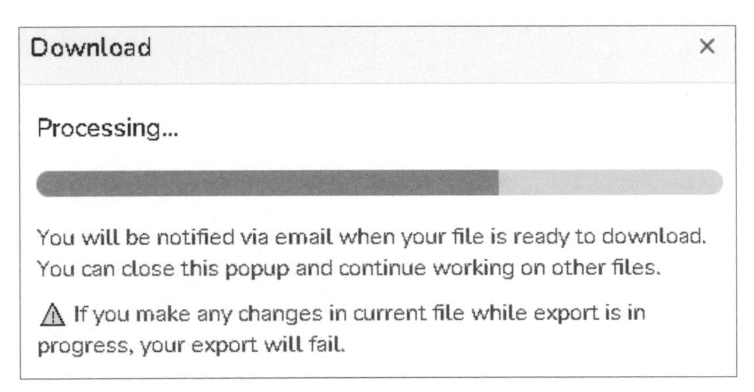
Download
Processing...
You will be notified via email when your file is ready to download. You can close this popup and continue working on other files.
If you make any changes in current file while export is in progress, your export will fail.

▲輸出畫面，輸出完成會傳送通知 email 到使用者的帳號

請注意，在輸出時做出任何更動都會導致輸出失敗，請等待完成後再進行修改。

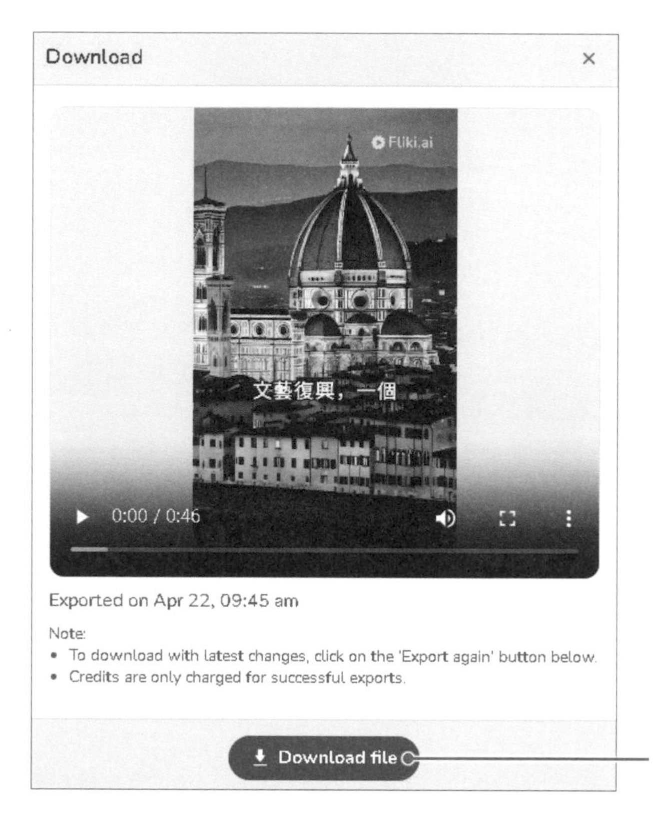

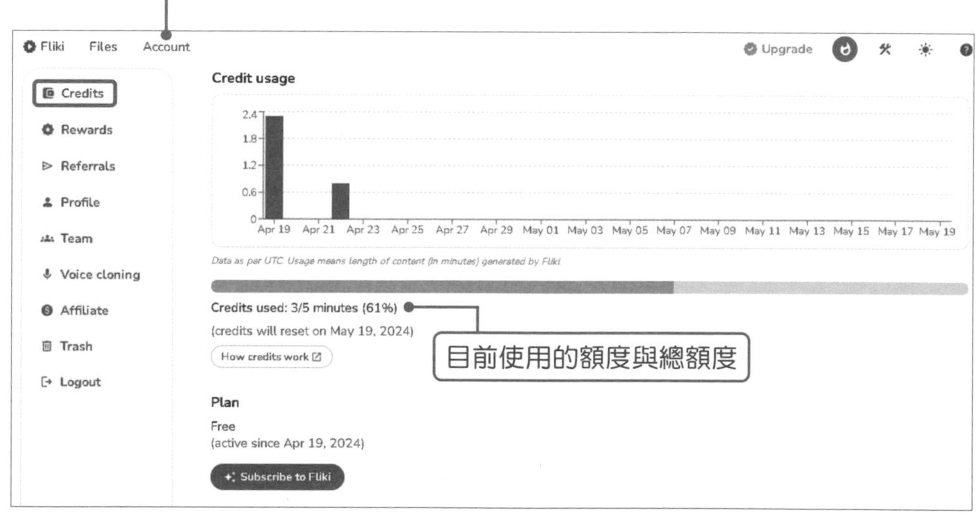

▲關於每月的使用額度可以在個人帳號的頁面進行確認

多種影片的製作方式

文字生成影片要花不少心思描述場景，如果已經有現成的文本素材，可以直接使用，不用自己輸入。筆者接下來會簡單示範從部落格和 PPT 生成影片的方法：

從部落格製作影片

這種製作方式是由 Fliki 自行判斷，將部落格或網頁中的內容區分出各個段落，使用者不用輸入任何內容就可以產生影片。此處我們以旗標知識講堂的部落格文章來示範，使用 AI 製出可以搭配 po 文的影片：

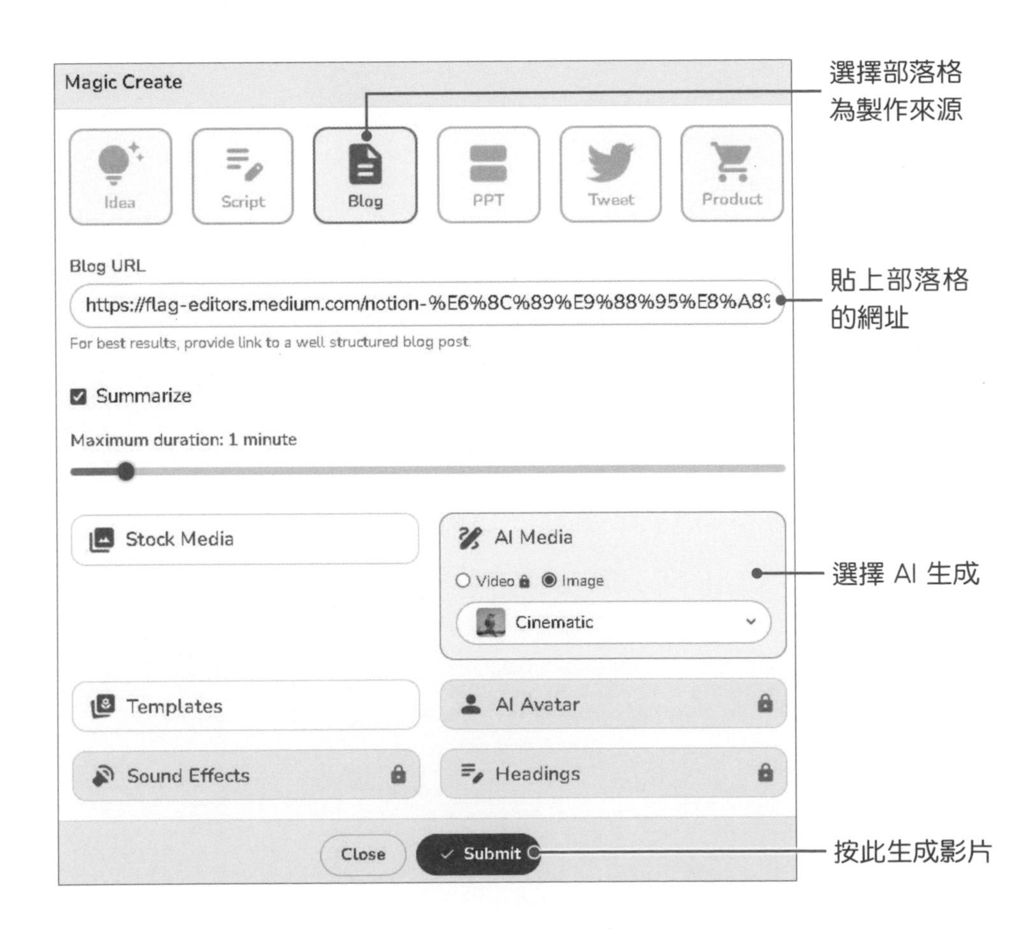

▲ 生成完同樣用會進入編輯畫面，方編使用者進行調整

從 PPT 製作影片

Fliki 會自行抓取簡報檔的內容，只是使用 PPT 製作時 Fliki 不用特別區分段落，而是一頁 PPT 一個段落，該段落的內容就是那頁 PPT 上的內容，很多公司會用 Power Point 的動畫播放來製作行銷影片，不妨試試看改用 Fliki，影片內容比較有新意：

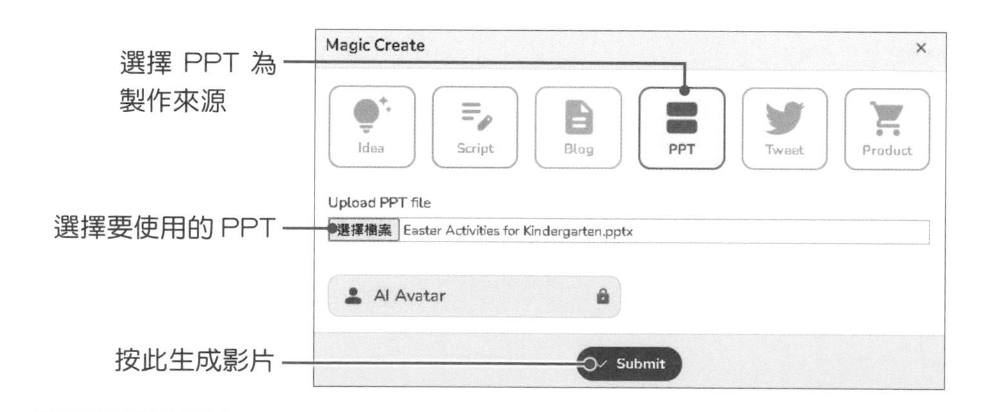

影片的長度會與 PPT 的頁數有關，因此有可能出現超出使用額度的狀況，如果不考慮付費提高額度，則需要換成頁數較少的 PPT。

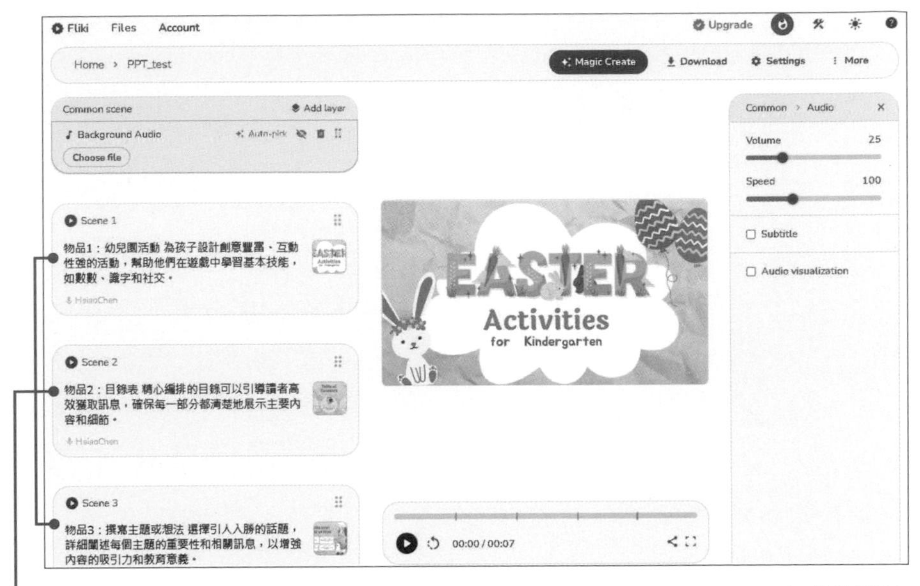

▲ 完成的影片

收費標準和版權

雖然 Fliki 基本的影片製作是免費的，但是免費用戶每月只允許輸出 5 分鐘的影片，限制相對也較多，例如影片最多就只能有 10 個段落，而且需要付費製作出的影片才能商用。最高等級的付費方案甚至有支援虛擬頭像和語音克隆的功能，關於付費詳細的內容可以查看官方網站。

◆ https://fliki.ai/pricing

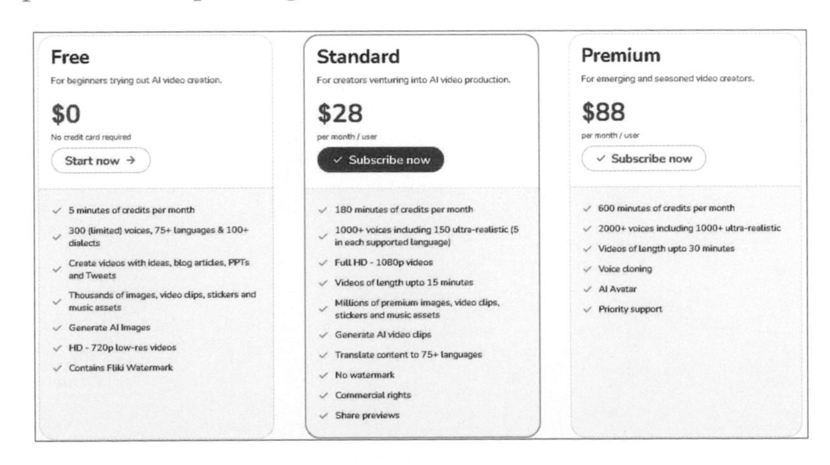

6-2 Canva 讓你最快速製作影音

Canva 是一個超容易上手的線上設計平台，每個人都能運用自己的創意製作出作品。不論你是對設計零經驗的新手還是專業人士，都可以用 Canva 所提供的圖片和字體等大量素材製作，不需要從零開始對著白紙苦惱。很多人接觸 Canva 都只是利用它來做漂亮的簡報，但其實它還有提供事先調整好尺寸的各種模板，從影片、社交媒體上的貼文到名片的大小都有，方便使用者直接套用。整體的操作介面與工具的使用方式都很簡單，而且包含繁體中文在內，支援的語言相當多，大幅降低語言隔閡，輕鬆創造出各種令人驚豔的作品。

註冊 Canva

接下來筆者會介紹基本操作和製作影片的方法，由於使用 Canva 需要有帳號，因此如果還沒有註冊的讀者請先進入 Canva 官網：

◆ https://www.canva.com/zh_tw/

由於 Canva 有支援團隊共同製作，因此第一次成功登入時會詢問是否要加入已經建立的團隊，直接點選右下方的「稍後再說」即可。

▲ 接著會詢問使用 Canva 的主要用途

若有出現 Canva Pro 的付費功能相關資訊，請先點選位在右上角的「稍後再說」，便可以進入主頁面：

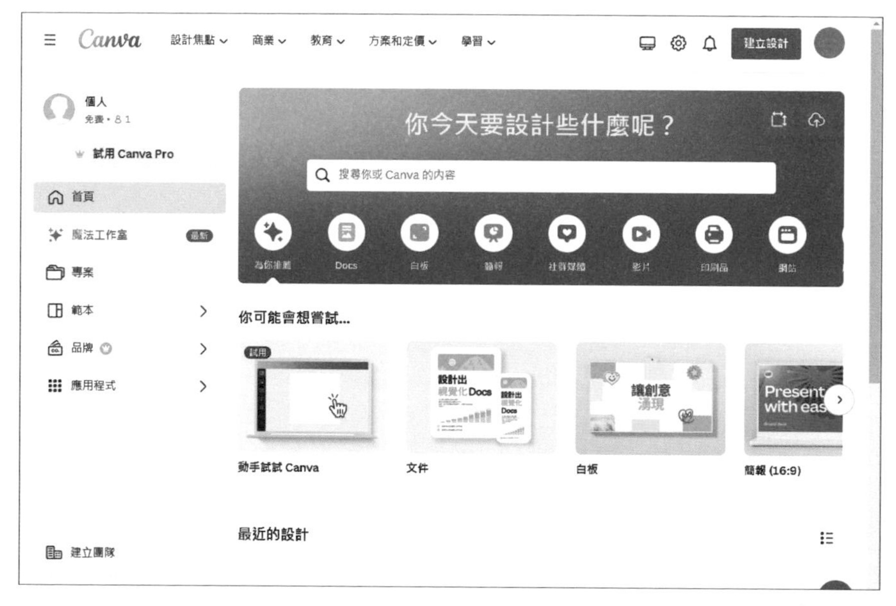

▲ Canva 的主頁面

Canva 的基本操作

Canva 提供了強大的影片編輯工具，無論是製作社交媒體上的影片、廣告、教學影像或是生活記錄影片，都可以輕鬆建立並編輯，除了前面提到的模板與基本剪輯功能之外，還有提供音樂及動畫效果，讓影片變得更加生動有趣。

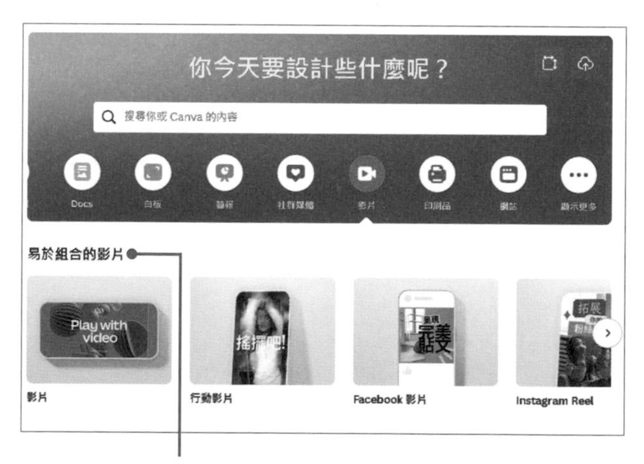

下方有多種對應不同平台的尺寸可以選擇

第一次進入設計畫面會出現官方的導覽，簡單介紹基本操作會用到的工具，讓使用者可以快速了解常用工具的位置。

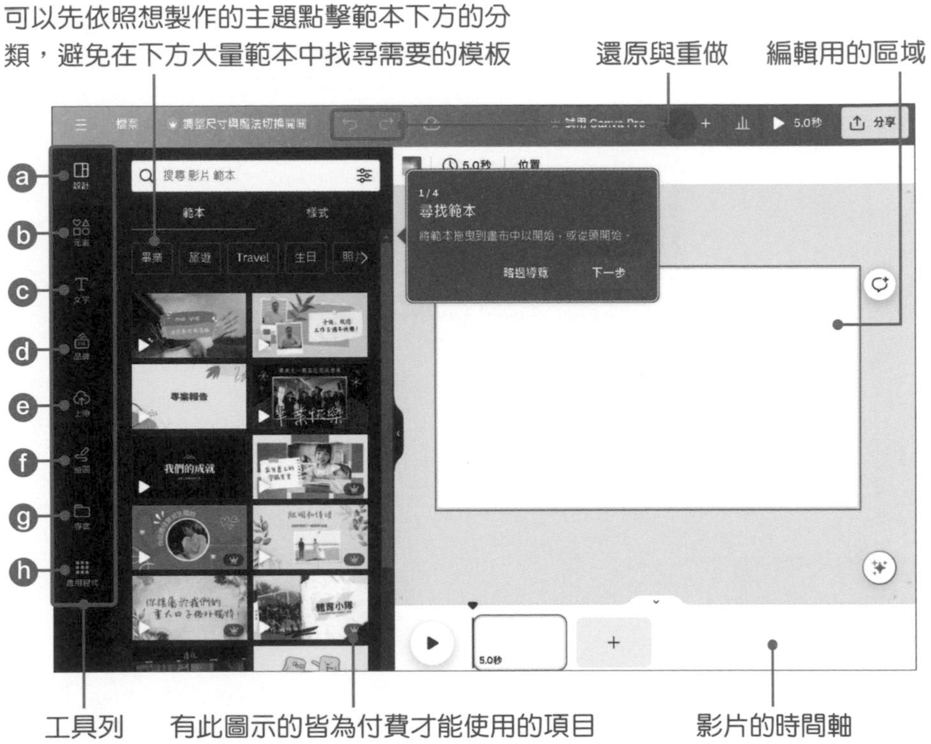
可以先依照想製作的主題點擊範本下方的分類，避免在下方大量範本中找尋需要的模板
還原與重做
編輯用的區域
工具列
有此圖示的皆為付費才能使用的項目
影片的時間軸
a
b
c
d
e
f
g
h
搜尋影片範本
範本
樣式
畢業
旅遊
Travel
生日
1/4
尋找範本
略過導覽
下一步
5.0秒
分享

- ⓐ **設計**：各種範例模板
- ⓑ **元素**：素材，從畫面邊框、音樂、背景到影片都有提供
- ⓒ **文字**：增加文字與字型設定
- ⓓ **品牌（付費功能）**：加入自己的品牌標誌與相關設定
- ⓔ **上傳**：支援使用者上傳圖片、影片以及音樂
- ⓕ **繪圖**：使用不同的筆刷繪製圖案或示意圖
- ⓖ **專案**：使用者到目前為止的所有設計
- ⓗ **應用程式**：第三方應用程式，後續會介紹

Canva 除了有設定分類之外，也可以使用搜尋功能來尋找各種素材或模板，還可以依照色系來選擇，建議結合分類一起使用可以大幅縮短找尋模板所花費的時間。

Canva 的素材種類很多，我們先以現成的模板來示範，使用方式非常簡單，直接從工具列把要使用的模板、素材拖至白色編輯區域，然後再用素材把模板的內容換掉即可。

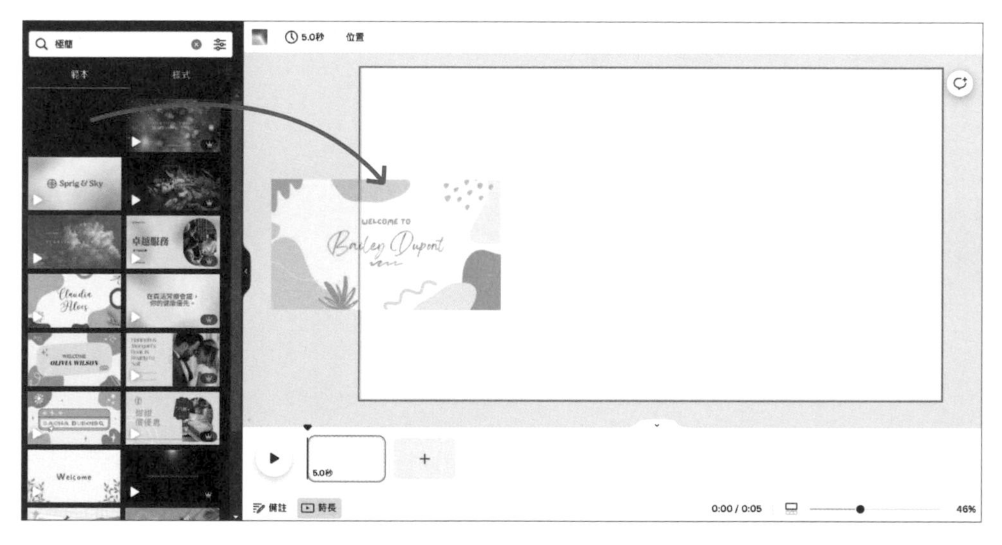

▶ 成功放到編輯區域後，下方時間軸會顯示模板與時間長度

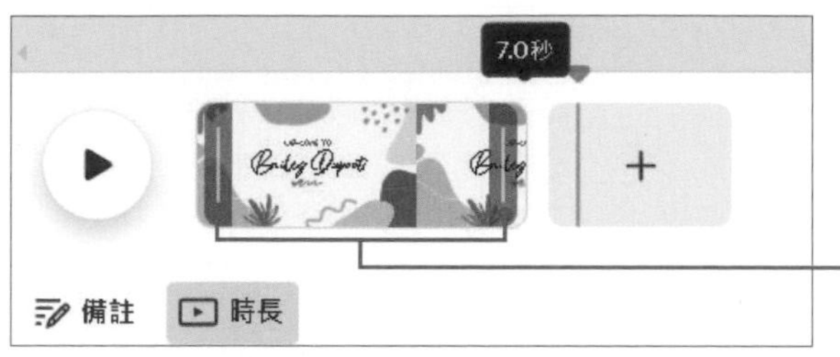

將游標放到兩端，出現此圖示時按著滑鼠左鍵移動即可調整影片時間長度

◀ 用游標點擊影片會出現黑色的定位點，按下右鍵選擇「分割頁面」能從定位的時間點切割影片

◀ 點擊後面 + 可以新增下一個場景，預設時長是 5 秒，新影片會延用前一個的背景，如果想換成別的模板，直接將想要的模板拖至 + 處即可

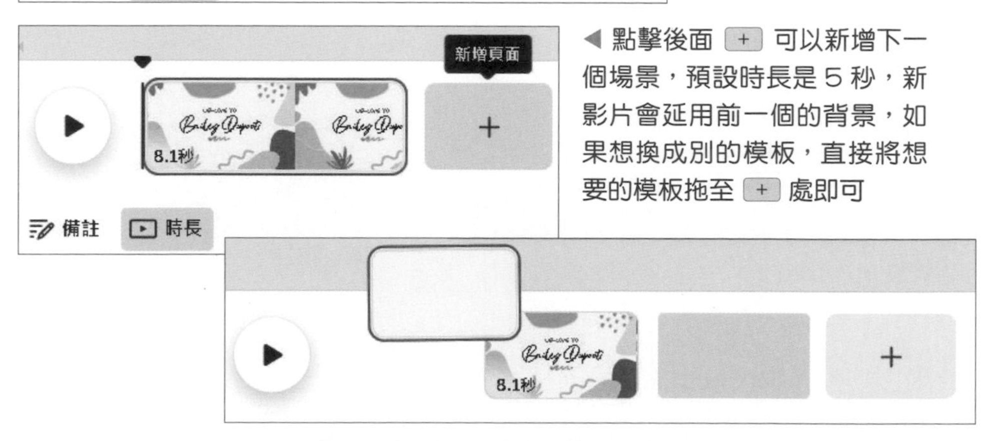

▲ 想要調整順序時也是用滑鼠按住直接拖移，就能調換位置

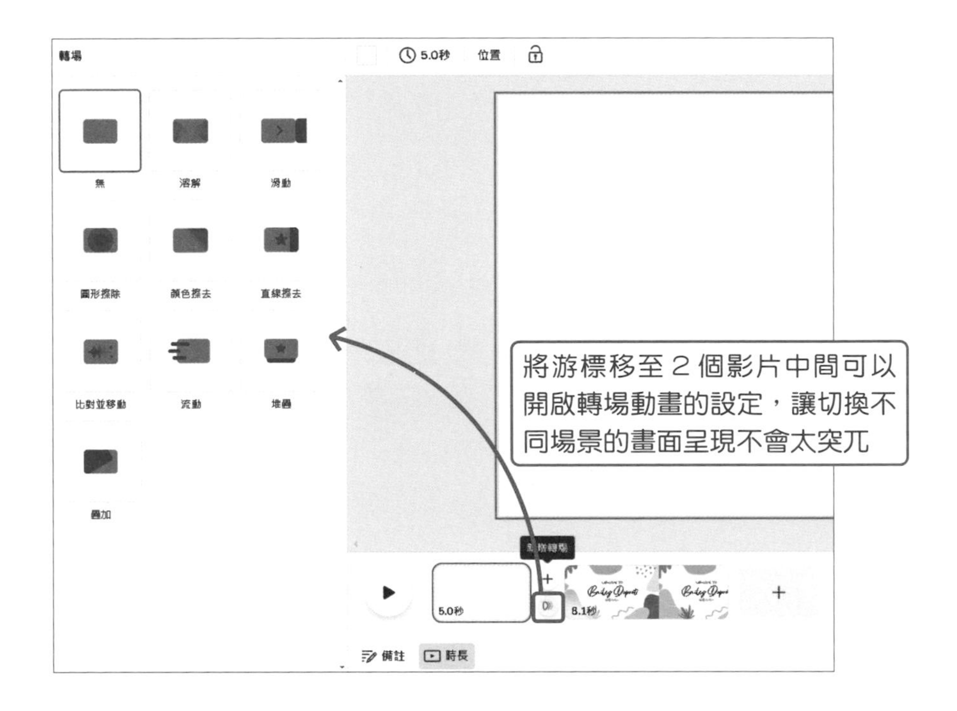

前面介紹使用的是只有一種樣式的模板，有些模板除了有多種樣式之外，還先幫你分好段落、設定好轉場動畫，只要修改內容，馬上就可以做出屬於你的影片，而且這些模板也不需要一個一個手動拖移進來，按下「套用全部」就會完整的出現在時間軸上。

首先要換掉模板中的照片，但應該會發現不管游標怎麼移動，都只能點到照片前面的框，這種時候只要調整圖層就可以解決了。

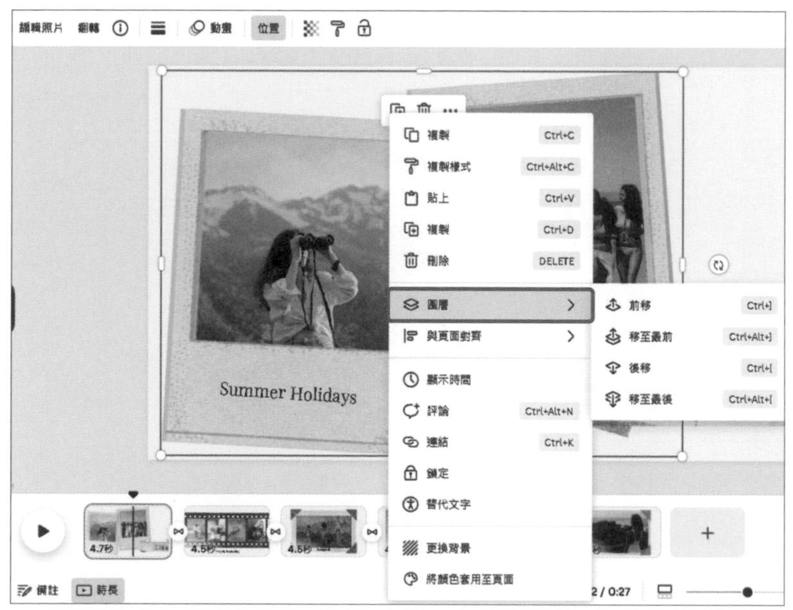

◀ 點選邊框後，按下滑鼠右鍵，選擇「圖層」中的「後移」，直到照片位置比邊框前面才停止

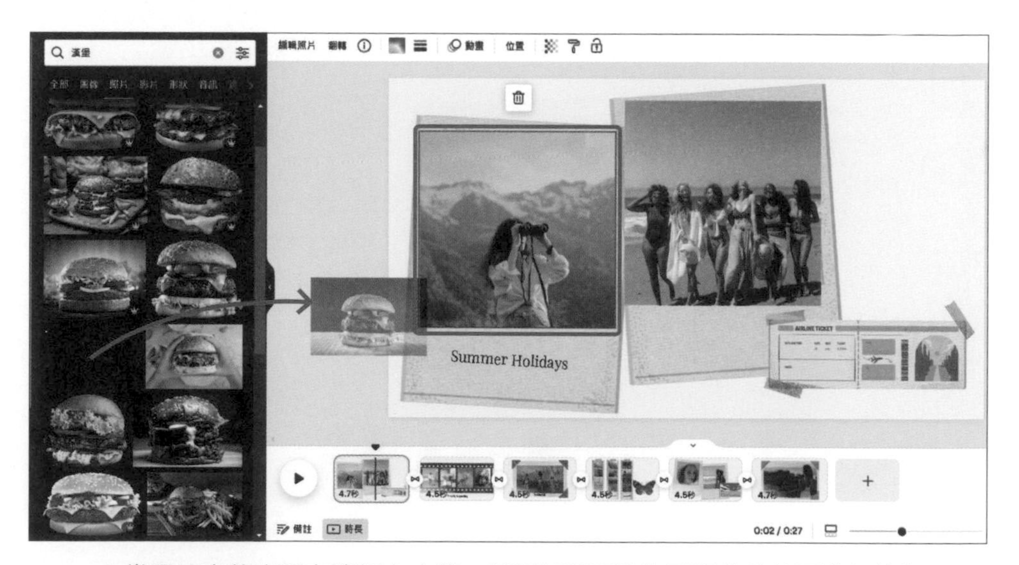

▲當照片完整出現在邊框上方後，就可以把圖片拖到照片的位置進行替換

用上述方法替換圖片後，記得要用相同的方法把新圖片放到邊框後面。

修改標題內容和樣式也很簡單，先將舊標題刪除，點選工具列的文字分類，把想用的其他字體拖至編輯區域，修改內容即可。

▲修改完文字內容後，維持點選文字方塊的狀態，點擊上方的「效果」或「動畫」可以設定文字呈現的效果

▲ 完成第 1 段影片內容後，用游標點擊背景空白處，點選上方的「動畫」，設定畫面上所有物件進入和退出時的呈現方式

▲ 再來修改轉場動畫，第 1 段的影片就完成了

影片都編輯完後，可以加入音樂提升影片的完成度，只是大多數的音樂都是屬於付費項目，免費能用的檔案時間長度都偏短，需要使用多個音檔才能讓整個影片都有配樂，這時候可以利用前面章節介紹的音樂生成工具，就不用擔心沒有夠長的音樂素材。

▲請注意，音樂不能放在上方編輯區域，必須要拉至下方時間軸才能使用

Canva 是採用自動存檔的方式，因此使用者做出任何變更都會被即時儲存下來，不會因為忘了存檔導致檔案遺失，需要重頭開始再來一次。

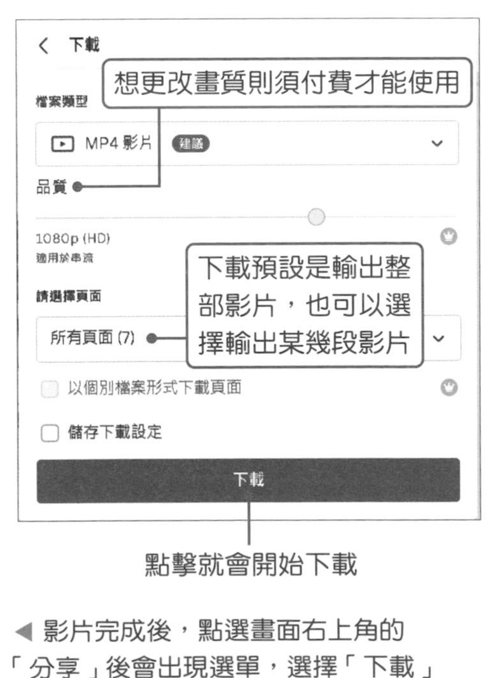

◀影片完成後，點選畫面右上角的「分享」後會出現選單，選擇「下載」

最後只要選擇儲存的位置，用 Canva 製作的第 1 支影片就出爐了！

魔法工作室

Canva 有一個名為魔法工作室的分類，裡面提供各式各樣的 AI 工具，讓整個設計過程更加快速、簡單，不論使用者是尋求靈感還是需要在短時間內完成，都能迅速建立起具有美感的設計。

不過如同前面所提到，不同方案的用戶可使用的次數會有差異，例如將文字轉影片的魔法媒體工具 Text to Video，免費方案每個帳號只能使用 5 次 (用完就沒了)，付費則是每月 50 次。將圖片轉影片的 Magic Design for Video 功能，則是免費方案有 10 次的額度，付費不限次數。

魔法媒體工具 Text to Video

這是由 Runway 提供支援，目前還在實驗階段的技術，一次只能產生一個 4 秒的影片。首先，請在首頁的側邊欄位點選「魔法工作室」，進入該分類：

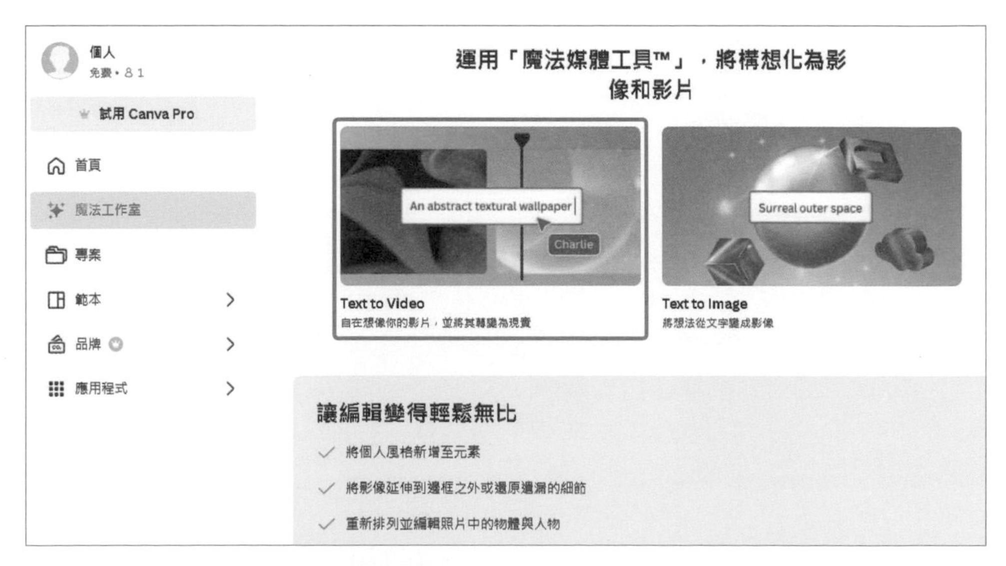

▲向下滾動頁面直到看到「Text to Video」的項目並點擊

在這裡輸入想製作的影片內容

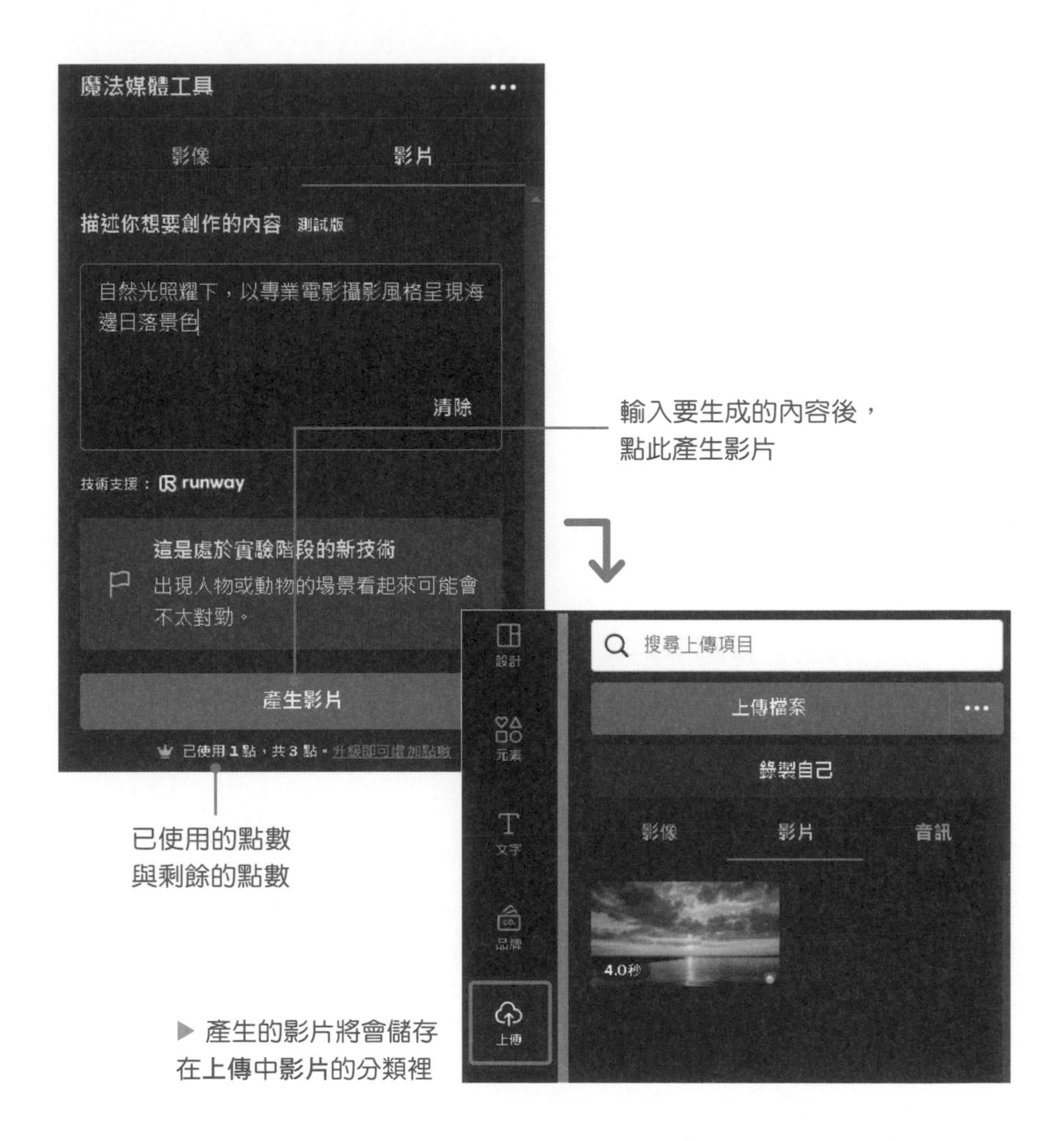

▶ 產生的影片將會儲存在上傳中影片的分類裡

Magic Design for Video

這是一個使用 AI、Beat Sync 和 Canva 的素材來製作影片的技術，只要上傳照片或影片，並輸入想要的風格類型，就可以自動產生影片。但這項功能目前只支援英文，因此中文介面上不會出現，要使用需要先切換成英文介面。下面筆者會先介紹切換頁面的方法，再示範 Magic Design for Video 的使用方式。

請先回到主頁：

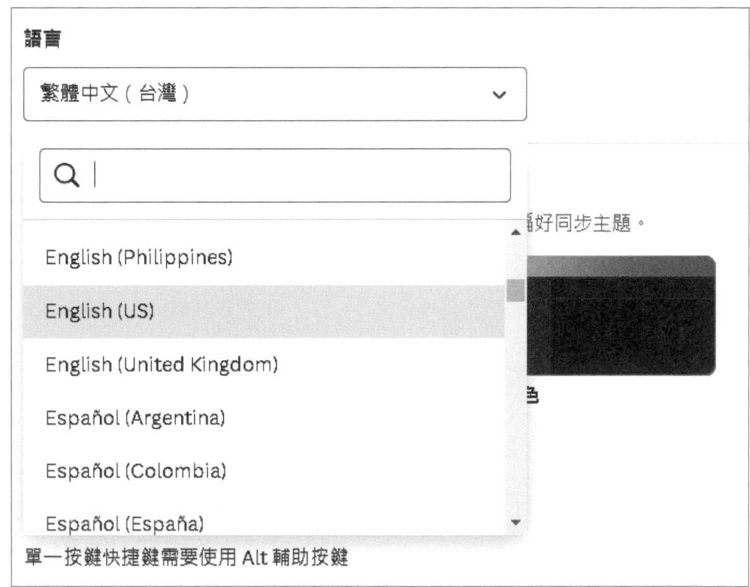

▲ 進入設定後，將位於頁面下方的語言更改為 **English**

切換語言後系統會自動套用，因此可以直接返回主畫面：

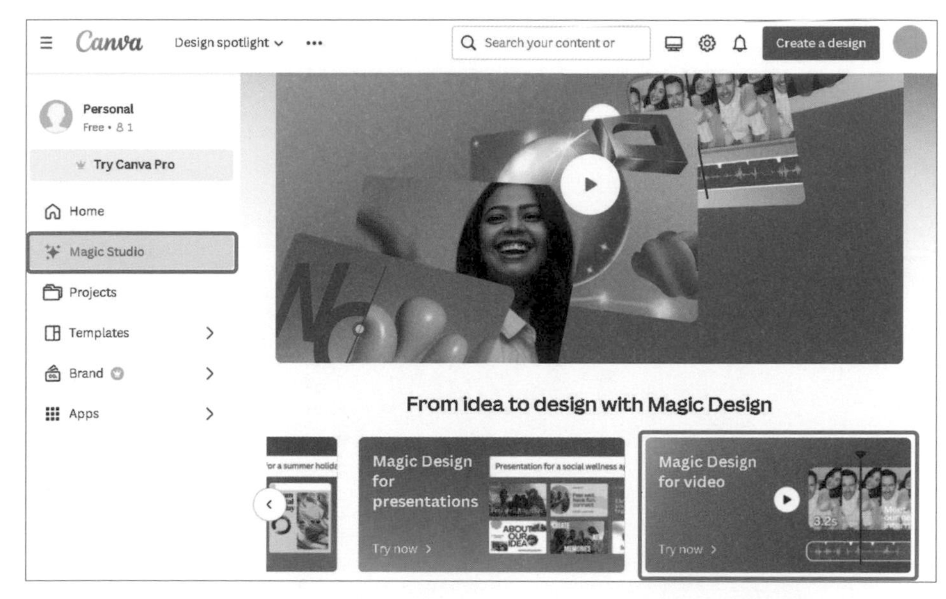

▲點選位於側邊欄位的「Magic Studio」，進入英文介面的魔法工作室後，馬上就能看到 Magic Design for Video 的選項

▲接著會出現 Magic Design for Video 的介紹

Magic Design for Video 是使用位在上傳分類中的素材，因此如果是第一次使用，會需要先上傳圖片或影片，接著才能選擇要使用的素材，最多可選取 10 個，最少需要 3 個才能製作，可以同時選擇圖片和影片。

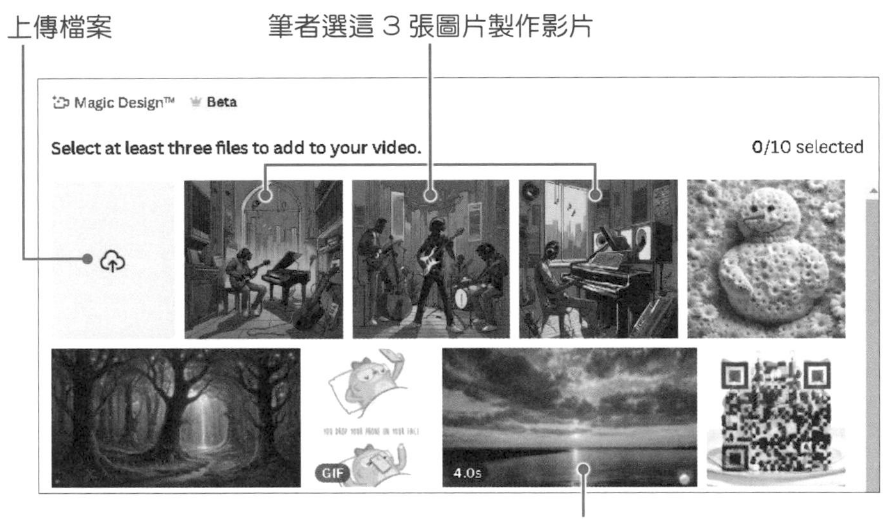

至少要選擇使用 3 個素材，下方才會出現讓使用者描述想製作內容的輸入框，輸入完成後，按下「Generate」的按鍵就會產生影片，不需要其他額外的操作。

雖然介面需要換成英文才能使用，但根據筆者的測試，輸入中文產生的影片內容也沒有出錯，因此這邊可以使用中文輸入。

稍微等待一下就能看到 Magic Design for Video 產生的短影片出現在編輯區域：

只是目前用這種方式產生的影片都是直式的，所以筆者使用的正方形圖片會先被裁切才製成影片，圖片後續無法進行調整，如果重要的部分剛好被裁切掉，可能需要手動替換圖片，因此建議最好都使用直式的素材製作。

第三方應用程式

除了官方所推出的功能外，Canva 也有外掛功能，可以跟不同網站整合，快速匯入其他平台的多媒體，或是重製 Canva 的作品或素材，讓你的設計之路更加寬廣。

既然是整合其他平台功能，因此使用方式和實際操作，會受限於第三方服務，例如可使用的次數或需要該軟體的帳號等，詳細資訊需點擊該項目查看。

▲點擊主頁面側邊欄位的「應用程式」，即可進入第三方應用程式的頁面

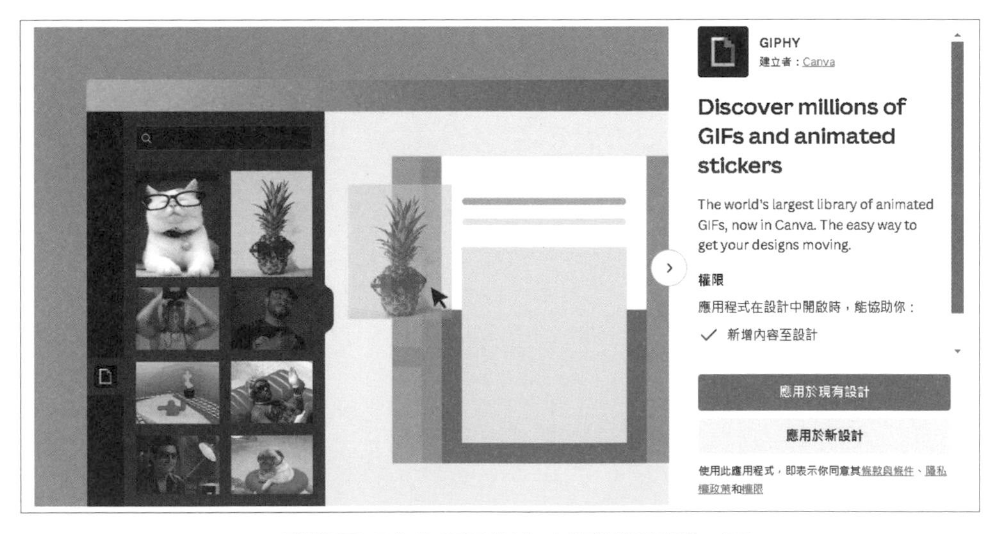

▲點擊頁面上的項目都會出現詳細說明，可以選擇在已建立的設計上或開啟新檔案使用

但說明大多都是針對該應用程式，不會提到使用上的限制，因此點進製作頁面查看是最直接的確認方式：

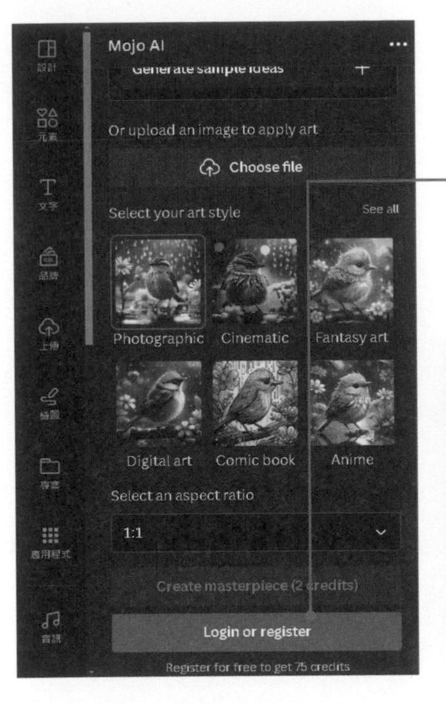

生圖的按鍵無法使用，除了點數之外還需要登入該應用程式的帳號才能使用

有些就沒有限制，可以直接使用

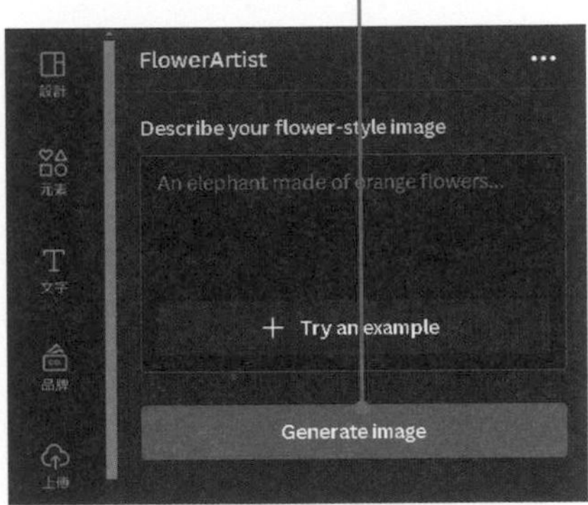

以下示範的 FlowerArtist，可以將輸入的敘述變成花卉藝術的生圖應用程式，生成的圖片除了會直接出現在編輯區域之外，也會放至上傳中影像的分類裡，之後有需要可以再拿出來使用。

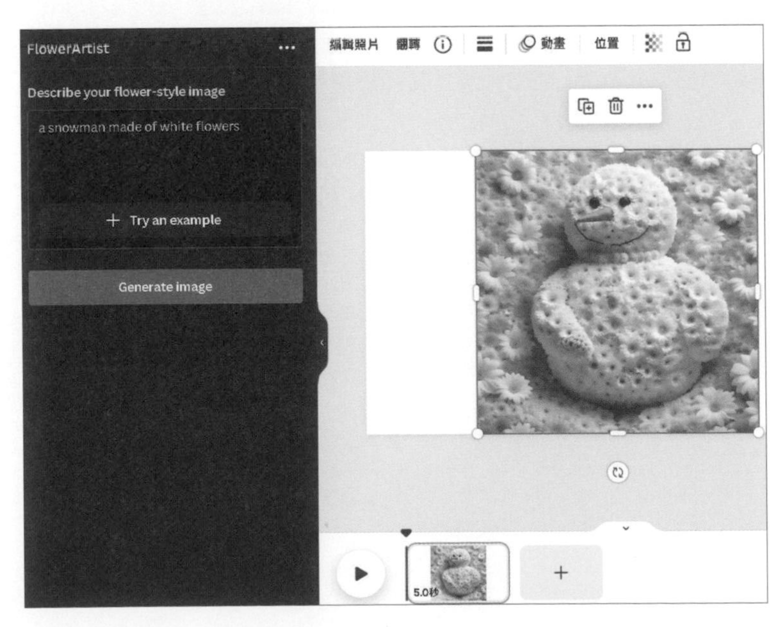

◀ FlowerArtist 依照敘述，生成了用白花組成的雪人

實作小範例

接著筆者會用前面示範過的 AI 工具來製作小短片，介紹臺灣南北的美食差異，由於魔法媒體工具只能產生 4 秒的影片，因此筆者選用「Magic Design for Video」來製作，建議讀者先準備好至少 3 張的美食照，並將 Canva 切換成英文介面：

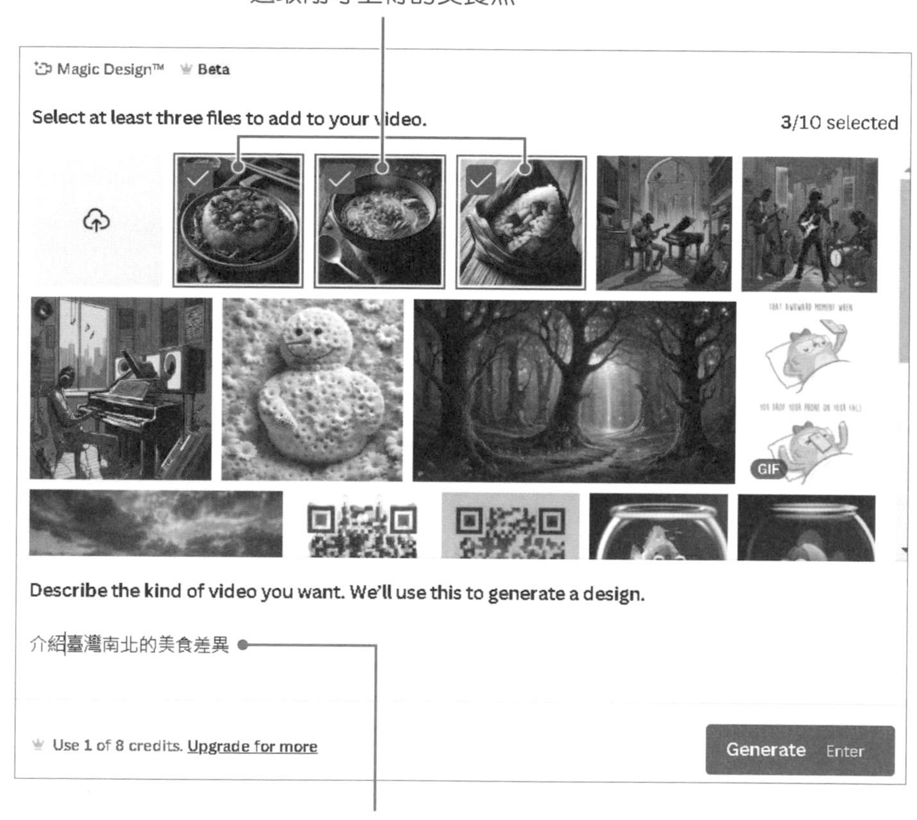

按下「Generate」後稍微等待一下，由 AI 幫你寫好內容、加好背景音樂與轉場效果的影片就出爐了！

◀ 掃描 QR Code 就可以看到完成的影片

收費標準和版權

基本的設計工具和功能不須付費就可以使用，因此在基本操作範圍內免費與付費不會有太大差別，比較能感受到的差異會是模板與素材的限制。付費除了能使用全部的模板與素材之外，還有進階工具功能可以使用，例如**去除背景、影片自動與配樂同步**等，AI 設計工具也是，免費會有總使用次數限制，而付費不但使用次數會一口氣提高，每個月還會重置使用次數。關於付費詳細的內容可以查看官方網站：

◆ https://www.canva.com/zh_tw/pricing/

另外，Canva 也有推出教育版，專門提供給教師和學生使用，只要經過驗證，確認是符合資格的教師和學生皆能免費使用付費功能，詳細資訊及驗證方式請至官網：

◆ https://www.canva.com/zh_tw/education/

關於版權，藉由 Canva 與第三方應用程式生成的 AI 圖片（例如 DALL-E)，是歸於使用者而不是 Canva，但生成的 AI 圖片是否有版權保護，則是依照當地的法律規範而有所不同。至於使用 Canva 設計出的產品是否能商用，取決於該設計是否為使用者原創，禁止轉售幾乎沒有變動的 Canva 素材或模板。詳細的版權說明可至官網：

◆ https://www.canva.com/zh_tw/help/copyright-design-ownership/?query=%E7%89%88%E6%AC%8A

6-3 FlexClip 免費仔小白的福音

FlexClip 是一款由 PearlMountain 公司開發的免費線上影片剪輯平台，提供大量各種類型的範本供使用者迅速做出影片，同時採用簡單的介面讓第一次使用的人也可以輕鬆上手。

註冊 FlexClip

在我們開始使用 FlexClip 製作影片前，需要先擁有一個帳號。如果讀者尚未註冊，請先至官方網站進行註冊：

◆ https://www.flexclip.com/tw/

註冊方式筆者同樣選擇使用 Google 登入

▲ 最後會要求使用者設定密碼

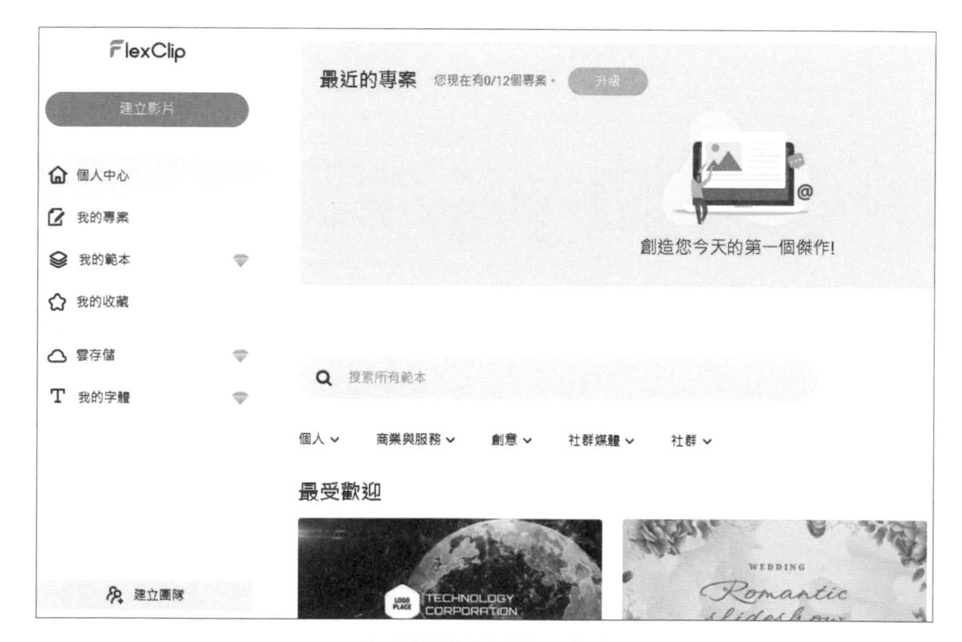

▲ 完成後就可以進入主畫面

FlexClip 的基本操作

想要快速做出影片，可以直接套用官方提供的現成範本。由於範本數量眾多，官方也很貼心的提供了多種分類，讓使用者可以快速找到符合需求的範本。請先進入主頁面，點選側邊欄位的範本：

選好範本後，需要先選擇要製作的影片比例，再按下「定制」的按鈕

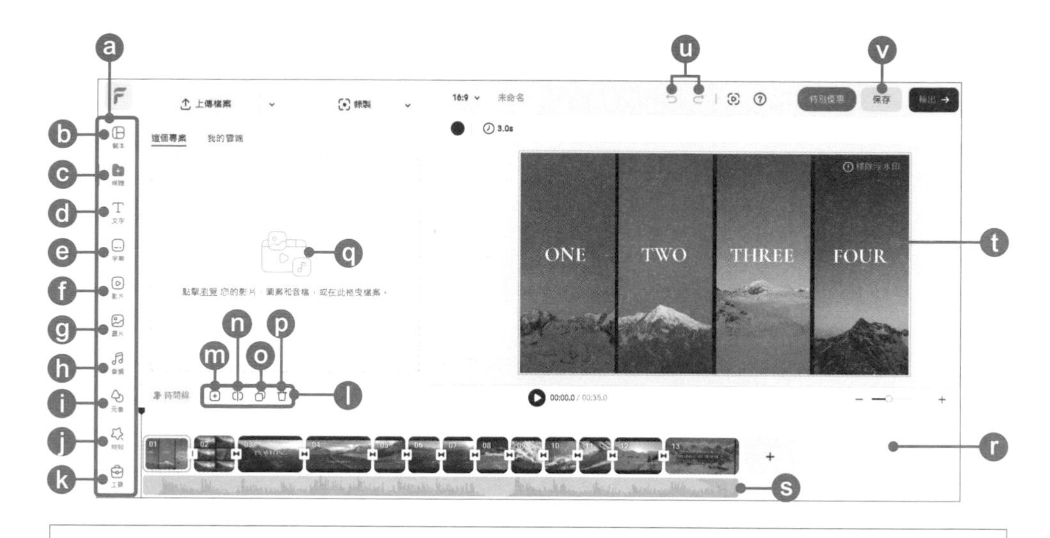

- ⓐ 工具列
- ⓑ 官方分類好的範本
- ⓑ 使用者上傳的檔案，雲端需付費才能使用
- ⓓ 添加標題、修改文字樣式等
- ⓔ 添加字幕
- ⓕ 影片素材
- ⓖ 圖片素材
- ⓗ 音樂素材
- ⓘ 圖形素材
- ⓙ 影片特效
- ⓚ 其他工具
- ⓛ 影片編輯工具
- ⓜ 增加影片
- ⓝ 分割影片
- ⓞ 複製影片
- ⓟ 刪除影片
- ⓠ 進入編輯頁面後，會先要求使用者上傳檔案
- ⓡ 時間軸
- ⓢ 添加的音樂
- ⓣ 影片編輯區域
- ⓤ 還原與重做
- ⓥ 儲存

FlexClip 的操作也很簡單，雖然官方提供的影片和音樂素材有針對不同付費方案的使用數量限制（例如免費方案只能各使用 1 個），不過其他的素材都可以免費使用，看到喜歡的素材可以直接拖至編輯區域進行編輯：

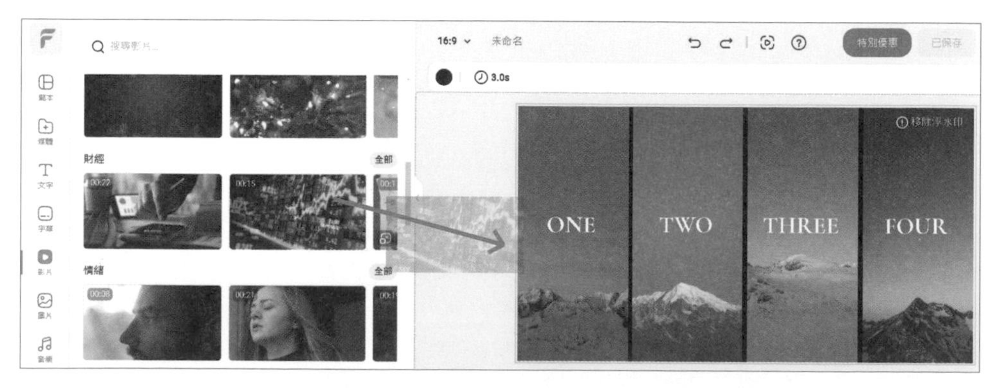

▲ 將想要的圖片拖至要取代的圖片上，即可完成替換

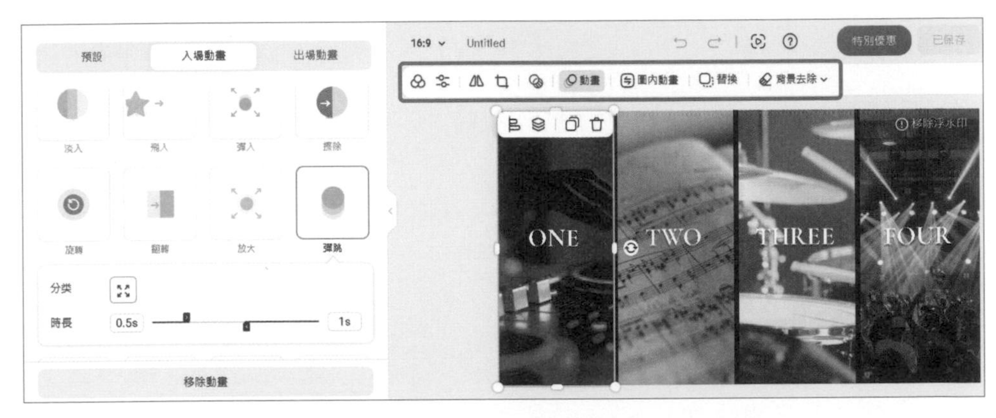

▲替換後的影片會沿用先前圖片的設定，可以先點選圖片，再點選上方工具列的項目進行確認或修改

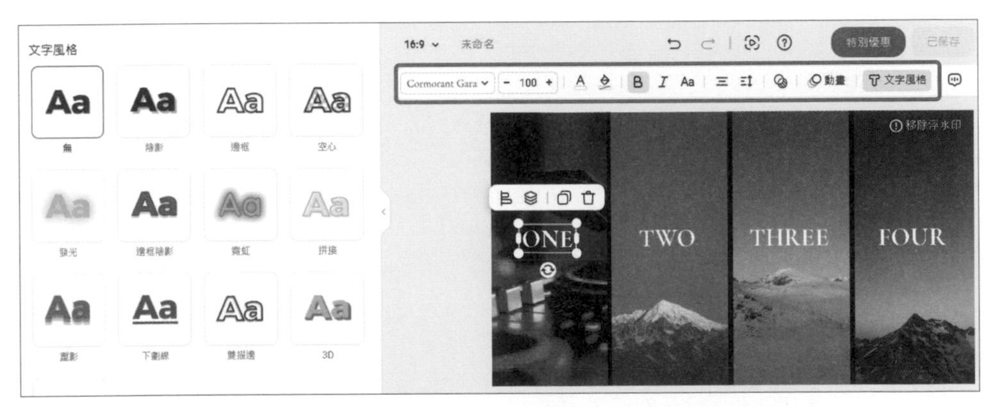

▲影片上的文字，除了側邊工具列的文字可以替換標題或文字樣式，也可以點擊文字再從上方工具列更改呈現方式

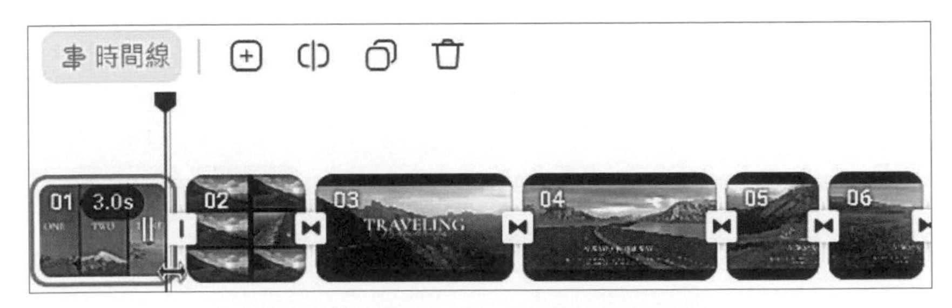

▲將游標放到兩端，出現雙箭頭符號後，按著滑鼠左鍵移動即可調整影片時間長度

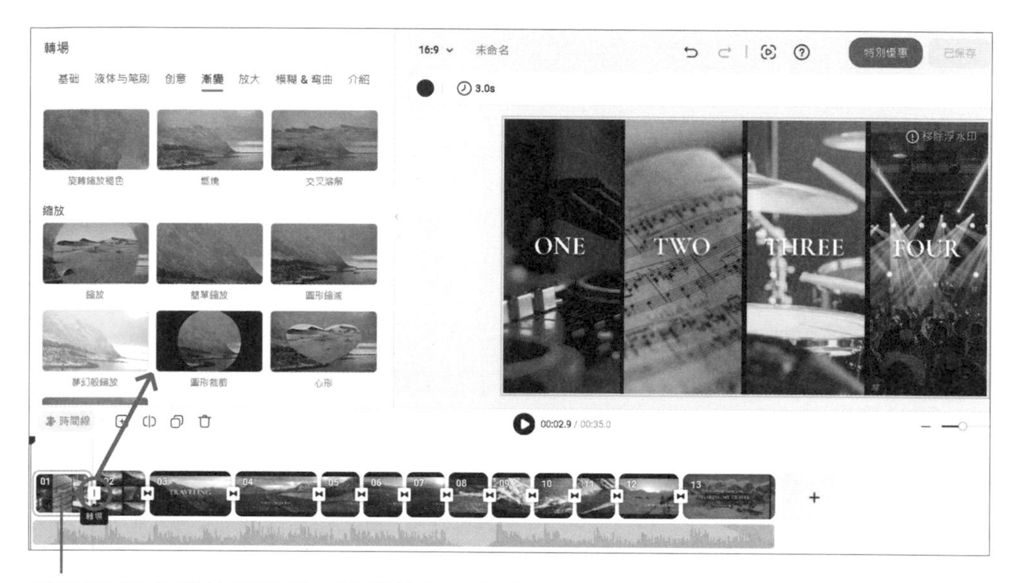

更改完第 1 段的影片後，點選位在 2 個影片中間的圖示可以設定轉場動畫

FlexClip 是採用 5 秒就自動儲存一次的機制，但是如果遇到網路連線不穩等問題，自動儲存就有可能失敗，因此官方建議製作影片的過程中，時不時按一下「保存」按鈕儲存目前的編輯進度。

▲影片完成後，點選畫面右上角的輸出後會出現選單，由於提高畫質或去除浮水印需要付費才能使用，因此直接按下「帶浮水印輸出」即可

FlexClip 的使用技巧

由於筆者是使用免費版本進行示範，因此由官方提供的影片和音樂素材都只能各使用一個，但這個範本包含了不少影片，筆者接下來會示範一些小技巧，減少這些限制的影響。

資源庫影片

雖然免費只能使用 1 個影片素材，但官方沒有限制該影片的使用次數，相同的影片可以重複出現。

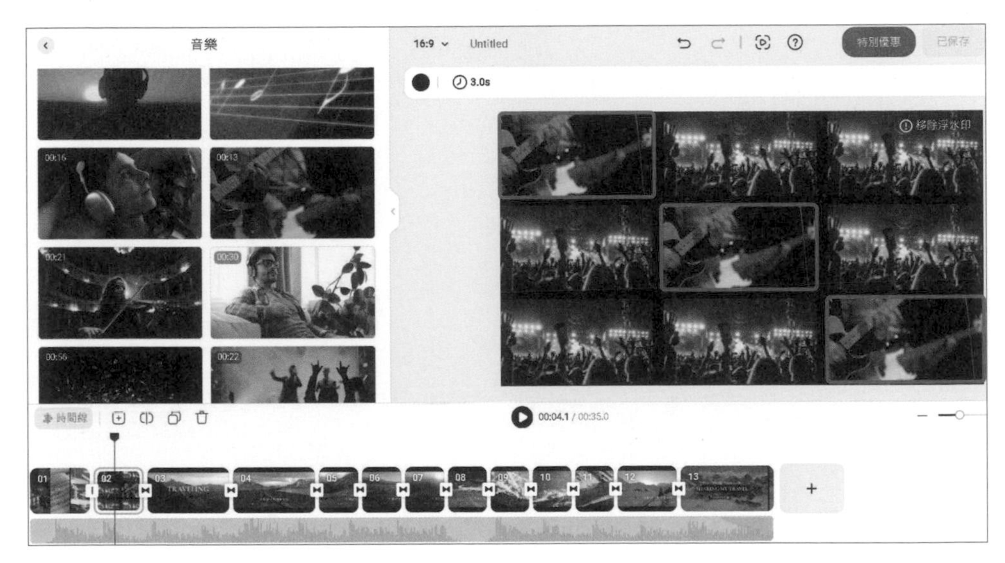

▲ 筆者在同一段影片中加入了 3 個相同的影片素材

不過如果需要在同一段影片中加入大量影片檔時，可能會對電腦造成負擔，導致輸出的影片出現問題。

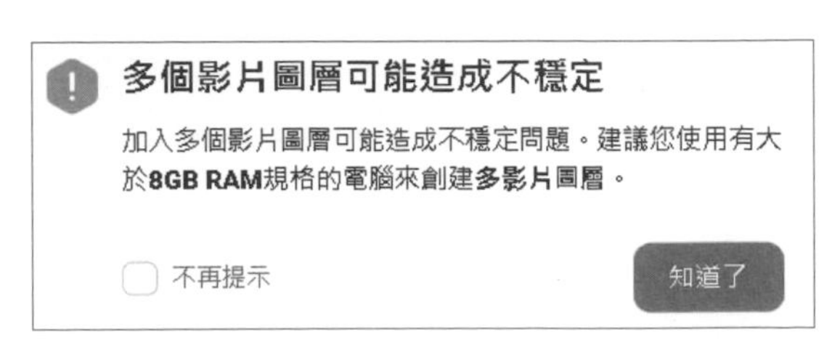

多個影片圖層可能造成不穩定
加入多個影片圖層可能造成不穩定問題。建議您使用有大於8GB RAM規格的電腦來創建多影片圖層。
不再提示
知道了

▲ 同一段加入多個影片檔後，頁面會跳出提醒視窗

圖內動畫

除了影片之外，也可以利用運鏡手法，讓靜態圖片也「動起來」。Flexclip 的圖內動畫提供了多種運鏡方式，效果都十分流暢，善加利用可以彌補影片素材的不足。

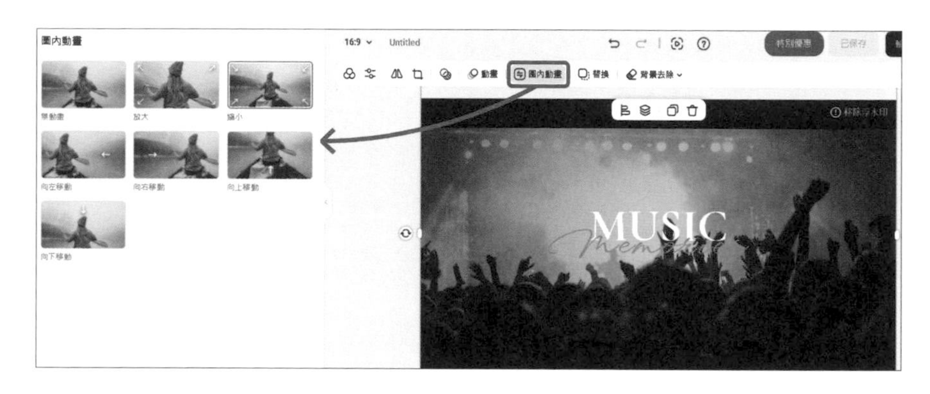

專案音檔

雖然免費方案只能匯入 1 個音樂素材，但若是套用範本內含的音樂就不在此限，意思就是除了範本的背景音樂外，你可以再挑一首曲目來使用。

不過請注意，在使用音樂素材時，即使超過使用額度，當下並不會立即提示你，而是要等最後輸出影片時才會告知超過限制，這時候只能回頭刪除多選的曲目了。

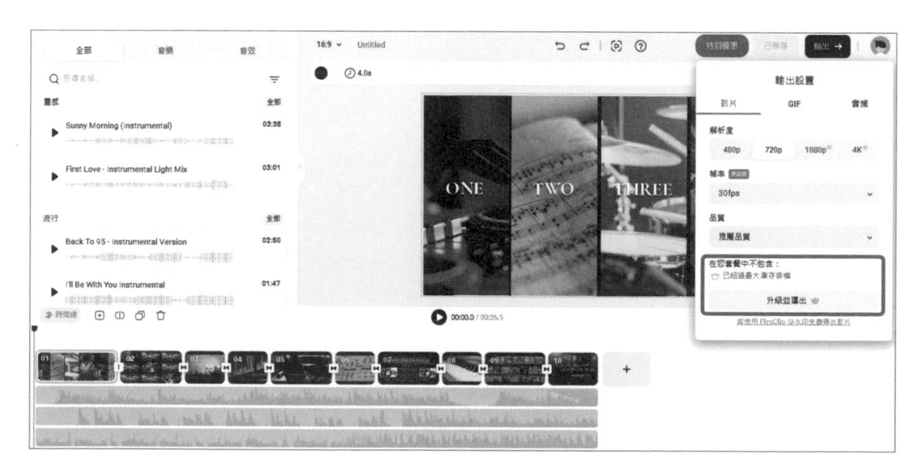

▲ 因為選了 3 種不同的音樂，雖然可以進行編輯，但無法輸出

魔法工具

FlexClip 有內建各種不同的 AI 工具，從 AI 生成圖片、影片之外，還有 AI 影片腳本、自動字幕等非常便利的功能。

筆者接下來會示範使用 AI 影片腳本，嘗試生成冰島的旅遊介紹，並使用這個腳本讓 AI 建立影片，請點選「AI 影片腳本」:

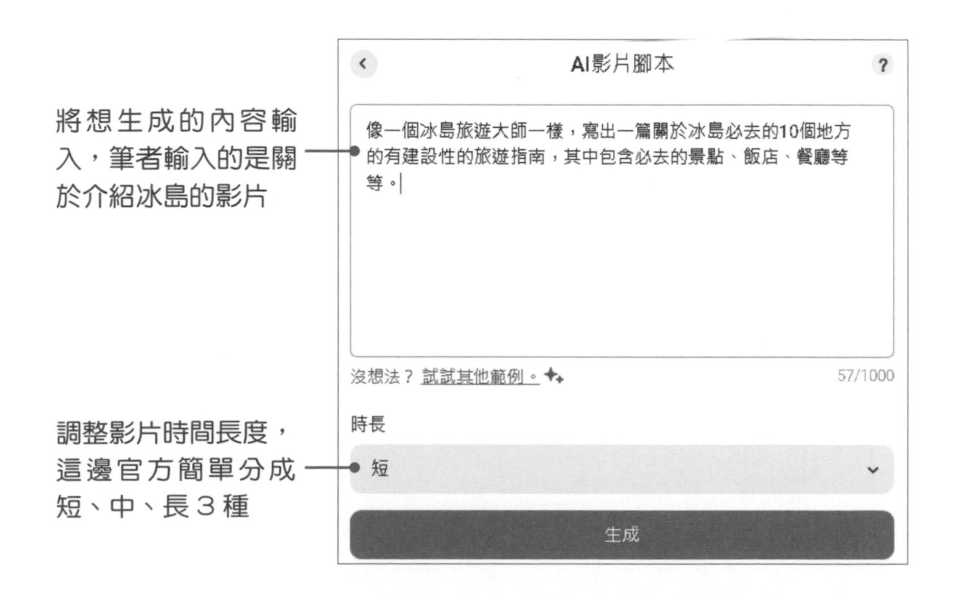

可以從這邊直接切換至 AI 文字轉影片的頁面

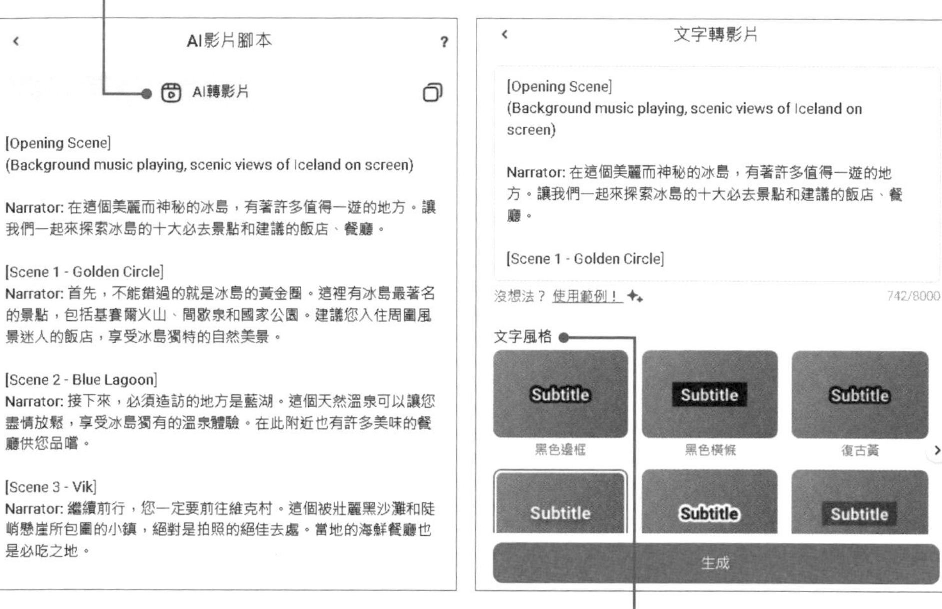

▲ 按下生成後，AI 會將生成的腳本放在原先輸入框的位置。此處的腳本內容，全都是由 AI 依照前一步的敘述自動生成

腳本內容會自動帶入轉成影片字幕，因此只要選擇文字的風格即可

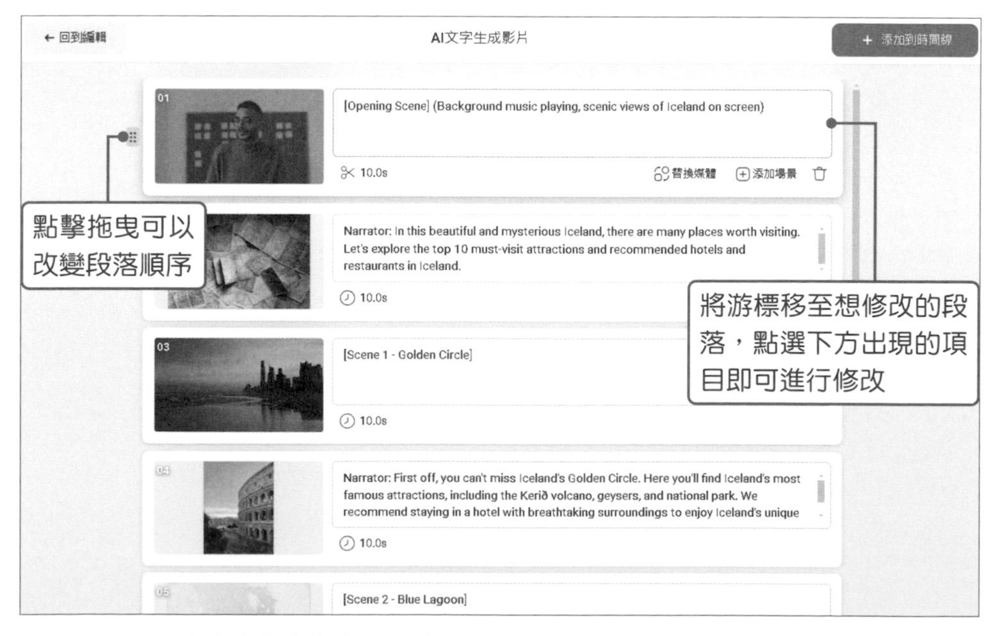

▲ 生成完後會先出現預覽頁面，使用者可以先在這裡進行編輯

將與內容不符的影片替換掉，這邊以第 1 段影片為例，後續會說明原因

修改完成後，點選加到編輯頁面

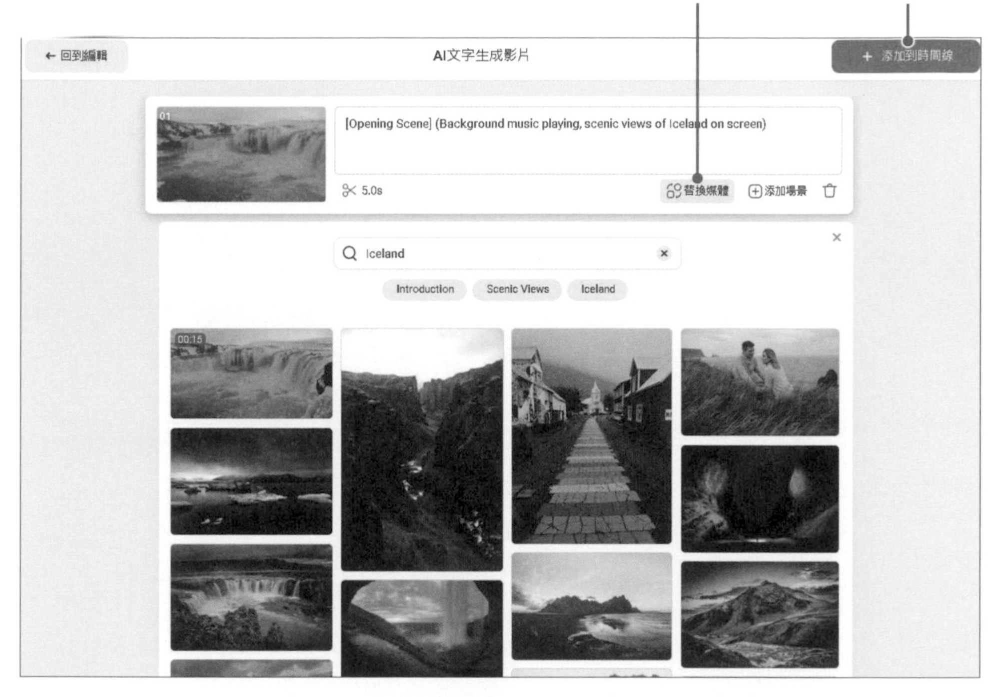

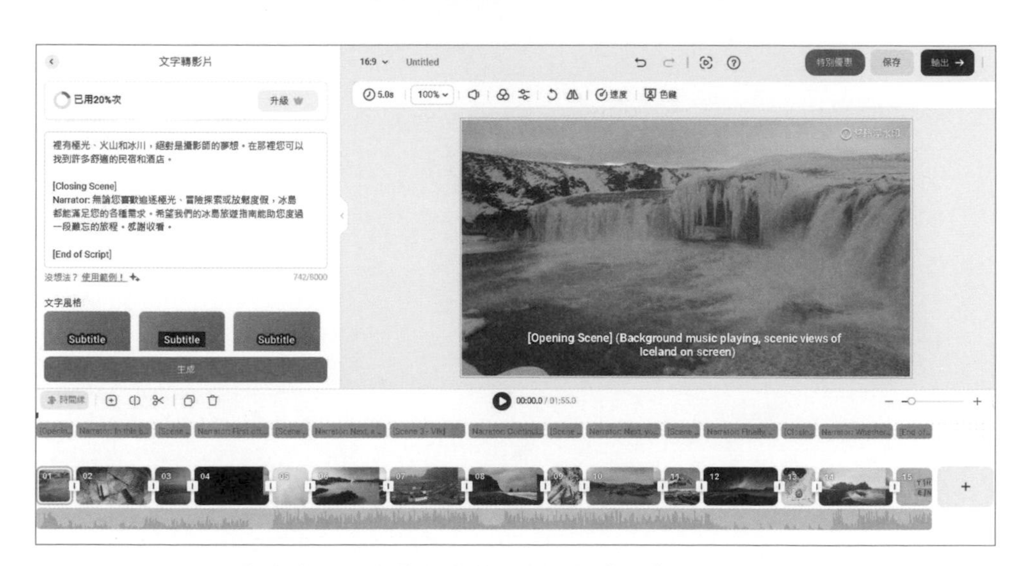

▲ AI 會自動上好字幕與音樂，製作好的介紹影片完成度很高

請注意，腳本轉換的過程可能會發生語言一起被換掉的問題，後續可以使用 AI 字幕翻譯的功能。點選工具列的「字幕」，進入頁面後點選最上方的「翻譯」，選擇要翻譯的語言後按下翻譯即可。如果是免費方案，因為超過額度無法使用的話，建議一開始先複製腳本，後續進行替換。

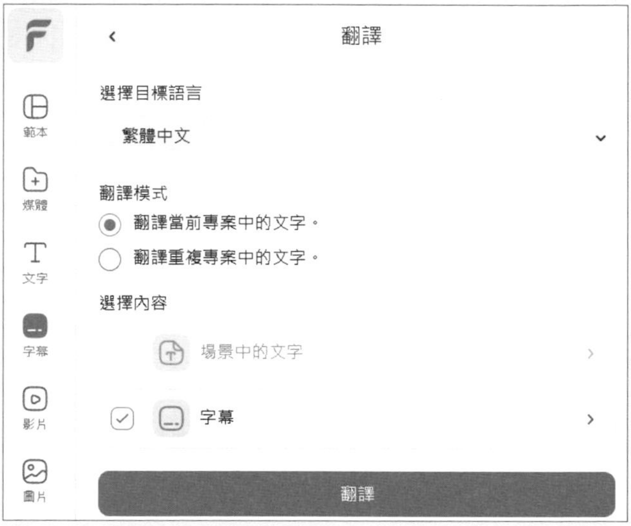

FlexClip 提供的 AI 生成影片效果其實很不錯，但是製作時有幾點可能需要注意：

1. AI 有可能抓錯關鍵字。上面示範時被筆者用冰島素材換掉的第 1 段影片，AI 把重點放在**介紹**這兩個字，然後據此去找素材，因此出現跟冰島無關的畫面。
2. AI 並不清楚使用者是否有付費。雖然筆者用的是免費方案，AI 卻使用了不少影片素材，後續需要再調整才能輸出影片。

實作小範例

知道 AI 生成影片的方式與需要注意的項目後，就可以來嘗試製作簡單小短片了，筆者一樣用臺灣南北的美食差異為主題，這次將直接使用 AI 文字生成影片的功能：

◀ 這次不從 AI 影片腳本切換過來，而是直接輸入想生成的主題

可以看到 AI 抓錯關鍵字的問題又出現了，同樣點選「替換媒體」修改內容：

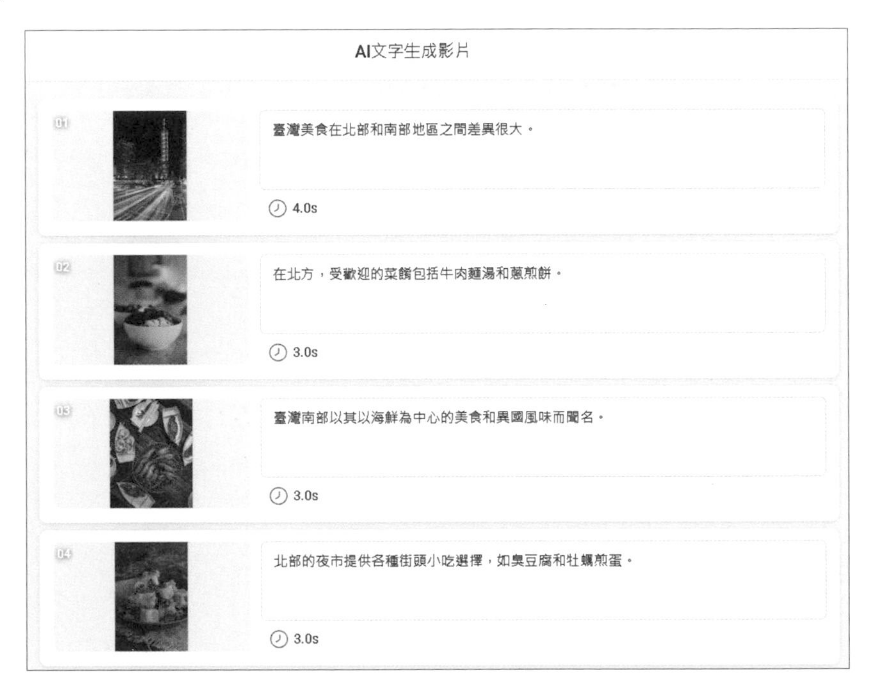

修改完成後，點選「添加至時間軸」，FlexClip 會自動加上字幕與配樂，確認沒有問題就可以輸出影片了！

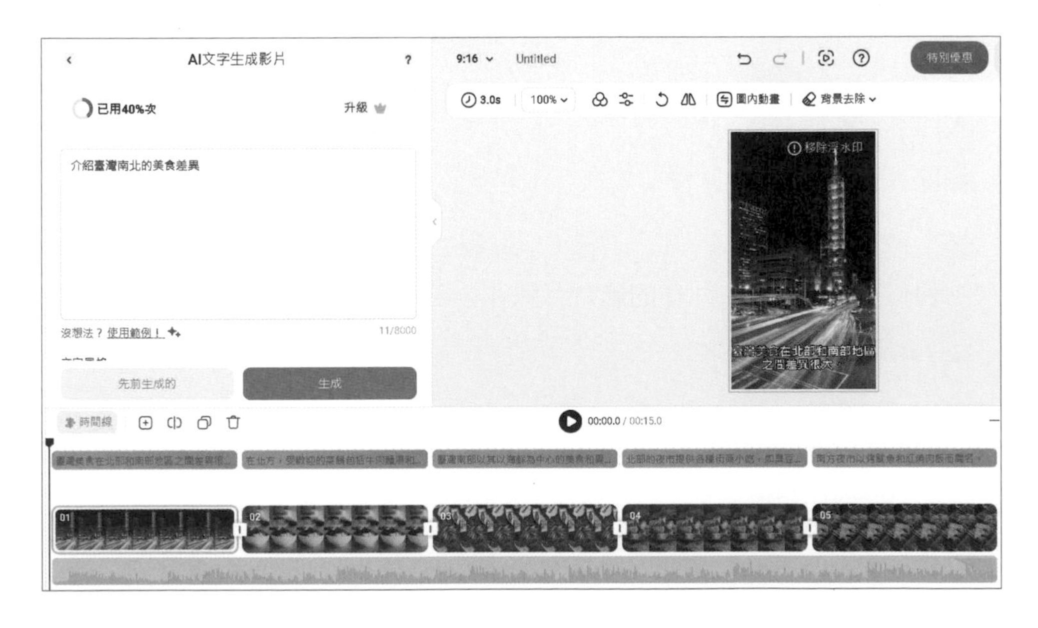

收費標準和版權

基本上 FlexClip 的功能，包括 AI 工具都是可以免費使用的，只是免費的限制較多，例如影片最多只能 10 分鐘、影片和音樂素材都只能使用 1 個，而 AI 工具，付費用戶每月可以使用 200 次，免費用戶每月只能使用 5 次。關於付費詳細的內容可以查看官方網站：

◆ https://www.flexclip.com/tw/pricing/

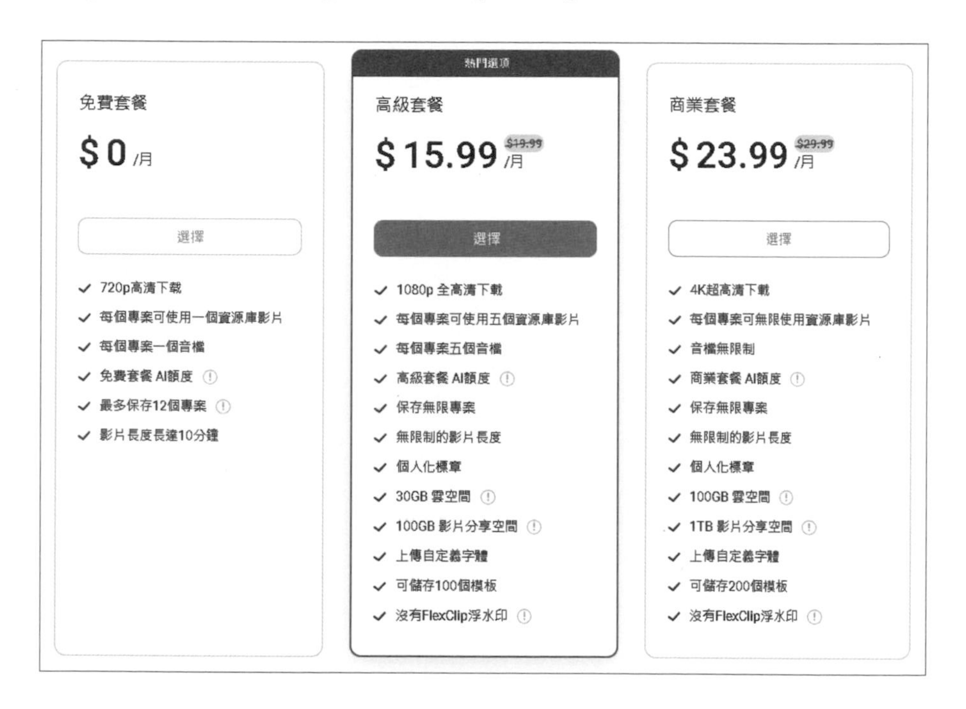

關於版權，AI 生成的圖片同樣可以商用，版權依舊因各國的法律不同而異。但使用 FlexClip 製作的影片，除非全部用使用者擁有版權的檔案上傳製作（圖片、影片、音樂等），否則只有付費帳戶可以將影片用於商用。關於版權的說明：

◆ https://help.flexclip.com/en/collections/3956168-copyright

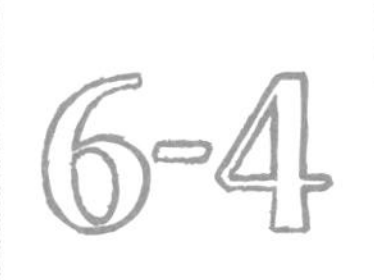

VEED.IO 全方位的影片編輯器

VEED.IO 提供非常多種影片編輯的服務，從常見的剪輯、特效之外，音檔也可以進行編輯，以往處理起來很麻煩的錄音檔逐字稿，官方有提供自動轉錄的功能幫助使用者迅速完成。另外，VEED.IO 還有支援**螢幕錄影**，這項功能不但免費，甚至不需要註冊就能直接使用，也不需要額外安裝任何軟體，全部都可以在瀏覽器上完成。

雖然在免費方案下，有些功能有每個月使用上的時間限制，一些更進階的功能需要付費才能使用，但就一般影片編輯來說，免費方案就很好用了。

註冊 VEED.IO

雖然在 VEED.IO 的官網可以看到不需要登入、註冊即可使用的介紹，但是在完成影片後，依舊需要擁有帳號才能進行下載，因此還是建議讀者先至官方網站註冊：

◆ https://www.veed.io/zh-TW

點擊開始註冊

VEED.IO 產品 創作 價格 聯繫銷售 登入 註冊

所有人都在這裡製作出色的影片
也就是你

你的受眾偏愛影片，使用VEED快速簡單的製作專業影片讓他們為您讚嘆！

製作您的第一個影片 →　透過我們的其中一個影片開始製作 →

*無需信用卡或帳號

VEED.IO 有提供 4 種註冊方式，筆者選擇使用 Google 登入

▲ 註冊成功後，除了需要使用者名稱之外，還要回答幾個與 VEED.IO 相關的問題

▶ 最後 VEED.IO 會詢問是否加入團隊，或自己建立團隊

接著會出現付費的相關資訊，按下右手邊的「Skip」跳過即可，後續會針對付費方案進行說明。接著進到 VEED.IO 的主頁面，就可以開始使用了。

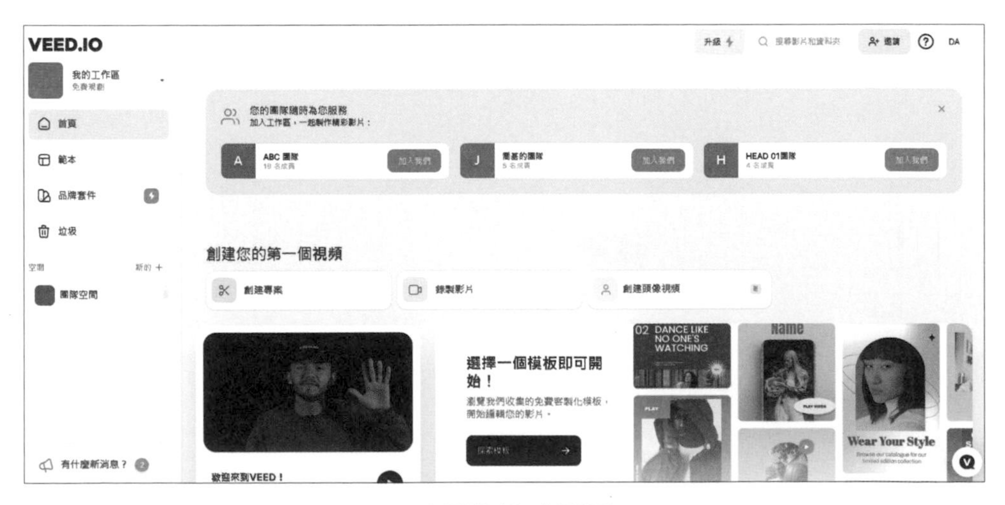

▲VEED.IO 主頁面

VEED.IO 的基本操作

目前 VEED.IO 還沒有完全支援繁體中文，因此進入主頁面後可能會變成英文或簡體中文的介面。

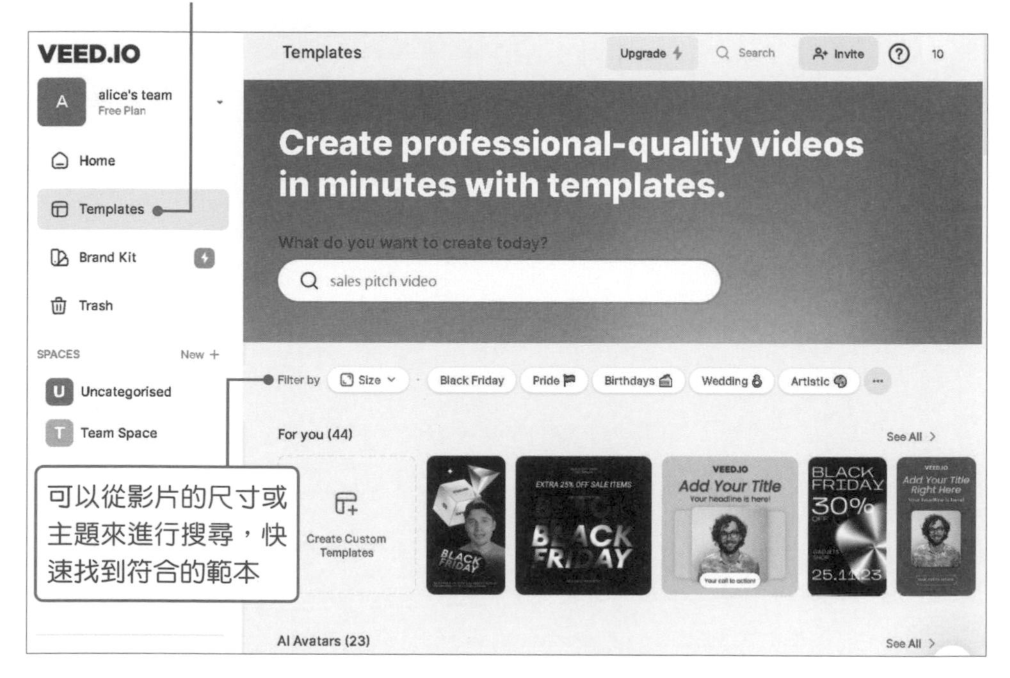

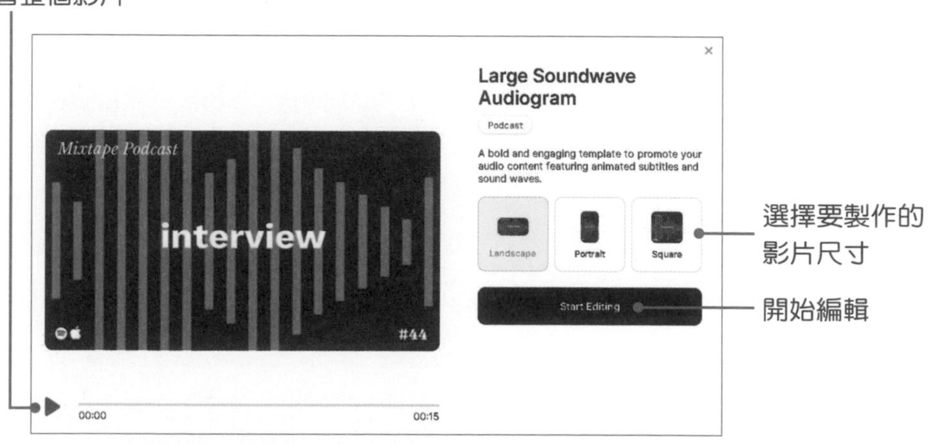

▲ 點選想要使用的範本後，會先出現該範本的預覽視窗

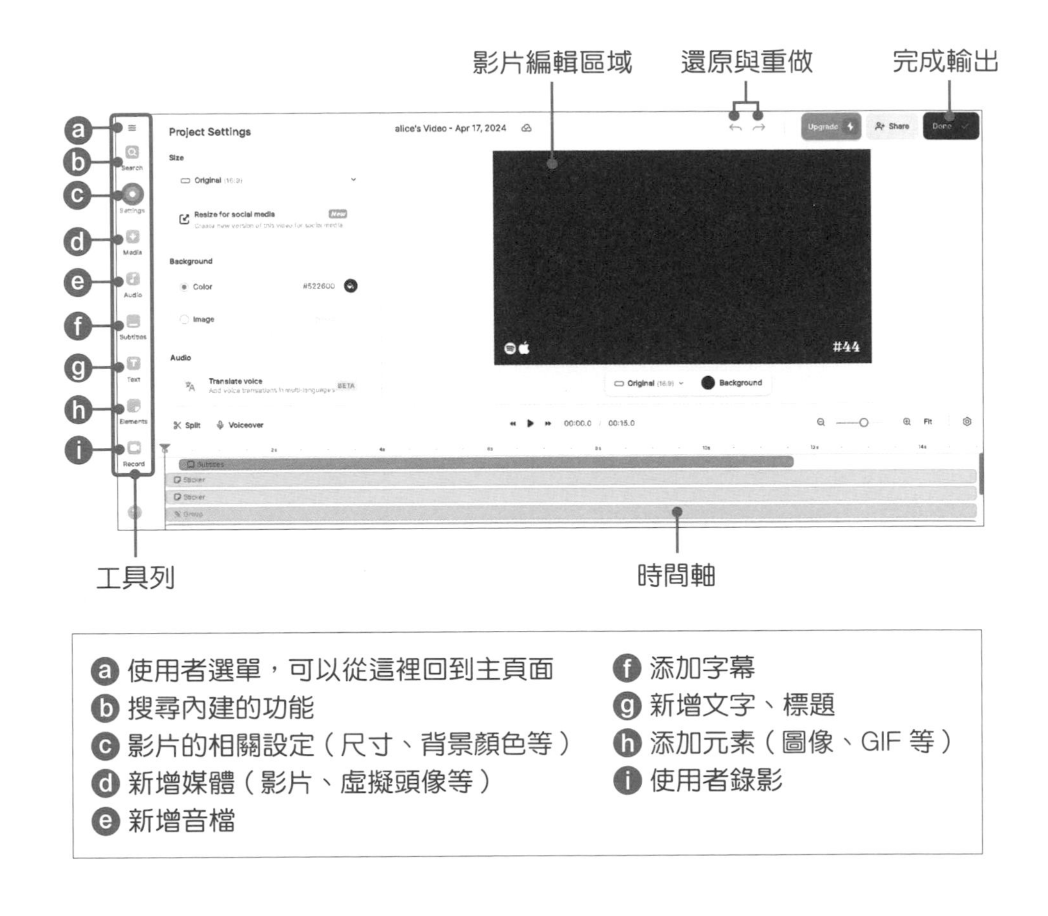

ⓐ 使用者選單，可以從這裡回到主頁面	ⓕ 添加字幕
ⓑ 搜尋內建的功能	ⓖ 新增文字、標題
ⓒ 影片的相關設定（尺寸、背景顏色等）	ⓗ 添加元素（圖像、GIF 等）
ⓓ 新增媒體（影片、虛擬頭像等）	ⓘ 使用者錄影
ⓔ 新增音檔	

想添加新素材至影片中，同樣從旁邊直接拖至影片編輯區域即可：

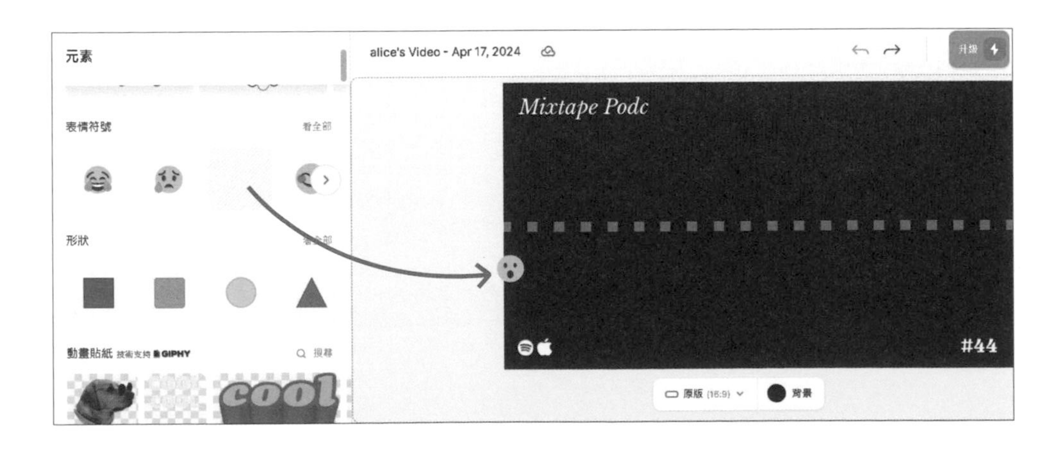

點擊位於時間軸上的項目，會出現該項目的設定，同時將游標移至兩端可以調整時間長度。

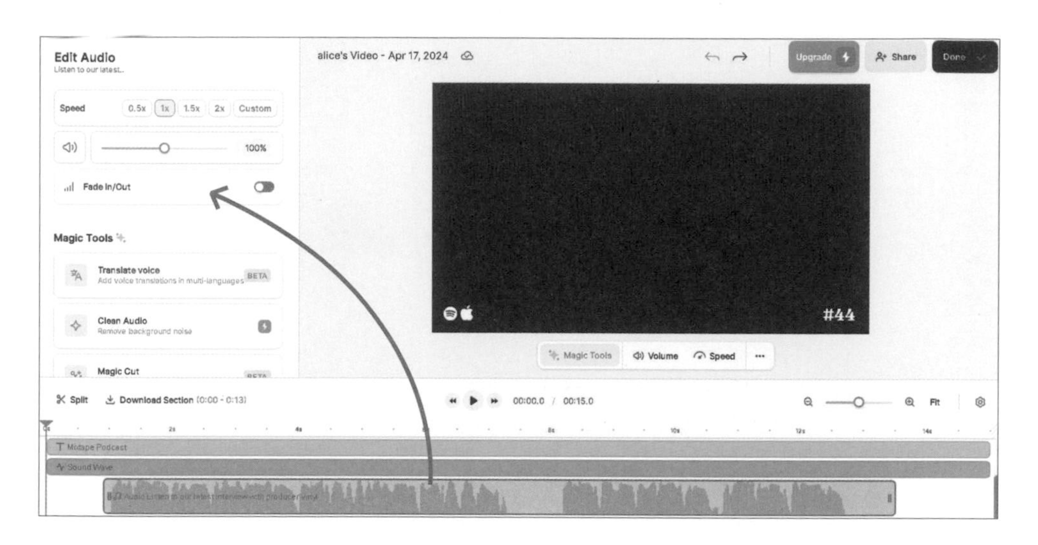

若需要分割素材時，請將藍色的定位點移至想分割的地方，然後再按下「Split」分割。

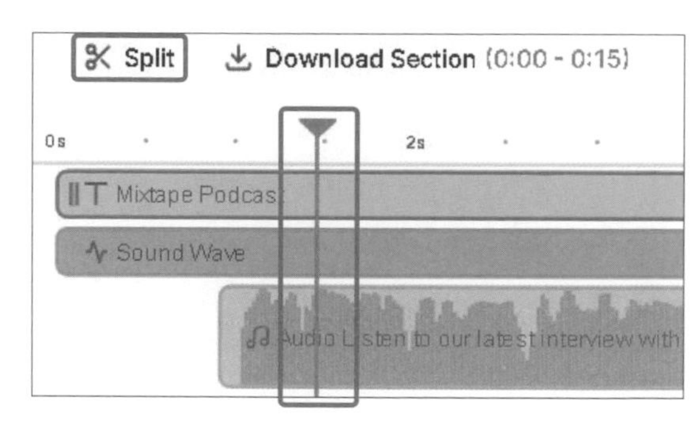

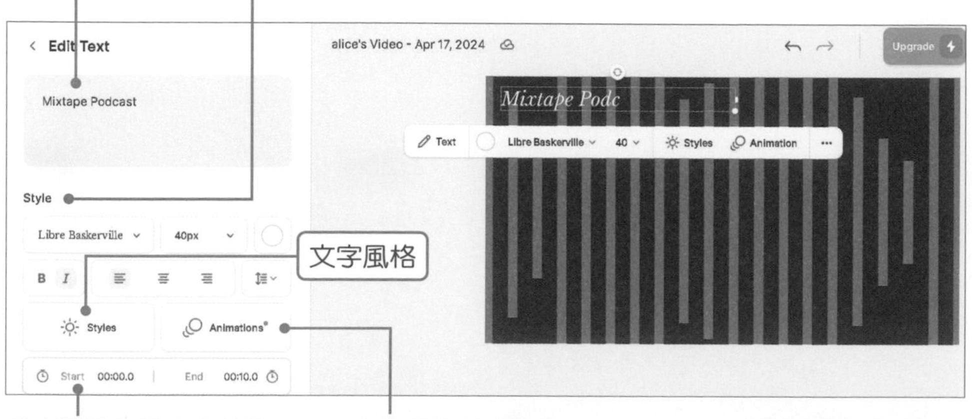

▲ 更改畫面上的文字

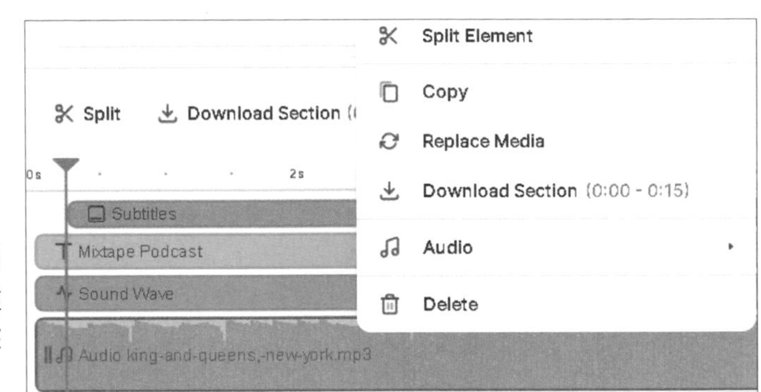

▶ 更改音樂檔案同樣可以使用滑鼠右鍵的選單替換，點擊「Replace Media」

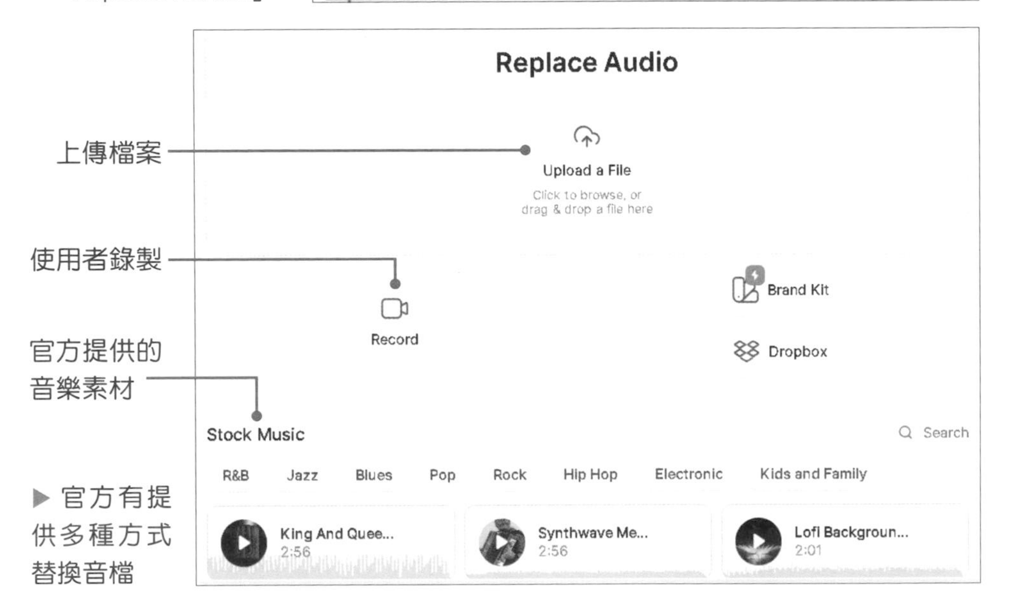

▶ 官方有提供多種方式替換音檔

VEED.IO 也是採用自動存檔的方式，因此使用者可以專心製作，檔案不會因為忘記存檔而消失。完成後就可以直接輸出：

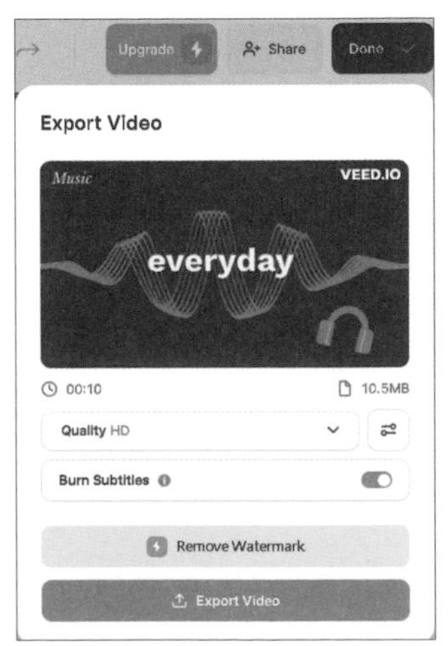

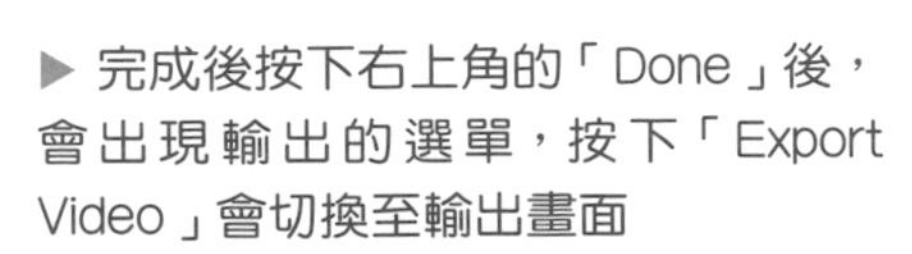

▶ 完成後按下右上角的「Done」後，會出現輸出的選單，按下「Export Video」會切換至輸出畫面

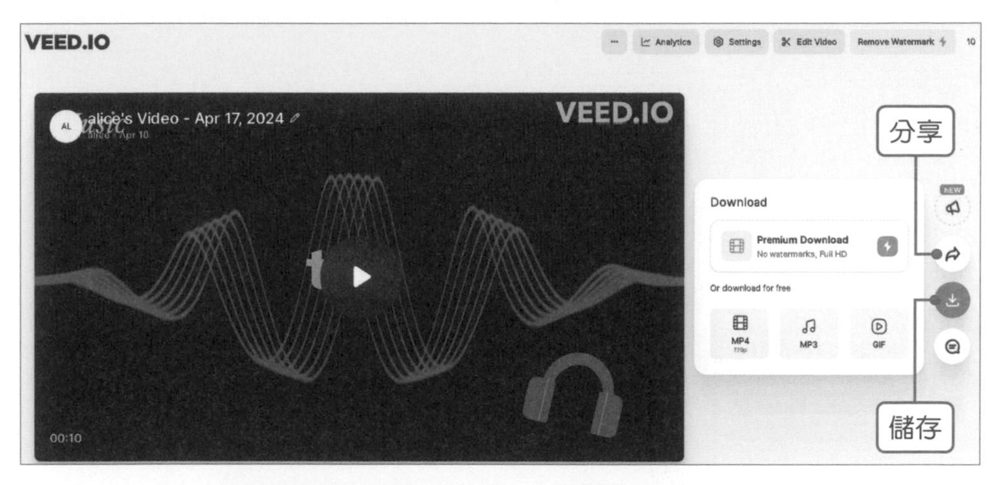

▲影片輸出完成後，VEED.IO 有提供 MP4（影片）、MP3（音檔）和 GIF（動圖）可以下載

免費螢幕錄影

VEED.IO 除了提供影片編輯功能之外，還有免費螢幕錄影功能，若需要製作教學影片，這個功能非常實用。

螢幕錄影網址：

◆ https://www.veed.io/tools/screen-recorder

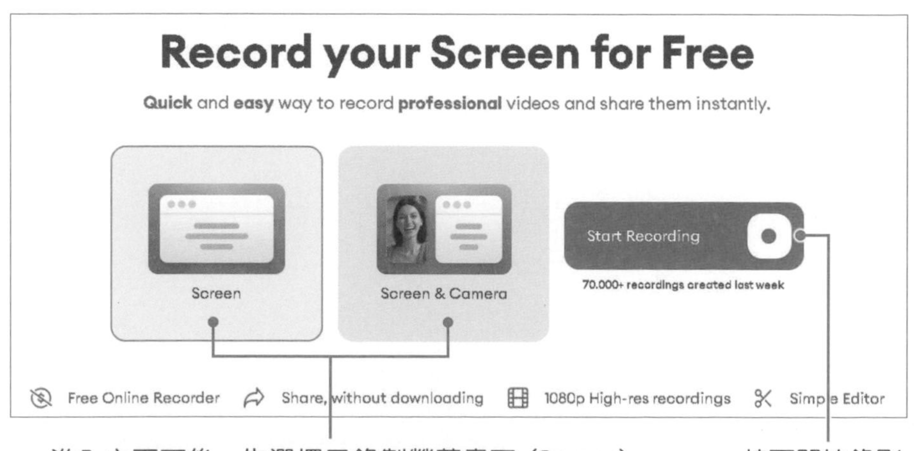

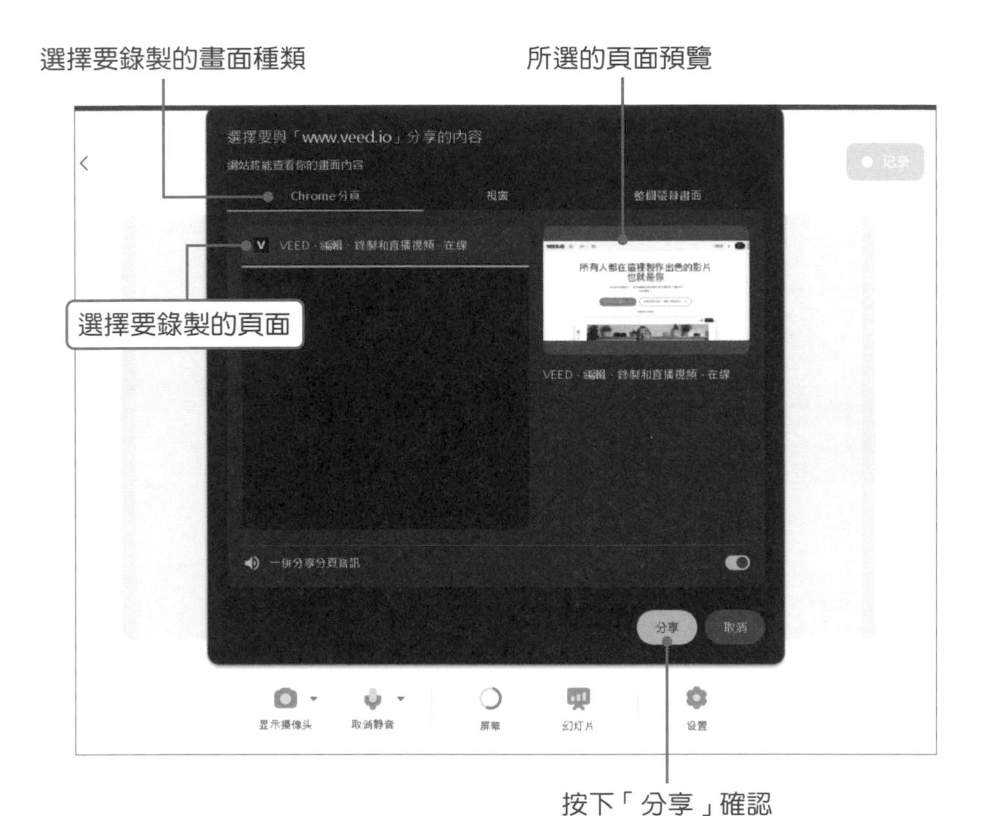

▲ 確認後，會自動跳至要錄影的頁面

▼ 接著請手動切回錄影的設定頁面

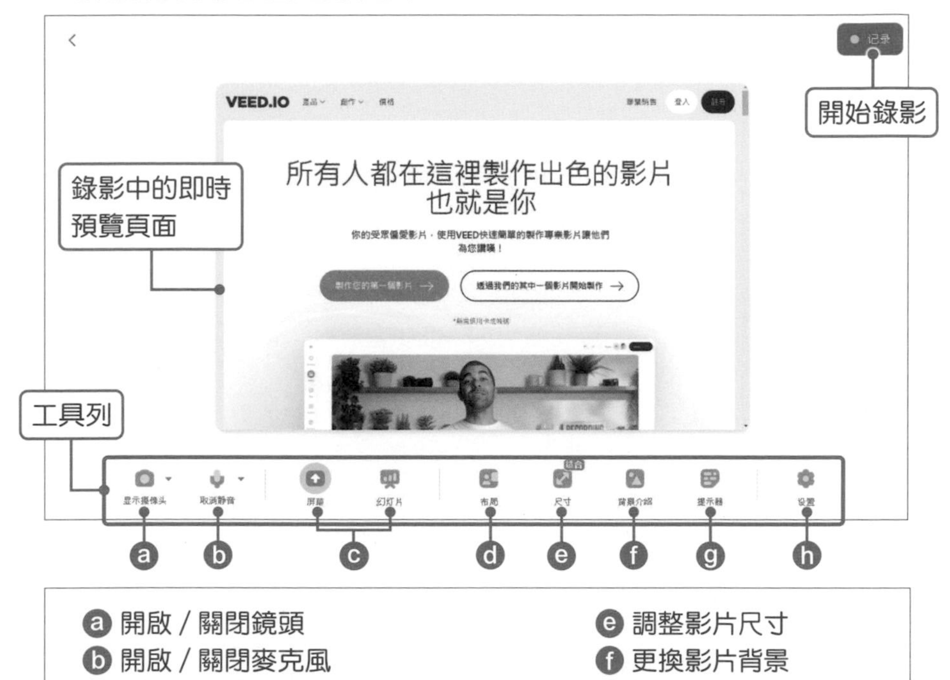

ⓐ 開啟／關閉鏡頭	ⓔ 調整影片尺寸
ⓑ 開啟／關閉麥克風	ⓕ 更換影片背景
ⓒ 選擇錄製螢幕或檔案（PPT、PDF 等）	ⓖ 設定影片腳本的提示
ⓓ 調整錄影畫面位於影片中的位置	ⓗ 其他設定

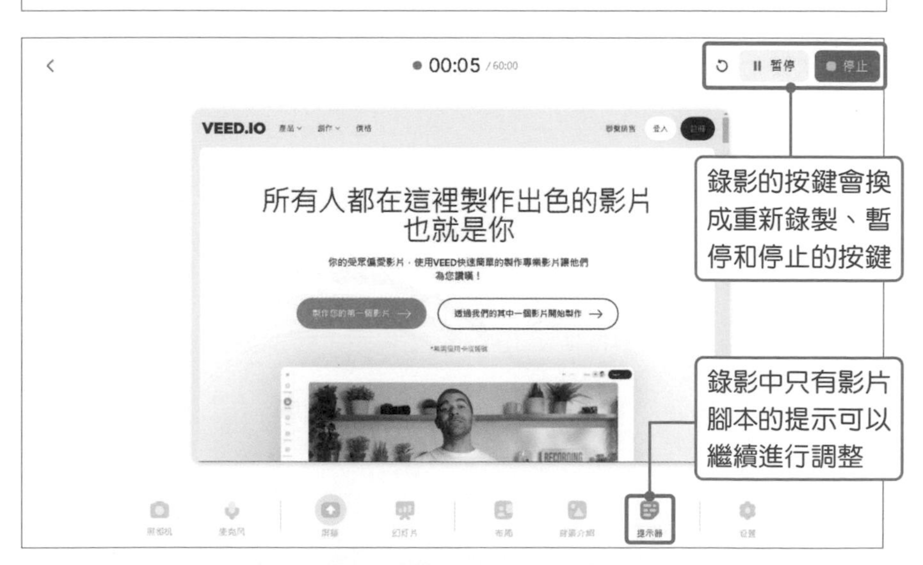

▲ 開始錄影後，頁面不會自動切換，需要使用者手動調整

請注意，如果電腦的儲存空間不夠，錄製的影片可能會提前停止。

▼ 錄影完成後，會先進到簡易的編輯頁面

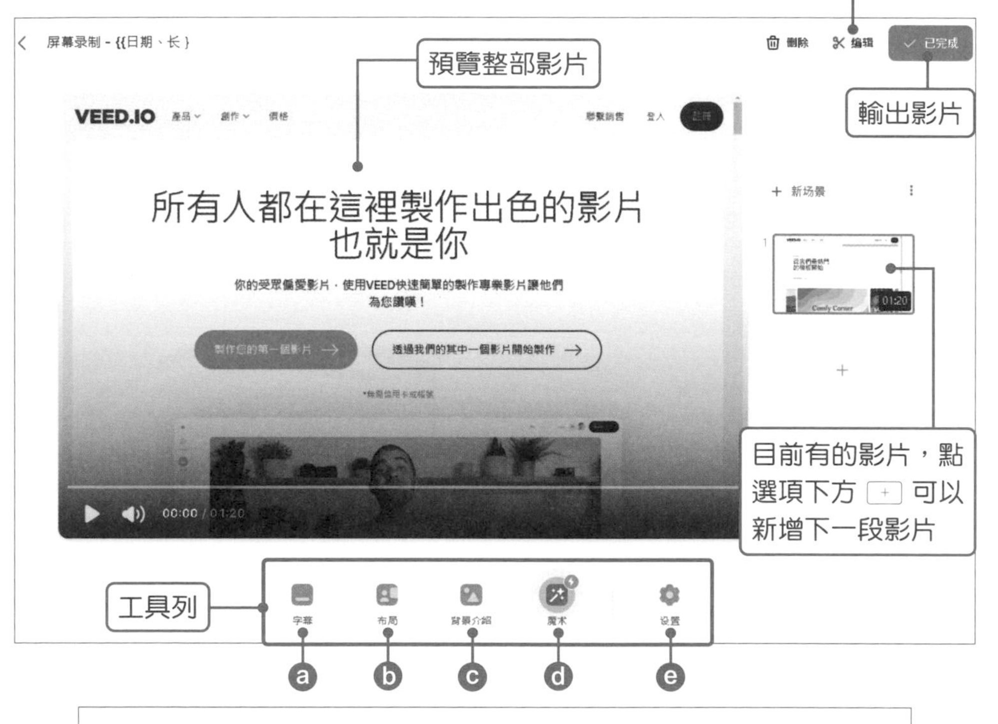

ⓐ 添加字幕

ⓑ 調整錄影畫面位於影片中的位置

ⓒ 更換影片背景

ⓓ 調整音頻（付費功能）

ⓔ 其他設定

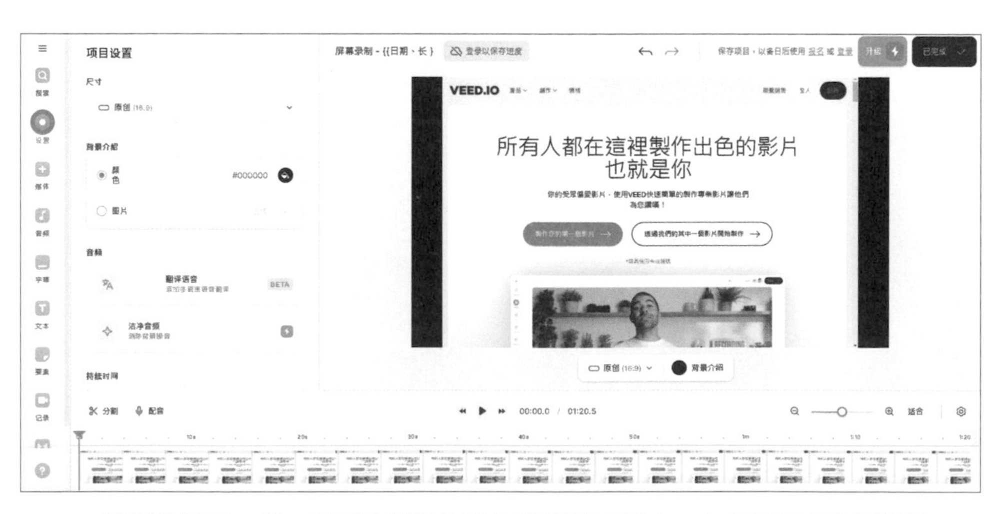

▲ 選擇「編輯」後，頁面會將影片輸入至編輯頁面中，方便使用者進行編輯

如果無法順利開啟鏡頭或錄音，可能是沒有開放權限，請點擊網址前的設定確認：

AI 輔助工具

前面介紹費用時有提過，VEED.IO 也有提供強大的 AI 工具協助使用者編輯影片，移除背景、強化音頻、建立自己的語音克隆與眼神修正都是需要付費才能使用的內容，免費能使用的項目有：文字轉語音、虛擬頭像和語音翻譯。以下筆者會進行免費項目的簡單介紹。

文字轉語音 Text To Speech

輸入文字轉換成語音，有提供多種中文選項，大多為中國不同的省份地區，但也有提供香港和臺灣的繁體中文，選擇時請注意不要選錯了。

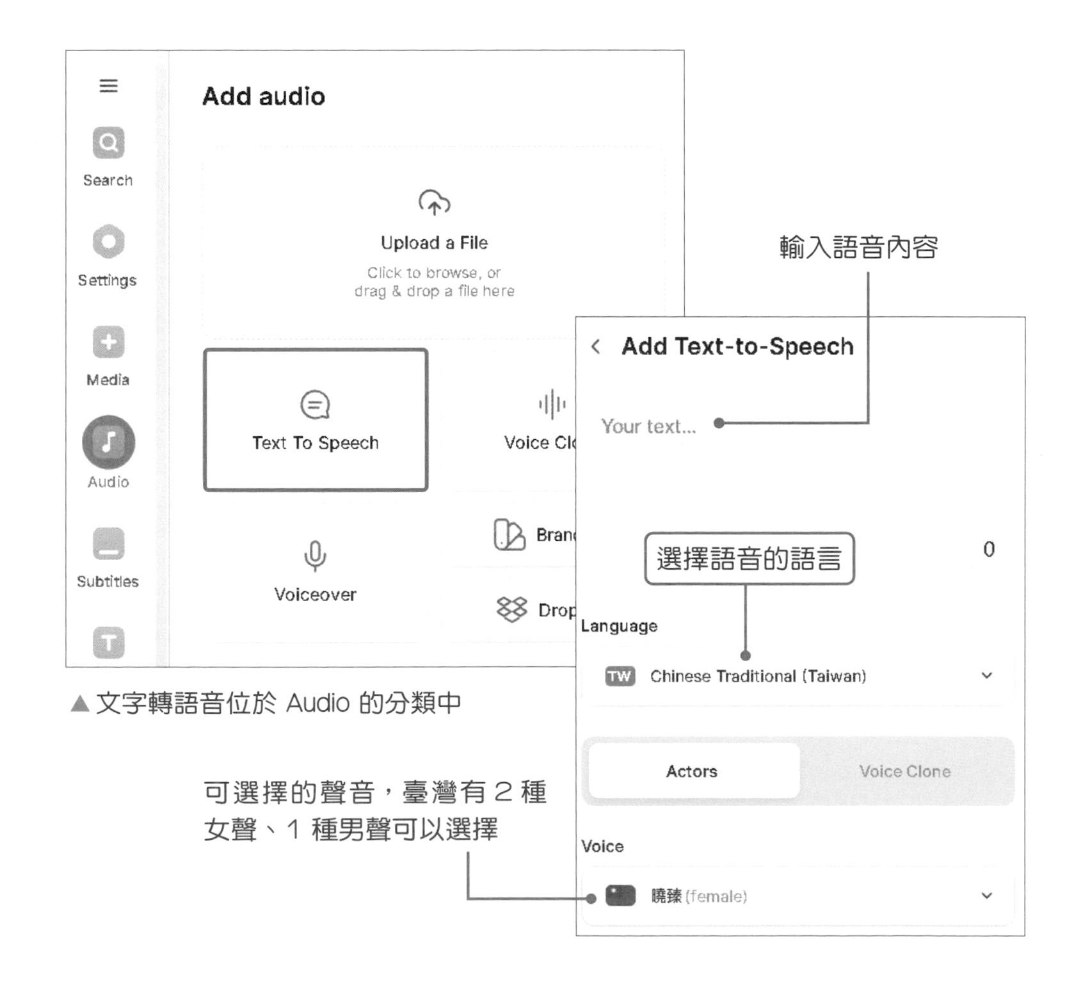

▲ 文字轉語音位於 Audio 的分類中

設定完成後按下最下面的「Generate」就會生成語音，免費每月只能製作 15 分鐘的內容。

> 注意，轉換後就無法對語音再進行調整。

虛擬頭像

VEED.IO 有提供不少官方製作的虛擬頭像，自製頭像目前只提供企業用戶使用，免費用戶每月只能製作 1 分鐘的內容。

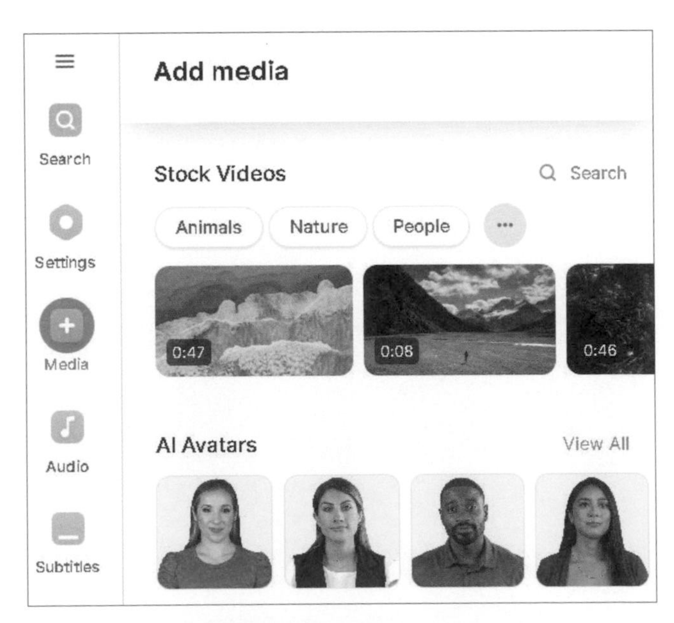

▲ 虛擬頭像被分類在 Media 中

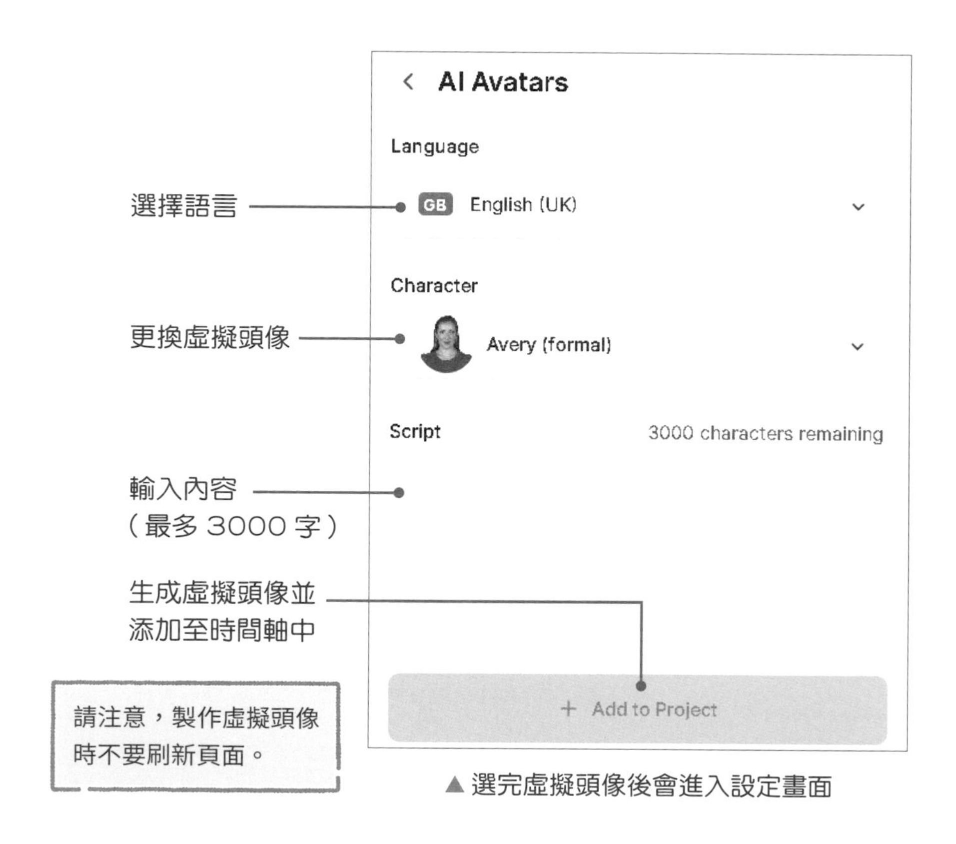

▲選完虛擬頭像後會進入設定畫面

語音翻譯

能夠將字幕轉換成多國語言，有分別提供中國、香港與台灣的中文選項。

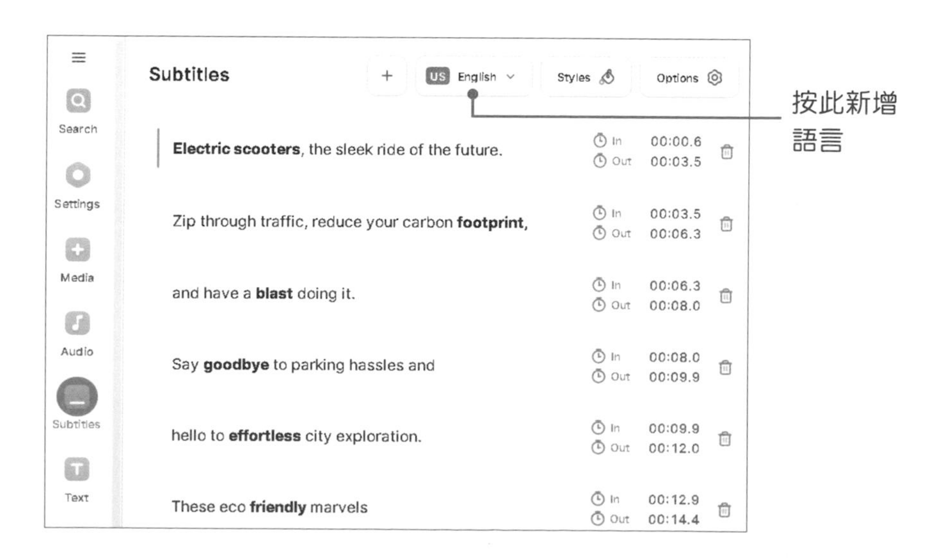

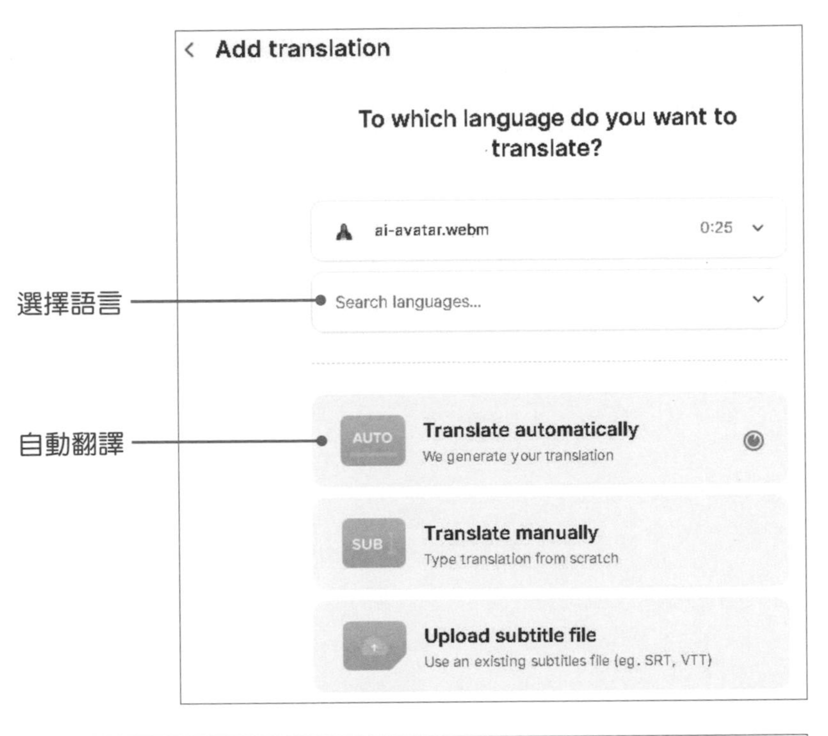

Subtitles　+　TW Chinese Tra...　Styles　Options

字幕	In	Out
電動滑板車，未來的時尚出行方式。	00:00.6	00:03.5
快速穿越交通，減少碳足跡，	00:03.5	00:06.3
並享受其中的樂趣。	00:06.3	00:08.0
告別停車麻煩，	00:08.0	00:09.9
輕鬆探索城市。	00:09.9	00:12.0
這些環保奇蹟	00:12.9	00:14.4

▲ 完成後系統會自動套用

使用 GPT 機器人來協助影片製作

OpenAI 在第 1 屆開發者大會上，推出了名為 GPT 機器人的新功能，VEED.IO 官方隨後也在 GPT 商店上推出了 Video GPT 機器人來協助使用者製作影片。以下筆者會示範使用方式：

Video GPT by VEED 的網址：

◆ https://chat.openai.com/g/g-Hkqnd7mFT-video-gpt-by-veed

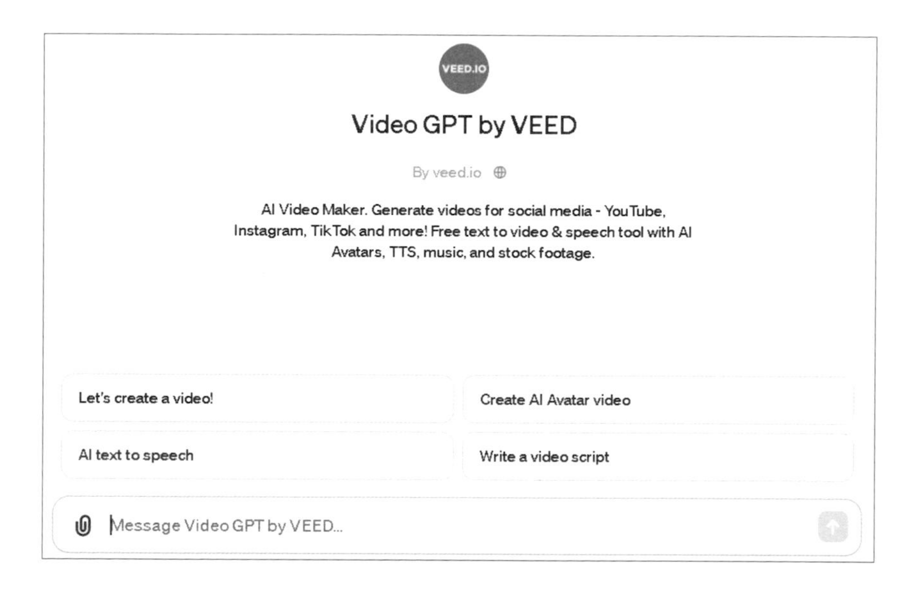

因為是建立在 ChatGPT 上，所以可以直接輸入中文跟機器人溝通，但有可能會收到英文回覆，因此最好把「用繁體中文回答」的要求一起輸入。

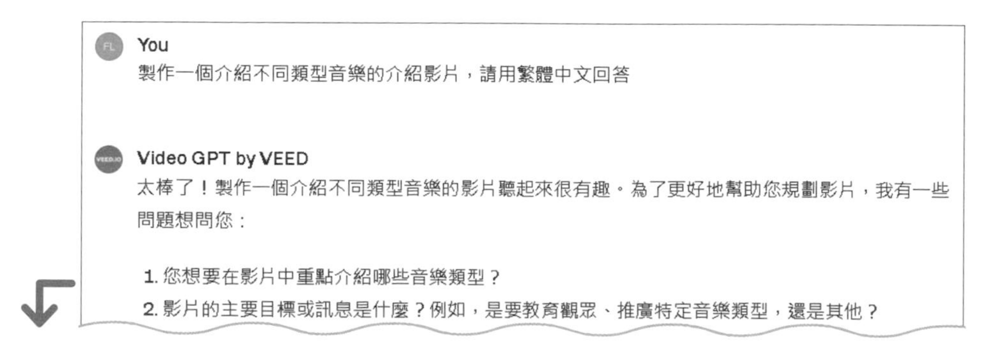

3. 您的目標觀眾是誰？例如，是音樂愛好者、特定年齡層的觀眾，還是廣泛的大眾？
4. 您希望影片的調性或氣氛如何？例如，正式、輕鬆、幽默等。
5. 您希望影片的長度是多久？

這些問題的答案將幫助我們一起創建一個精彩的影片腳本。

▲ Video GPT 不會立刻開始製作，它會先詢問使用者更進一步的細節

Video GPT by VEED

感謝您提供這些詳細信息！接下來，我將擬定一個初步的腳本，這個腳本將為您的20秒影片提供一個大概的框架。影片將以輕鬆的氛圍介紹幾種常見的音樂類型，目標觀眾是廣泛的大眾。這裡有一個初步的提議：

探索音樂的世界！從搖滾的熱情，到爵士的即興，每種音樂都有它獨特的韻味。今天，讓我們一起走進音樂的多彩風景，感受不同音樂類型帶來的獨特魅力。不論你是電子音樂的愛好者，還是古典樂的忠實粉絲，這裡總有一款音樂等你來探索。來吧，打開你的耳朵，讓音樂帶你飛翔！

▲ 接著機器人會先產生腳本

如果這樣的腳本符合您的期望，請告訴我們繼續進行。如果您有其他想法或想要做出改動，也請隨時告訴我。此外，請選擇您想要用於影片的AI化身或者是男性/女性的語音旁白。這裡有幾個AI化身的選擇：

您可以選擇 **Avery, Devon, Isabella, Noah, Lily** 或 **Mateo**。或者您可以選擇男性或女性的文字轉語音旁白。

▲ 再詢問製作的相關細節，例如要使用哪個虛擬頭像擔任旁白

回答完所有問題後，Video GPT 會開始製作影片，由於需要將你的需求傳回到 VEED.IO 網站處理，基於安全性，連接至其他網站會需要使用者許可，沒有許可或拒絕連線將無法製作影片。

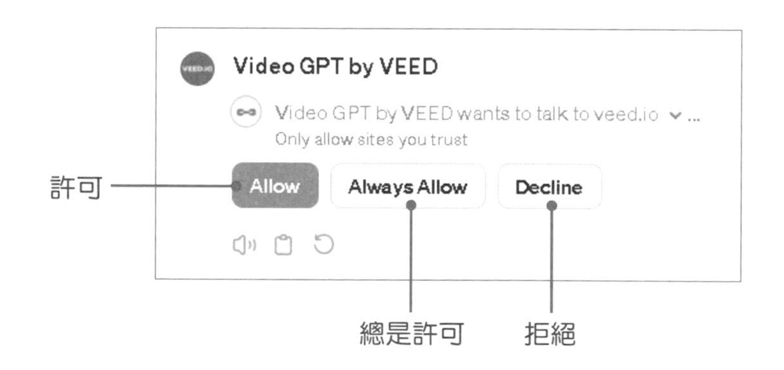

▲ 點擊影片或上方連結會移至 VEED.IO 的影片編輯頁面

需要登入才能儲存或輸出

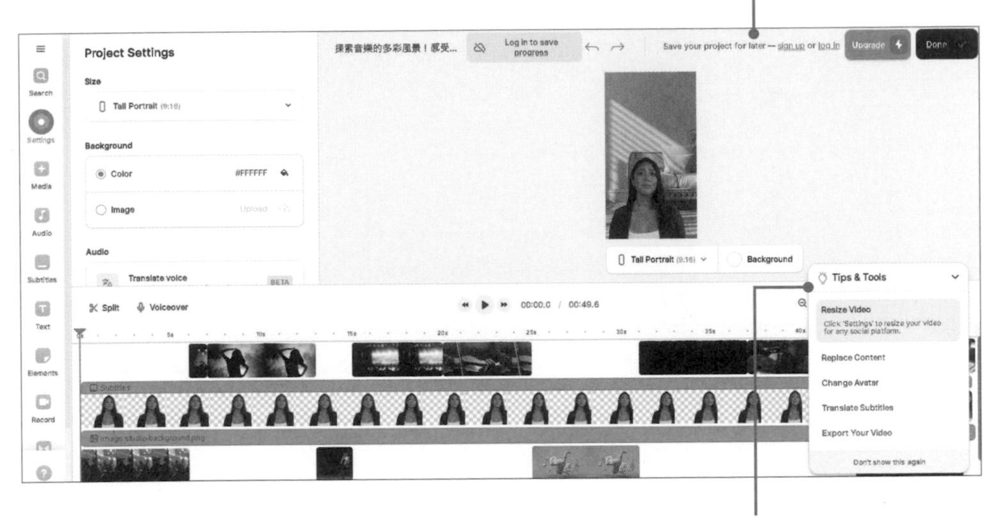

從 ChatGPT 轉換頁面過來時，右下方會出現官方建議如何修改影片的提示，不會預設使用者熟悉 VEED.IO 的使用方式

要是後續有想修改的地方，除了使用前面提過的操作方式進行修改之外，如果覺得要改的幅度太大，也可以回到 Video GPT 要求機器人進行修改，它會根據使用者輸入的內容進行修正，直接產生一個新影片，而新產生的影片依舊可以進入編輯頁面進行修改。

實作小範例

由於 VEED.IO 網站本身沒有 AI 產生影片的功能，因此筆者會先使用 Video GPT 機器人製作短影片的腳本，再回到 VEED.IO 製作影片。

你

主題是介紹臺灣南北的美食差異，製作大約10-15秒左右，以粽子、米粉湯和米糕3張圖片的影片腳本

Video GPT by VEED

為了製作一個10-15秒長的影片，介紹台灣南北的美食差異，並利用您提供的粽子、米粉湯和米糕的圖片，這裡是一個精簡的腳本範例：

"從台灣的北到南，美食展現獨特風味。北部的粽子，香濃而充滿層次；中部的米粉湯，清新撫慰人心；南部的米糕，甘甜豐富，每一口都是家鄉的味道。來，跟我們一起品嘗台灣！"

這個腳本簡潔明了，將重點放在三種不同地區的代表性美食上，適合用來在短時間內傳達豐富的信息。您可以在VEED視頻編輯器中使用這個腳本來製作您的視頻，加入相應的圖片和背景音樂，增強視頻的吸引力。如果需要進一步的幫助或者有其他的視頻編輯需求，隨時告訴我！

有了腳本後，進入 VEED.IO 製作新影片，請先將要使用的美食照上傳：

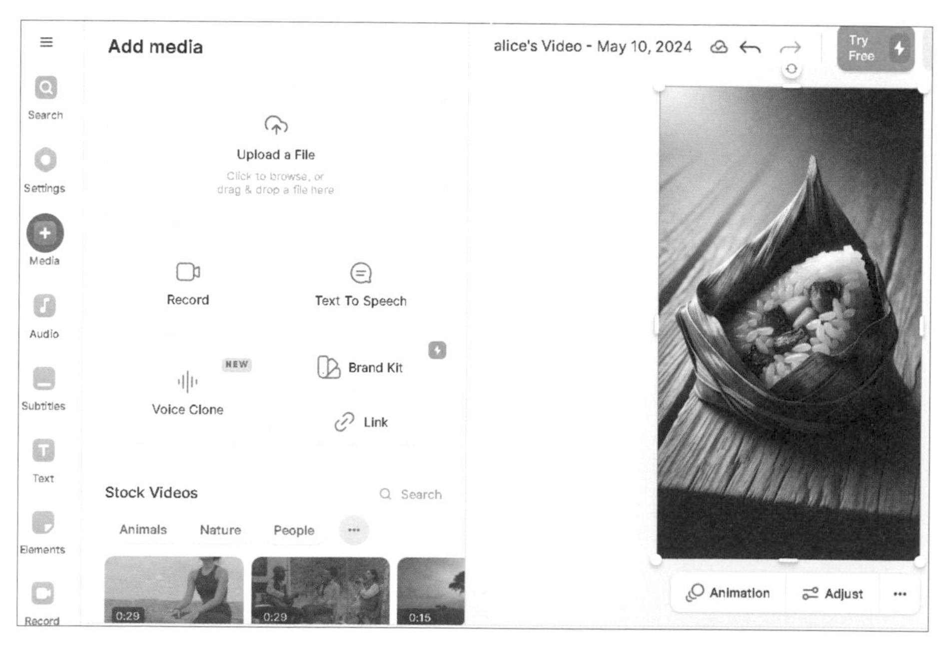

▲ 除了點選 Upload a File 之外，也可以將圖片直接拉至編輯區域上傳

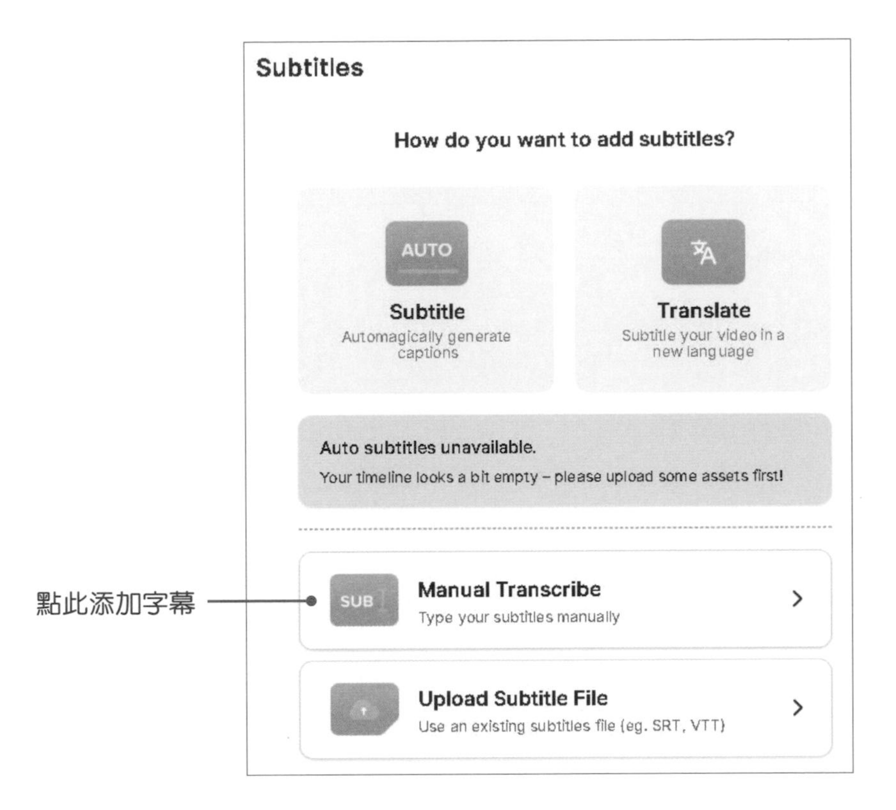
Subtitles
How do you want to add subtitles?
AUTO
Subtitle
Automagically generate captions
Translate
Subtitle your video in a new language
Auto subtitles unavailable.
Your timeline looks a bit empty – please upload some assets first!
點此添加字幕
SUB
Manual Transcribe
Type your subtitles manually
Upload Subtitle File
Use an existing subtitles file (eg. SRT, VTT)

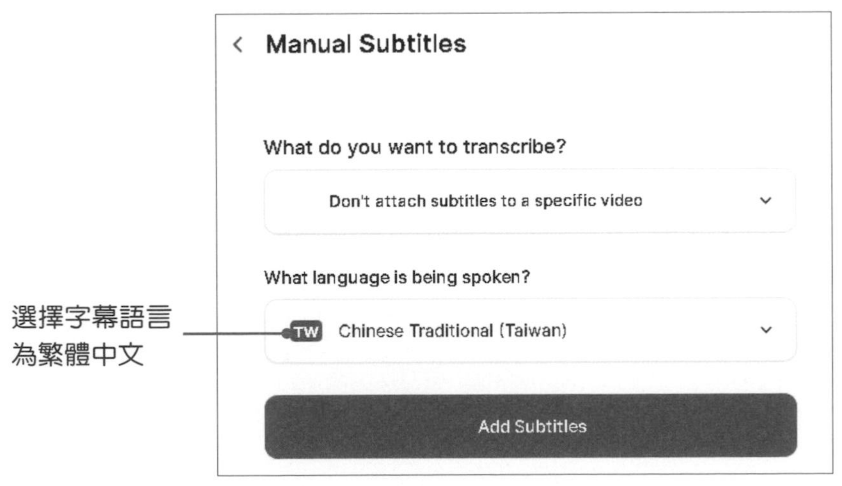
Manual Subtitles
What do you want to transcribe?
Don't attach subtitles to a specific video
What language is being spoken?
選擇字幕語言
為繁體中文
TW
Chinese Traditional (Taiwan)
Add Subtitles

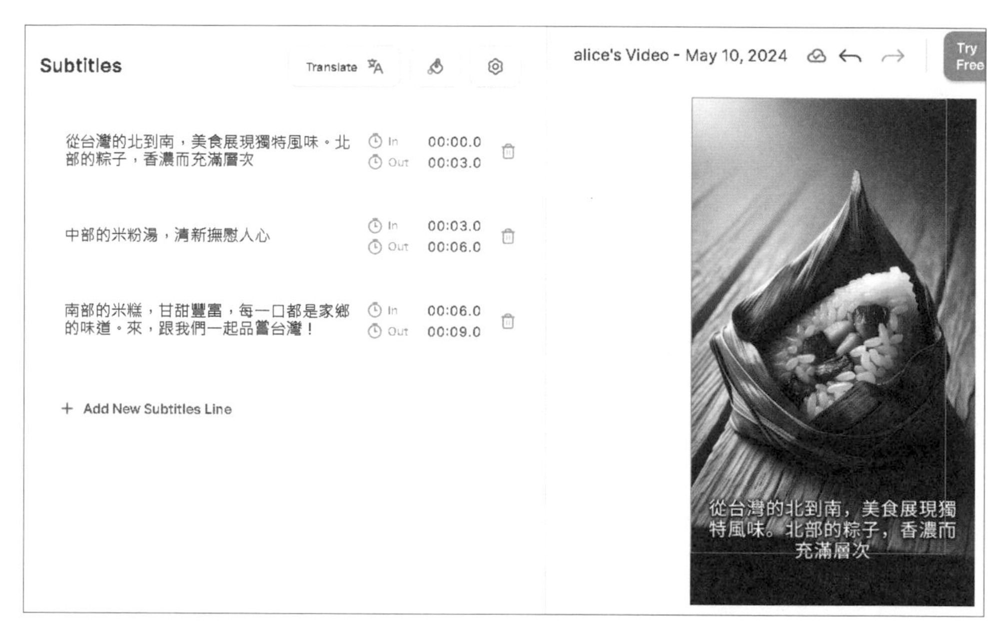

▲將剛剛 Video GPT 生成的腳本貼過來

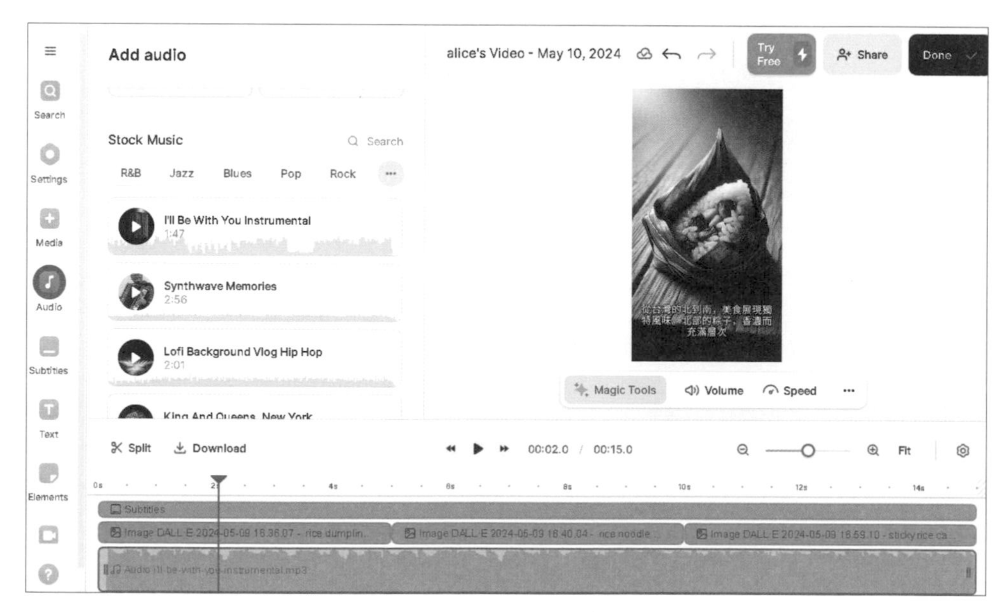

▲最後添加音樂進去影片就完成了

收費標準和版權

雖然免費方案就可以使用絕大多數基本的影片編輯功能，不過如果想使用 VEED.IO 提供的 AI 工具，還是必須付費才行。VEED.IO 提供的 AI 工具相當強大，除了移除背景、強化音頻之外，還有提供語音克隆與眼神修正。眼神飄移、沒有直視鏡頭是在錄製影片時容易遇到的問題，VEED. IO 提供 AI 工具幫忙修正影片，讓使用者不用反覆重新錄製相同的影片。關於付費詳細的內容可以查看官方網站：

◆ https://www.veed.io/pricing

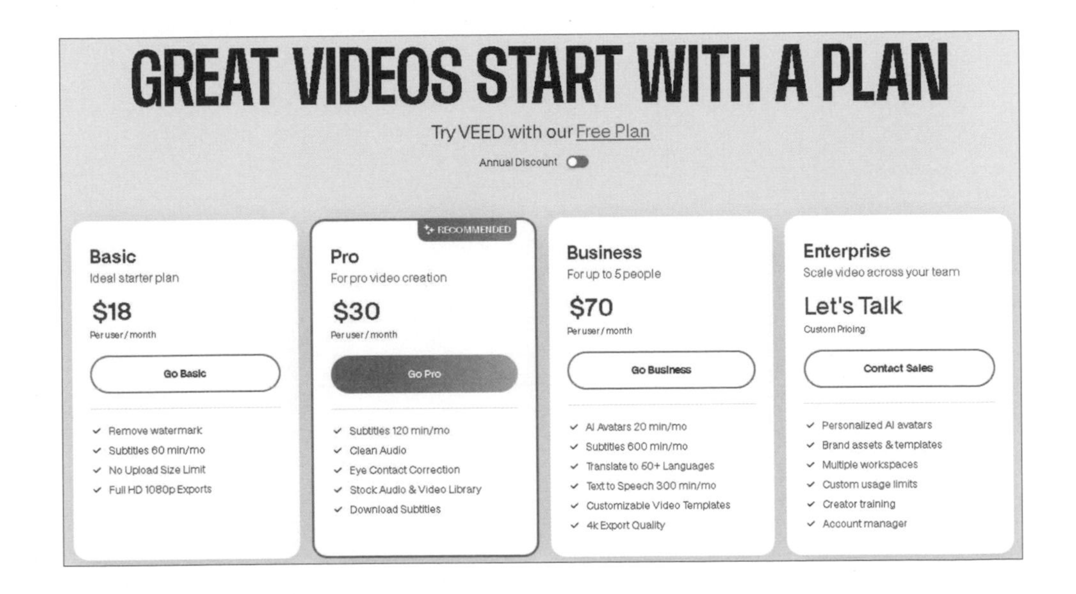

關於版權，AI 生成的圖片可以用於任何合法的目的，但由 AI 產生的音樂版權則由 Mubert 所有，要用於商業用途需要詳閱 Mubert 的常見問題：

◆ https://mubert.com/render/faq

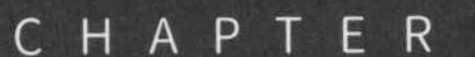

7

直播影片剪輯－一分鐘遊戲實況精華

瀏覽社群媒體或影音平台時，常會看到遊戲實況主分享的精華影片，用以展示遊戲中的亮點、精彩的戰鬥過程，或者有趣的失敗等，並透過快節奏與豐富的內容來展現該遊戲的特色，以吸引潛在玩家，或為觀眾提供娛樂。

不過直播過程沒法看著鏡頭，而且一般人口條不夠清晰，觀眾常聽不清楚你說什麼，或者你想走蒙面系路線，不露真面目也不出人聲。這些問題和需求只要使用前面介紹過的工具，就可以輕鬆生成虛擬實況主代替你出面，也可以自動上字幕，強化影片的內容。

一分鐘遊戲精華製作流程

STEP 1 錄製遊玩的螢幕畫面，並剪輯成一分鐘的遊戲精華

使用 VEED.IO 的免費螢幕錄影功能，錄製玩遊戲的過程與畫面（**需收音**），並在 VEED.IO 的影片編輯介面中，將該影片剪輯成一分鐘的遊戲精華。

STEP 2 準備虛擬實況主的頭像圖片

使用 AI 生圖工具來生成虛擬實況主的靜態頭像圖片。

STEP 3 在 Jammable 製作虛擬實況主的遊戲精華語音檔

先在 Jammable 訓練出屬於此虛擬實況主的語音模型，再將 STEP 1 匯出的遊戲精華影片音訊檔，轉換為虛擬實況主的聲音。

STEP 4 使用 HeyGen 的 Photo Avatar 功能，製作虛擬實況主開口說話的動態影片

在 HeyGen 中，基於 STEP 2 製作的虛擬頭像，以及 STEP 3 轉換的遊戲精華語音檔，製作虛擬實況主開口說話的動態影片。

STEP 5 將虛擬實況主的頭像影片與遊戲精華影片合併

最後，將虛擬實況主的頭像影片與一開始剪輯好的遊戲精華影片，在 FlexClip 中合併和編輯調整，並在畫面上添加字幕。

在我們開始實作之前，先看一下影片完成的樣子：

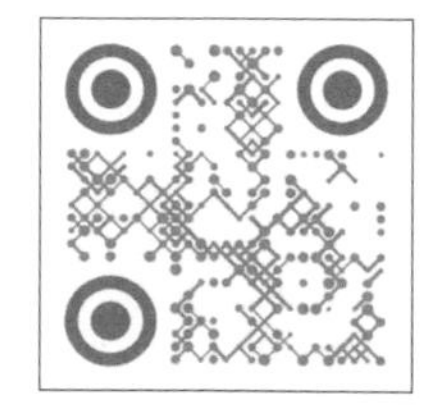

7-1 VEED.IO 錄製遊戲實況

遊戲實況主的直播影片長度通常至少一小時，直播結束後可以像運動賽事一樣，將遊戲實況剪成數分鐘的 Highlight 精華片段，方便在社群進行分享，吸引未能參與直播的觀眾來觀賞。

基於上述需求，我們選擇使用 VEED.IO 這款工具，因其除了提供螢幕錄影的功能外，還內建了影片剪輯的功能，方便使用者在錄製完成後直接進行影片剪輯。

首先，請至 VEED.IO 登入帳戶並錄製影片：

◆ https://www.veed.io/tools/screen-recorder

錄製完成後，點此進入編輯畫面

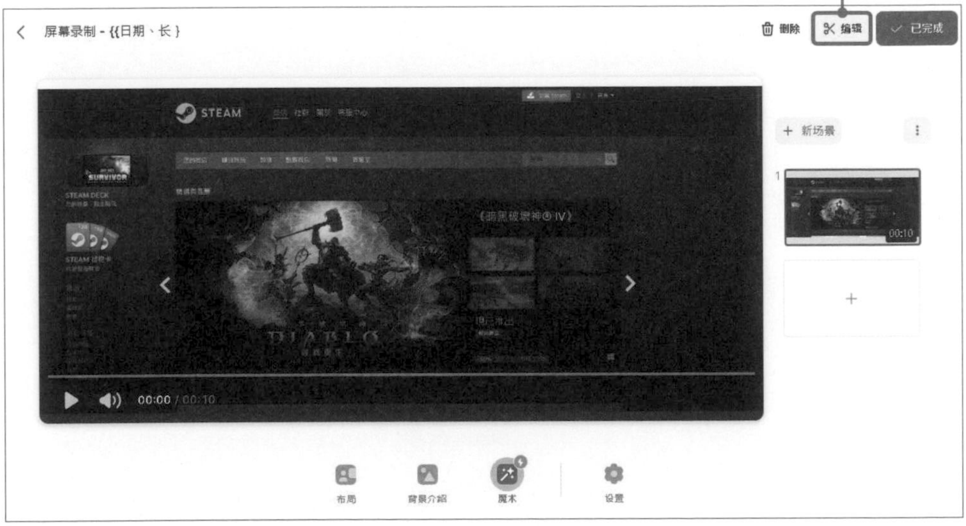

小編補充

VEED.IO 會自動存檔，此功能雖然方便，但如果擔心剪輯失誤的部分也被自動儲存，一旦出問題可能無法恢復到原先的狀態，甚至可能需要重新錄製影片。因此，筆者建議在進行編輯之前，先複製一份原始檔案作為備份。

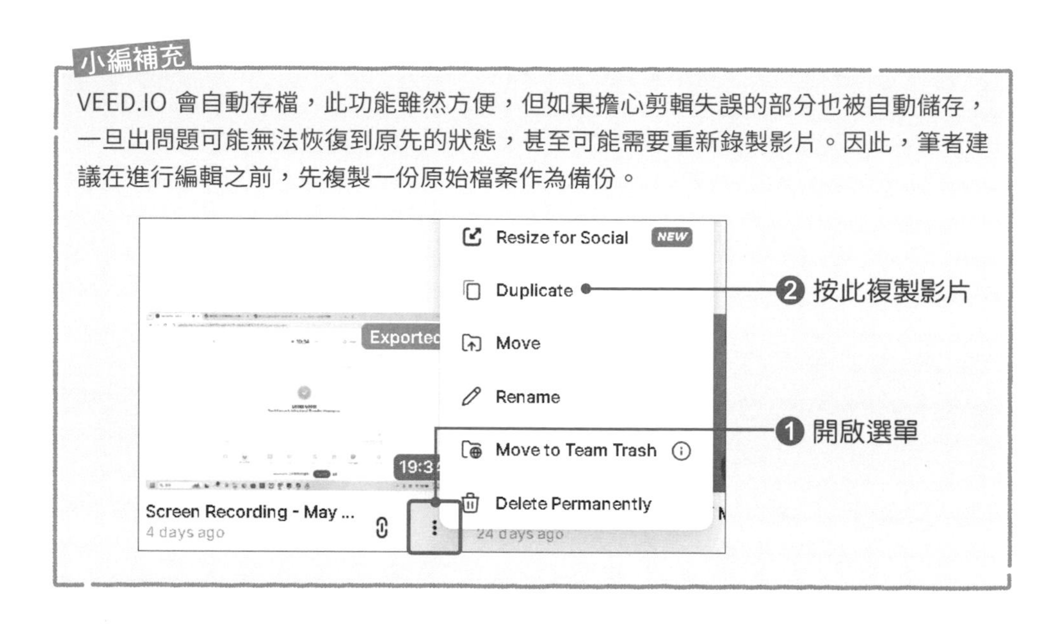

將影片剪輯出精華片段後 (此處大約 1 分鐘)，請先直接分別輸出影片 (MP4) 與其音檔 (MP3)，這是為了接下來要進行語音內容的語者轉換 (更換人聲)，以及後續將會在 FlexClip 平台上進行影片的進一步編輯 (如上字幕等)。

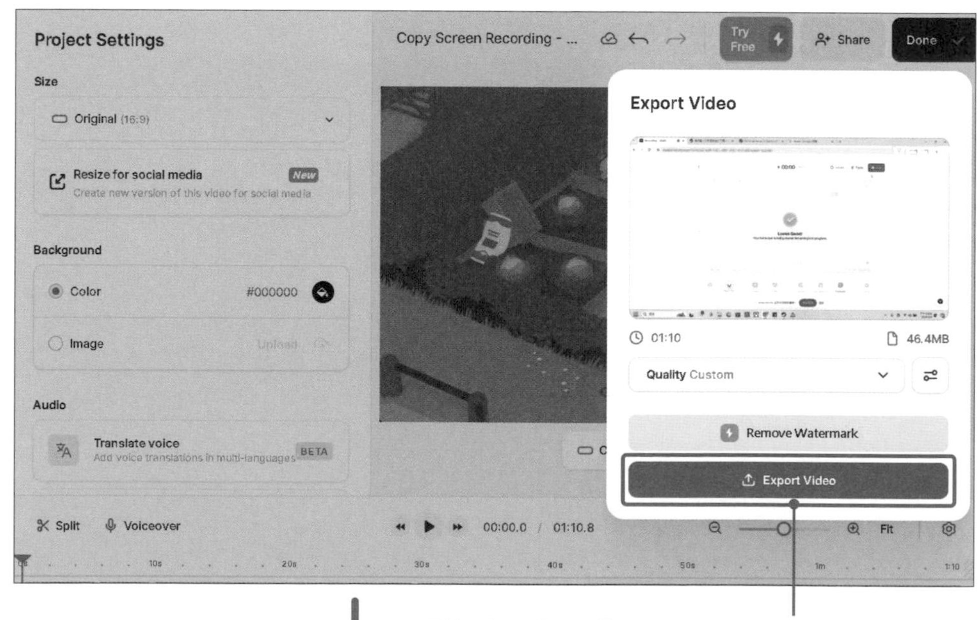

點選右上角的「Done」之後，再點此輸出影片

等待影片輸出後，點此下載遊戲精華影片檔 (MP4) 和音訊檔 (MP3)

7-2 HeyGen 製作虛擬實況主的頭像影片

我們常看到的遊戲實況影片中，除了遊戲進行的畫面之外，往往還會在影片角落加入實況主的頭像，以增加互動性。於本節，我們將使用 HeyGen 的 Photo Avatar 功能，製作一個女性虛擬實況主的說話影片，將原始以男性玩家為主的遊戲影片，轉換成女性虛擬頭像及其相應的女性聲音。

AI 生成虛擬實況主的頭像圖片

如果想製作虛擬頭像影片但又不願意露臉，或者想嘗試不同的形象、性別，此時可以透過 AI 生圖工具，來創造一個專屬於自己的虛擬頭像。於此例，筆者選擇使用 ChatGPT 的 GPT 機器人 – DALL-E，來生成虛擬實況主的靜態圖片。

首先，開啟 ChatGPT，並選擇 GPT 機器人 DALL-E，然後在對話框中輸入虛擬頭像特徵的中文 Prompt，並指定「長寬比」為「寬螢幕」。

Prompt

請幫我生圖：
年輕的台灣女性、黑長髮、戴眼鏡、可愛、皮膚白皙、頭部置中，美漫風格。

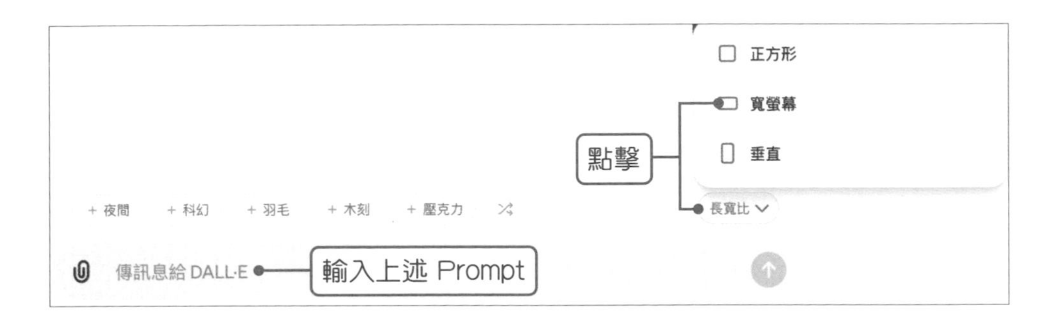

小編補充

使用 HeyGen 製作虛擬頭像動態影片時，其需要明確地捕捉到眼睛和嘴巴等面部特徵，以便於影片中的頭像能進行眨眼和開口等動作，因此筆者選擇以臉部特徵具體明確的「美式漫畫」風格來繪製虛擬頭像。

相對地，若選用「日系漫畫」或卡通人物等風格，因其眼睛和嘴巴與真實人類的相似度較低，在使用 HeyGen 製作時，容易導致虛擬頭像無法順利眨眼或開口等情形。因此，為了確保動態效果的自然流暢，筆者建議選擇更接近真實人類外觀的風格。

接著，DALL-E 就會生成兩張相似構圖或風格的圖片，選擇一張喜歡的，並直接點擊下載該頭像，作為後續影片製作的素材；而若是沒有滿意的結果，那就繼續以相同的 Prompt、或微調 Prompt 來重新生成。

下載（右圖是側臉，沒有正面照來得適合）

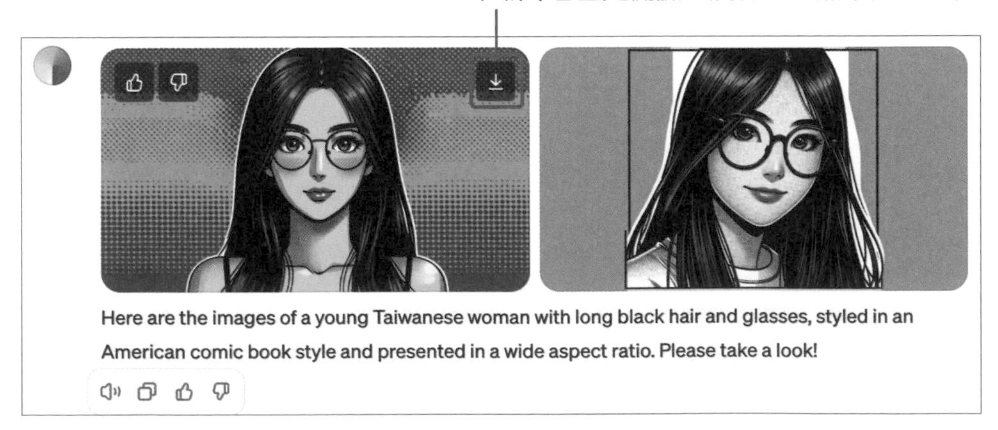

Here are the images of a young Taiwanese woman with long black hair and glasses, styled in an American comic book style and presented in a wide aspect ratio. Please take a look!

Jammable 將男聲音訊檔轉換成女聲

創造完女性虛擬實況主之後，由於原始遊戲玩家為男性，因此我們需要將第 7-1 節匯出的遊戲精華音訊檔，之中的男聲轉換成女聲。為此，筆者決定使用第 4-3 節中，於 Jammable 訓練完成的 Erika 語音模型進行轉換。

首先，開啟 Jammable 並點擊右上方的個人帳戶。接著點擊「My Voices」，再開啟我們自行訓練的 Erika 語音模型，然後點擊「Create Conversion」中的「Drop an audio file」，將第 7-1 節匯出的遊戲精華原始音訊檔，上傳至 Jammable 以進行語者轉換。

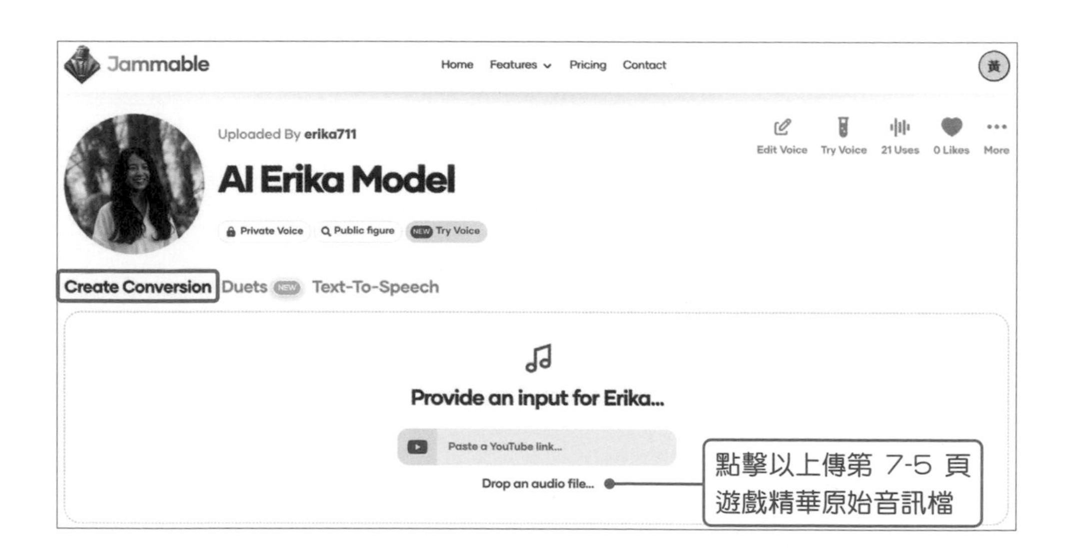

在將原來男聲的音檔轉換為女聲之前，需要進行以下設定，以確保音質的自然與清晰度。首先，調整原始男聲音檔的音高至適合女聲的範圍。接著勾選「Add Post Processing Effects」添加聲音的後處理效果，以及勾選「Extract Background Vocals」來獲得更清晰的輸出。完成設定後，點擊「Ready To Convert」即可轉換音訊檔，將男聲轉換成女聲。

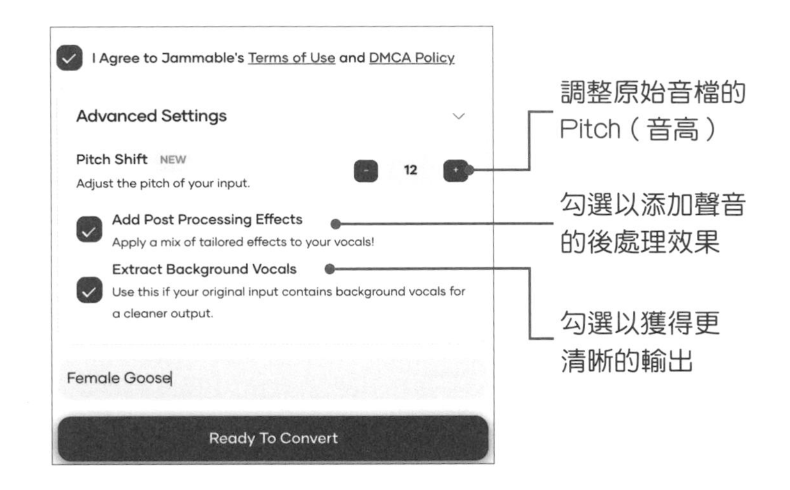

在語音轉換完成之後，點擊介面中的「Download」，會發現 Jammable 有提供三種下載選項。請點選「Download Combined」下載包含背景音的完整音檔，作為一分鐘遊戲精華影片的音訊部分，以保留遊玩時的遊戲音效，或是隊友的笑聲與驚呼聲，並同時展現當下所有參與者的實際情緒。

然後再點選「Download Acapella」，以下載不含背景音的虛擬實況主語音檔，作為在 HeyGen 製作虛擬實況主說話影片的音訊部分。之所以選擇這種格式，是因為 HeyGen 在製作開口說話的動畫效果時，其開口與否是根據我們上傳的音檔，再生成相應的動作，因此我們需要確保沒有其他背景音的干擾。

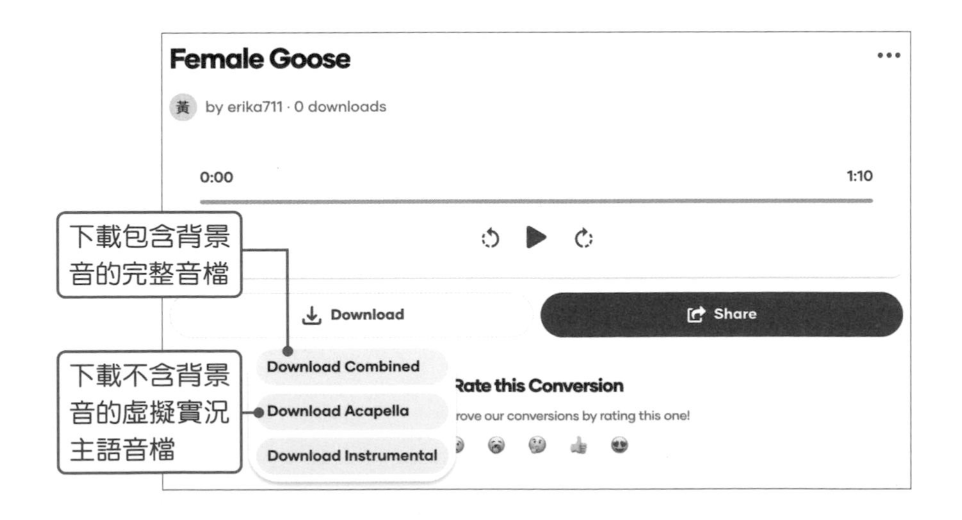

小編補充

除了使用 Jammable 來轉換語音之外，也可以利用 ElevenLabs 的 SPEECH TO SPEECH 功能，將遊戲精華影片的原始音檔上傳至此，並選擇在第 4-1 節中，於 ElevenLabs 克隆的語者 – Erika，即可點擊「Generate speech」生成語音。

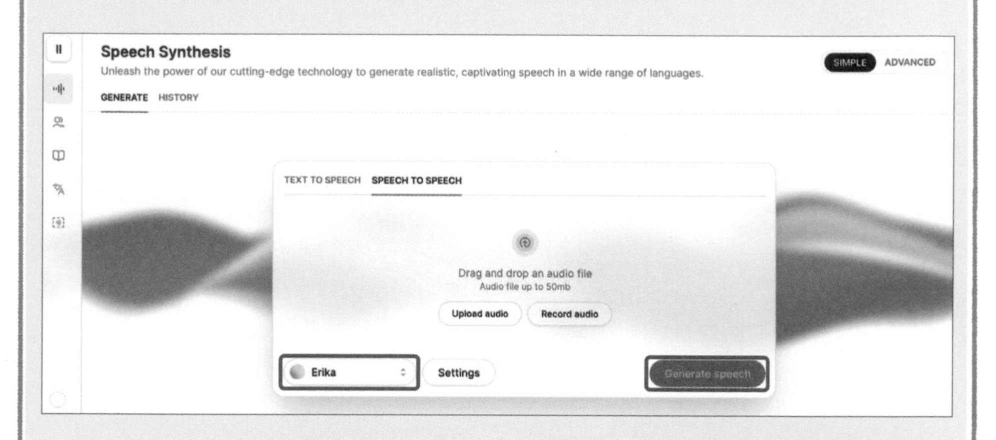

對於直播影片，如果人聲很清楚且乾淨，可以直接用 ElevenLabs 來轉換語音，如果有背景音則可用 Jammable。

HeyGen 讓虛擬實況主開口說話

有了虛擬實況主的頭像圖片，以及遊戲精華的女聲版音訊檔，我們就能在 HeyGen 製作此虛擬實況主開口說話的頭像影片。

開啟 HeyGen，並點選左側的「Video Avatar」，再點選其「Photo Avatar」功能，並藉由「Upload」上傳虛擬實況主的頭像圖片。

從 DALL-E 下載的圖片為 WebP 檔，但「Upload」上傳圖片的功能並不支援此檔案格式。因此，若電腦作業系統為 Windows 的讀者，可以藉由小畫家將此圖片存成 JPEG (或其他) 格式；而作業系統為 MacOS 的讀者，可以右鍵點擊圖片，並點選「快速動作 / 轉換影像」，再將其轉換為 JPEG (或其他) 格式。

圖片上傳成功後，點擊剛建立的虛擬頭像，再點選其「Edit Avatar」以進行頭像編輯。首先將「View Mode」設定為「Original」，再開啟「Background Removed」將圖片去背，即可去除原圖的藍、綠色背景。

而此例中，無需設定該虛擬頭像的「Voice」，因為我們要製作的虛擬頭像影片，其使用的語音是來自在 Jammable 轉換的遊戲精華女聲版音訊檔（Acapella 版）。接著，點擊「Save as New」將此虛擬頭像另存新檔。

回到 Photo Avatar，點擊新建的虛擬頭像 (Erika)，再點選其「Create with AI Studio」以製作此虛擬實況主的說話影片。

首先，點擊預設腳本（時間軸的藍框）的三個圓點，並點選「Delete」將預設腳本刪除：

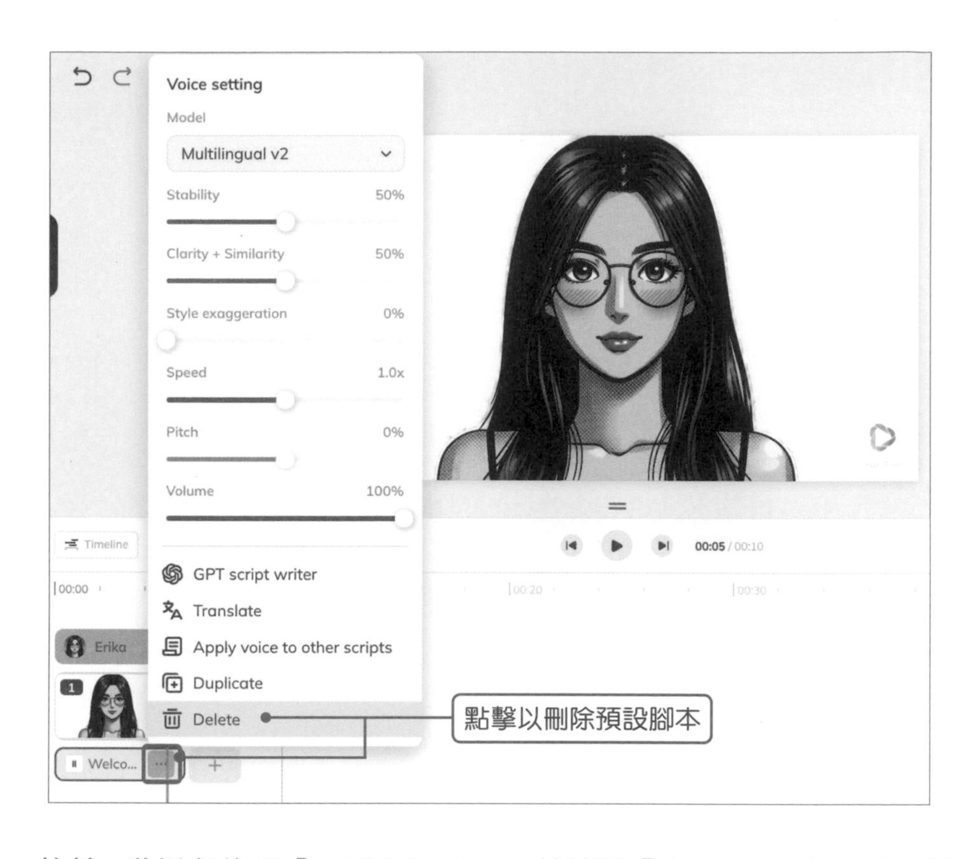

接著，將滑鼠移至「+ Add Script」，並點選「Upload audio」將遊戲精華女聲版音訊檔 (第 7-8 頁 Acapella 版) 上傳至此：

我們會注意到在上圖時間軸中，虛擬實況主的畫面自動延長至上傳音訊檔的長度。接著，點擊右上角的「Preview」可以檢視音訊內容（此時還不會產生動畫效果）；確認音訊無誤後，即可點擊右上角的「Submit」來匯出虛擬實況主開口說話的動畫影片（匯出之後才會呈現動畫效果）。

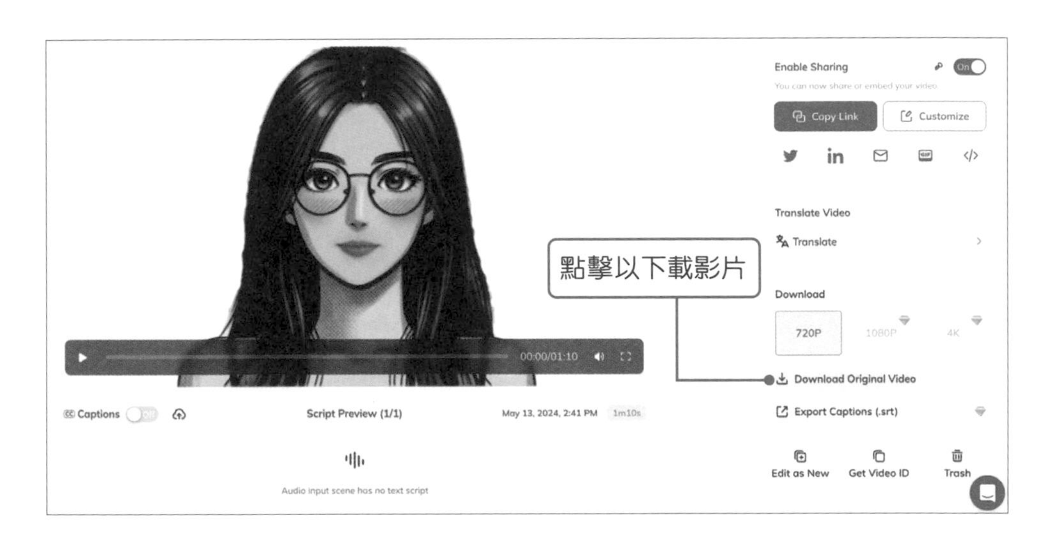

最後，點擊「Download Original Video」就能下載虛擬實況主開口說話的影片，作為後續素材使用。

7-3 FlexClip 製作含有虛擬實況主的遊戲精華影片

所需的素材皆已準備齊全之後，我們要將其上傳至 FlexClip 平台上進行編輯處理。請先建立一個新的影片檔案，並選擇製作比例為 16:9（這是配合之前錄製的影片為橫向格式），然後上傳在第 7-1 節匯出的一分鐘遊戲精華影片檔，我們會以此為基礎添加虛擬實況主的頭像影片、音訊等其他素材。

◀ 上傳的檔案會放在「媒體」的分類中，拖曳移至下方時間軸即可開始編輯

請注意，免費用戶無法使用雲端空間儲存檔案，雖然在編輯的當下可以直接取用我們剛上傳的檔案，但在退出並關閉編輯介面一段時間後，檔案就會消失，此時需要點擊連結圖示並重新上傳檔案：

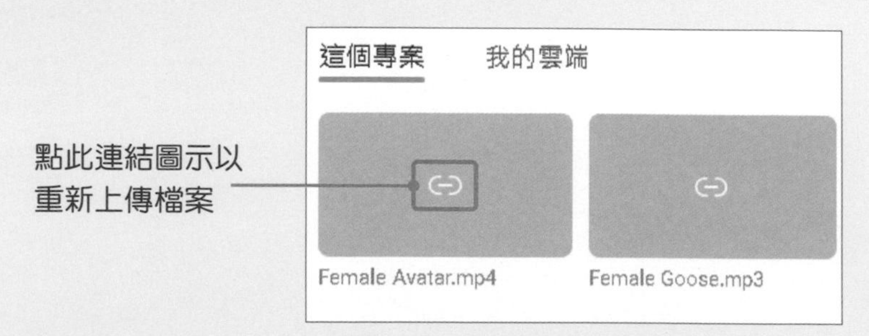

不過，請別擔心，即使與檔案的連結會消失（呈現上圖灰底的樣子），我們曾進行的編輯或設定仍然會被保留。也就是說，重新上傳檔案之後，影片就會自動恢復到最後一次編輯時的狀態。

AI 自動為影片上中文字幕

雖然我們的影片含有音訊，不過有些場合可能不宜播放太大聲，加上直播時容易咬字不清，因此建議還是加上字幕方便觀賞。目前語音轉文字的技術已經相對成熟，再加上可以自動插入時間碼，讓以往麻煩的上字幕操作變得輕而易舉。

此處我們以 FlexClip 進行示範，請選擇「字幕」類別中的「AI 字幕」，並調整語言和字幕風格，設定完成後點擊下方的「生成」，AI 就會自動幫你上字幕：

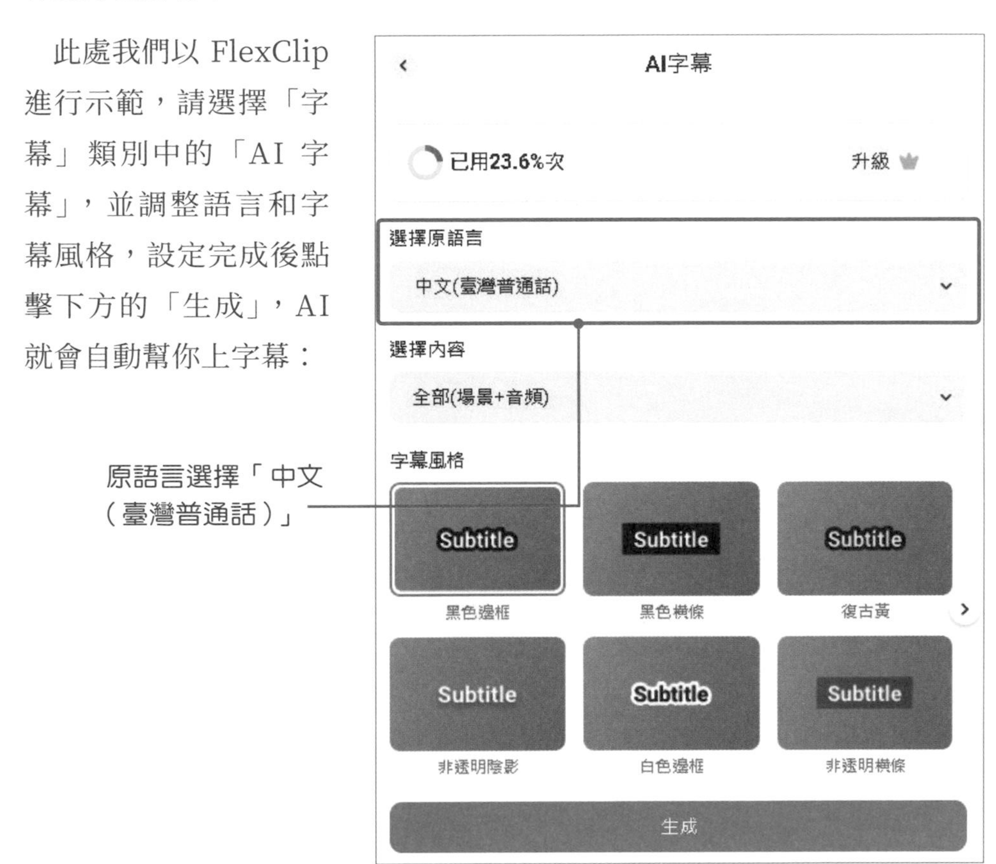

自動字幕功能除了會讀取語音內容並轉為字幕之外，還會幫你設定字幕出現的時間點：

下載字幕，FlexClip 有提供多種字幕檔案格式（如 SRT、TXT、SUB 等）

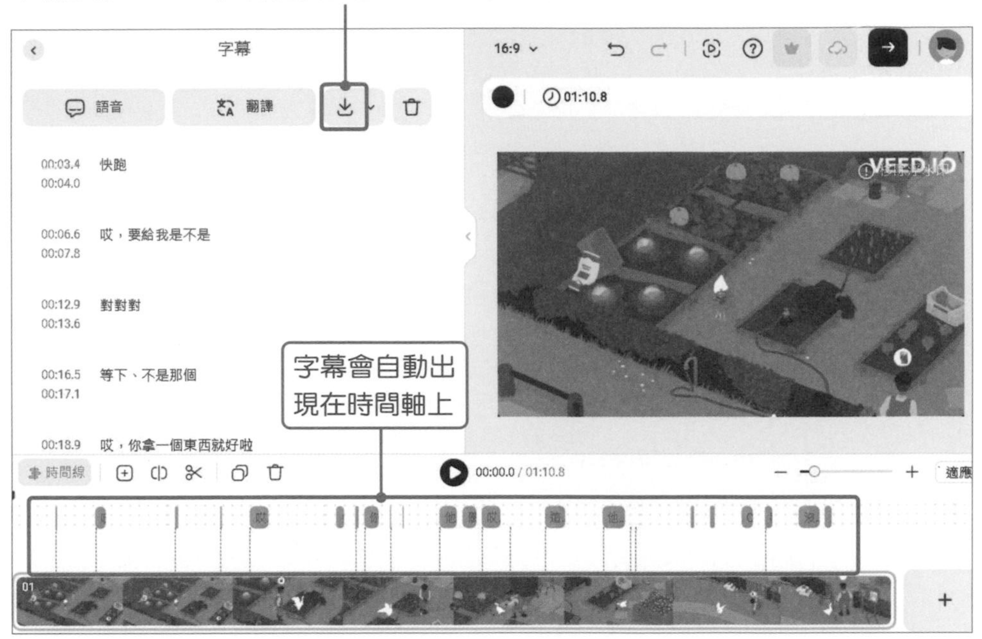

不過，要注意的是，目前 AI 自動生成字幕的功能雖然可以標示出大致的時間點和內容，但還無法完美地將所有語音轉換成正確的文字，因此，仍需要使用者親自檢查並手動修正錯誤或遺漏的內容。

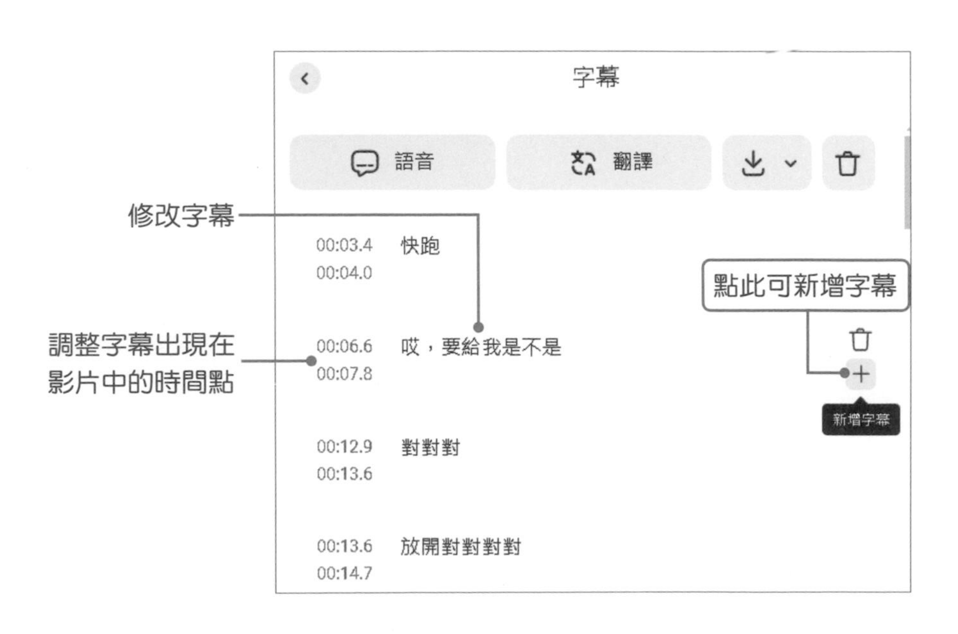

小編補充

前面提過目前自動生成字幕的技術已經很成熟，所以有許多網站都有類似的功能，根據筆者實測，以生成品質來說，LOVO 的效果最好、其次是 FlexClip、再來是 VEED.IO。由於我們還需要將虛擬實況主的頭像影片合併在遊戲精華影片上，因此筆者選擇使用功能相對齊全且完善的 FlexClip 進行後續編輯。

在遊戲精華影片中同步顯示虛擬實況主

調整完字幕之後，我們需要對遊戲精華影片進行遮罩處理，並將在 HeyGen 製作的虛擬實況主頭像影片拖曳至遮罩上，才能讓頭像影片同時出現在精華影片的畫面中。

首先，請將「元素」類別中的「遮罩」拖曳至影片編輯區：

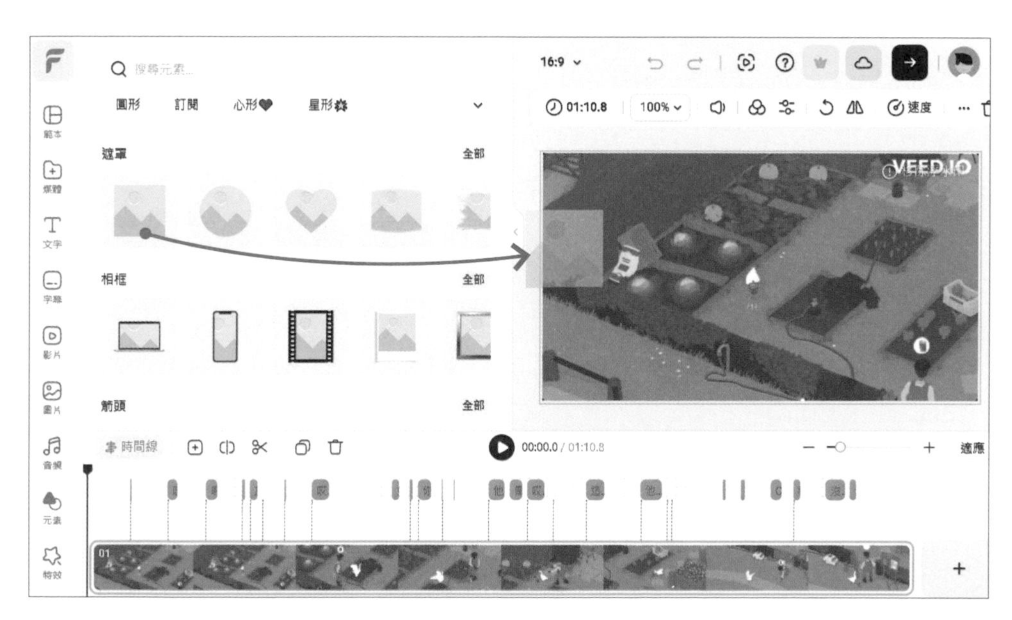

▲ 有多種形狀的遮罩可供選擇，而這也會決定疊加影片所呈現的形狀

▲ 調整遮罩的大小與位置

接著，將上傳至「媒體」的虛擬實況頭像影片拖曳至方形遮罩上：

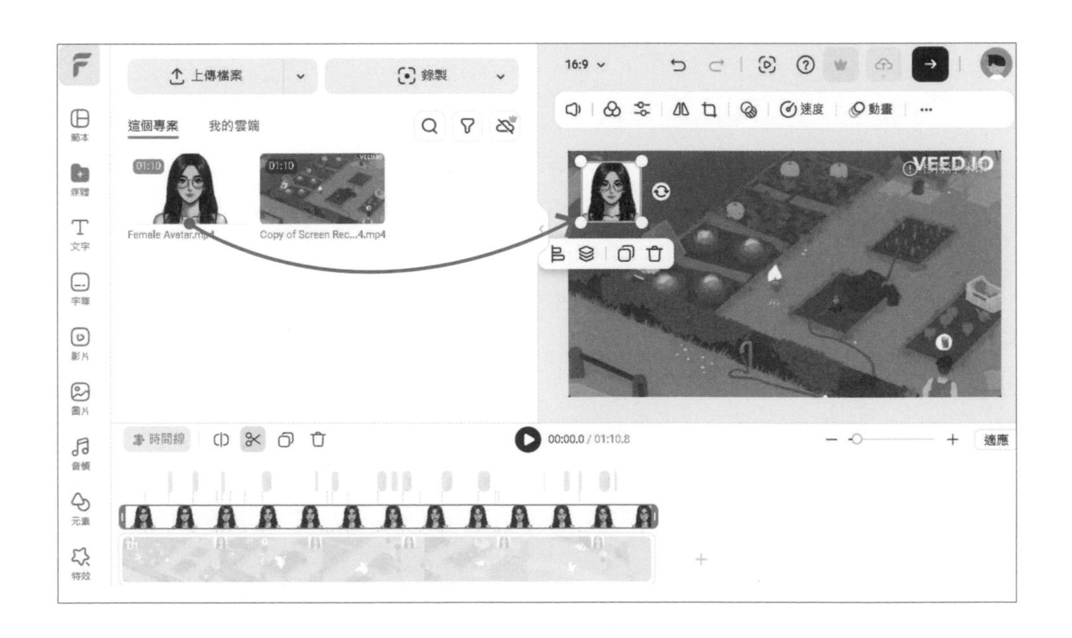

由於遊戲精華影片和頭像影片都包含聲音，播放完整影片時會同時聽到兩部影片的語音，為了避免這種混亂，我們需要將遊戲精華影片設定成靜音：

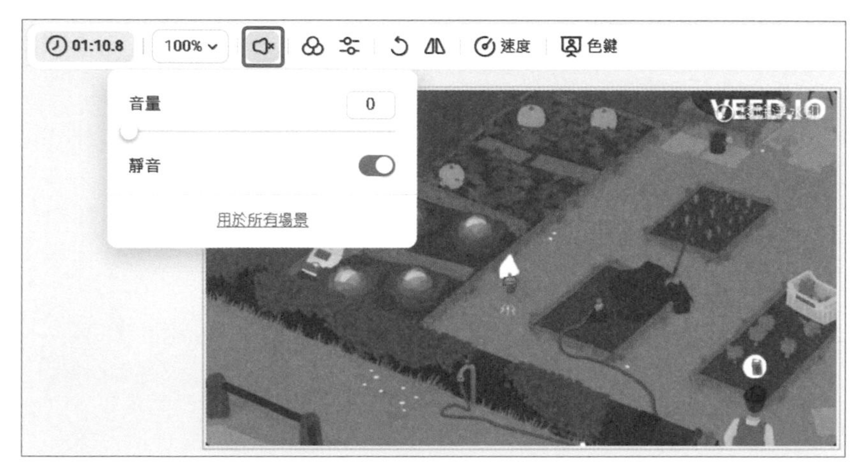

▲先點擊遊戲影片，再點選上方工具列中的「音量」，並將其設定成「靜音」

然而，頭像影片是使用從 Jammable 下載的 Acapella 版女聲音訊檔來製作，此音訊檔不包含背景音，但為了保留原始的遊戲音效與隊友的笑聲、驚呼聲，我們選擇使用 Combined 版的完整音檔作為最終影片的音訊來源。

將 Combined 版的音檔上傳至「媒體」，並將其拖曳至下方的時間軸上。同時，為了避免發生雙重語音的情況，我們也需要將頭像影片設定成靜音。

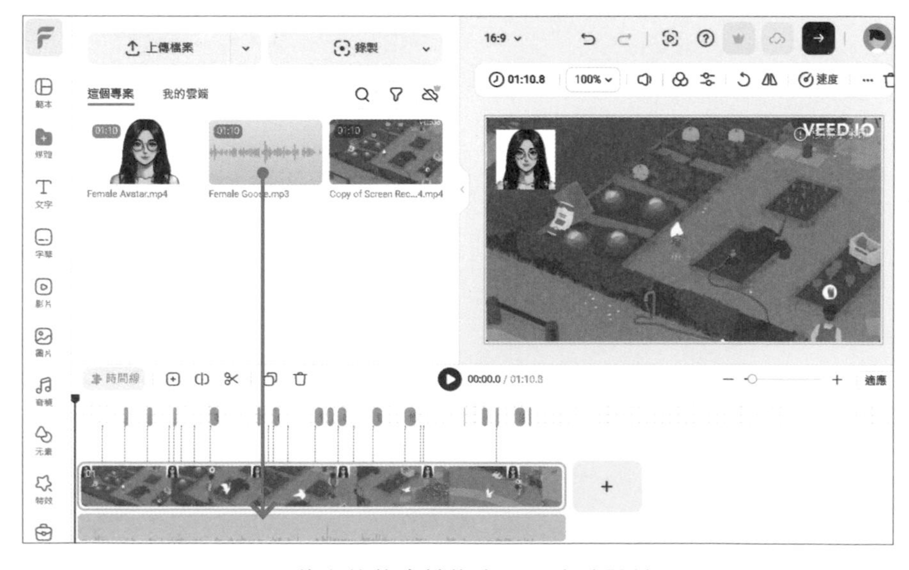

▲將上傳的音檔拖曳至下方時間軸

小編補充

使用原始音訊檔（男聲）進行語音轉換時，可能會因為收音不佳、背景音過於吵雜等問題，而導致轉換後的語音（女聲）出現意料之外的狀況，如聽不清楚轉換後的語音內容、音調突然提高等。在這種情況下，可以手動調整音訊內容，快速有效解決前述的狀況。

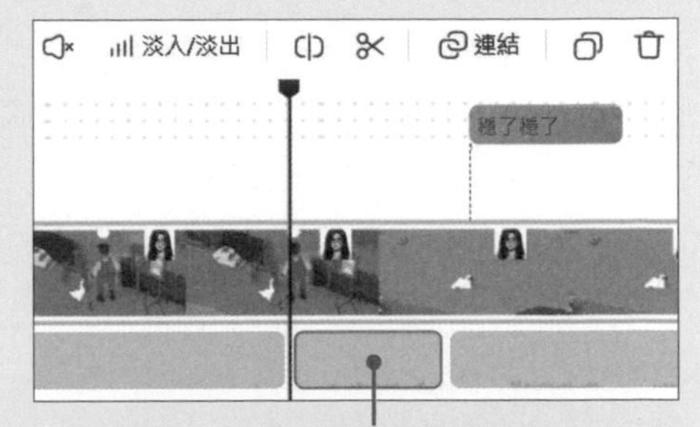

然而，這樣只有針對音訊部分進行修改，畫面上頭像影片中的直播主即使沒有出聲，仍會做出開口講話的動作，看起來就會有些突兀。因此可以使用直播主的靜態圖片，或擷取前面沒有說話時的頭像影片片段，將其疊加至修改音訊的影片片段上方，並透過調整圖片或影片的淡入、淡出來解決銜接問題，這樣就不用重新製作頭像影片，也可以讓整體看起來比較自然。

到這裡，一分鐘的遊戲精華影片就編輯完成了，再來只要將影片輸出就大功告成！

此外，筆者分別輸出使用原始音檔和編輯音檔的影片片段，可以掃描下方的 QR Code 比較兩段影片的差異。

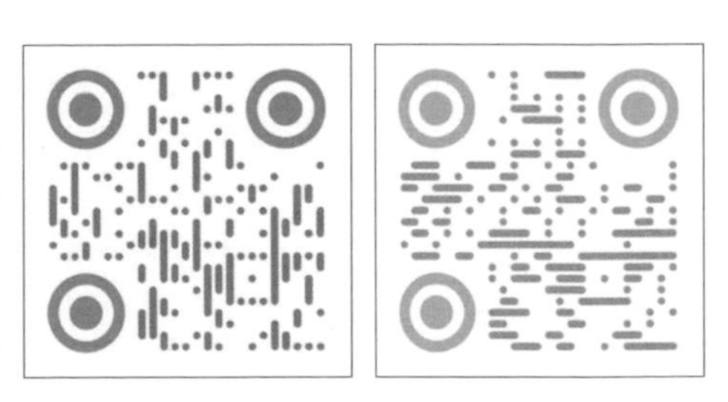

▲ 一分鐘遊戲精華影片（左為原始音檔、右為編輯後的音檔）

本章所介紹的螢幕錄製、虛擬頭像影片製作，以及影片編輯等技巧，皆可應用於線上教學影片或商品拍賣影片的製作中，這些方法不僅能夠增加影片與觀眾之間的互動性，還可以在不露臉的情況下保護個人隱私。

CHAPTER

8 專屬於你的陪讀教授 Lofi Professor

近年來，「Lofi Girl」陪伴著許多人度過無數個讀書、趕工的夜晚，其影片內容為正在讀書的少女動畫，而背景音樂則是全日不間斷地直播低傳真嘻哈 (Lofi Hip Hop) 音樂。

若我們可以利用生成式 AI 的技術，來製作一個專屬於自己的 Lofi Girl 風格影片，無論是選用寵物、伴侶，甚至是父母、老師、指導教授或主管作為陪讀的角色，必定能改變讀書的心情或效率。因此於本章，我們將要製作專屬於你的陪讀教授 Lofi Professor。

Lofi Professor 製作流程

STEP 1 準備影片視覺內容的靜態底圖

使用 AI 生圖工具來生成陪讀角色的靜態圖片，或是選擇自己手邊已有的素材，如自己的寵物照等，任何可以帶給你動力的圖片。

STEP 2 使用 Haiper 將靜態底圖轉為動畫影片

使用 Haiper 的「Animate Your Image」功能，基於 STEP 1 的圖片生成動畫影片。

STEP 3 利用 Stable Audio 生成 Lofi 音樂

先提供關於音樂情境的想法給 ChatGPT，請它協助生成英文 Prompt，然後在 Stable Audio 以此 Prompt 來生成 Lofi 音樂。

低傳真嘻哈 (Lofi Hip Hop) 音樂：亦稱 Lofi Beats，其特色是保留或刻意製作略為粗糙、不完美的音質 (如背景雜音、篝火聲等)，再搭配簡單的純音樂或 Hip Hop 音樂，一方面減少音樂的記憶點，有助於提升專注度，二來也可給聽眾一種放鬆與柔和的氛圍，常用於讀書、工作時的背景音樂。

STEP 4 在 Canva 合併動畫影片與背景音樂

最後，將生成的動畫影片與背景音樂上傳至 Canva，並合併。此外，還可以使用 Canva 提供的素材，為原始影片添加額外的動畫效果。

在開始實作前，讓我們先看一下完成的作品：

8-1 Haiper 讓教授照片動起來

首先，我們需要準備 Lofi 音樂影片的視覺素材，其做法為：利用 AI 動畫生成器，將一張靜態圖片轉為動畫影片。而對於該靜態底圖，我們可以使用伴侶、寵物、偶像的照片；或者如果你需要某種監督效果來提升做事效率，也可以選用老師、教授的照片。

於本節，我們將使用 ChatGPT 的 GPT 機器人 – DALL-E，繪製一張「教授在研讀學術論文」的圖片，(當然，你要改用其他 AI 繪圖工具也可以)；接著再使用 Haiper，基於這張圖片生成三支動畫影片，來製作出不同的視覺效果。

AI 生成教授基底圖

仿照 Lofi Girl 的底圖風格：一位正在讀書的女孩和一隻貓，我們將生成一位正在研讀論文的教授、一隻大型犬和一隻貓的類似場景。

開啟 ChatGPT，並選擇 GPT 機器人 DALL-E，在對話框中輸入以下的中文 Prompt，並選擇「長寬比」為「寬螢幕」。

Prompt

請幫我生圖：
一位和藹慈祥、有點可愛、也有點老年微胖的大學數學系教授，在研究室裡研讀學術論文的側臉；而在研究室的窗邊有一隻大型犬和一隻小黑貓在睡覺。

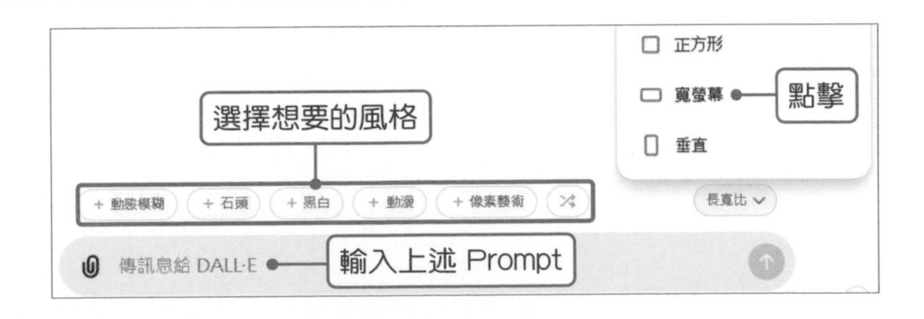

接著，DALL-E 就會生成兩張相似構圖或風格的圖片。對於喜歡的圖片可以直接點擊下載圖示，或是點開圖片以進行局部編輯；而若是沒有滿意的結果，那就繼續以相同的 Prompt、或微調 Prompt 來重新生成。

DALL·E

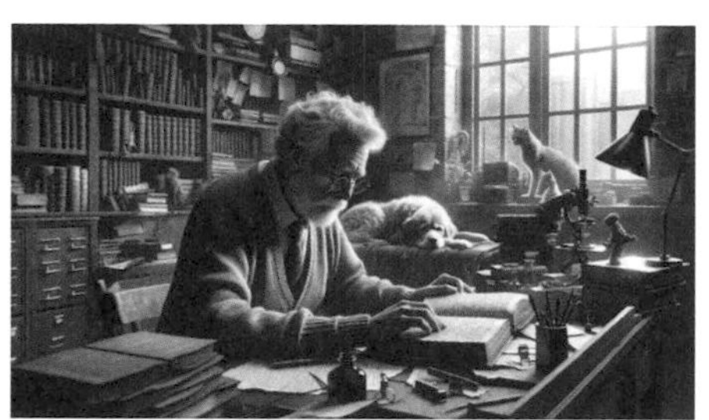

Here are the two images generated based on your description of a kindly, elderly university professor in his research laboratory with a large dog and a small black cat sleeping. The images capture the scene in a wide aspect ratio. You can view them directly here.

在生成的圖片中，左圖比較符合筆者所期望的感覺，然而，你會發現此圖中並未成功生成一隻正在睡覺的小黑貓。此時我們有幾種做法可以解決這個問題：一種是使用 DALL-E 的圖片局部編輯功能（在第 2-1 節介紹過），讓其在指定區域生成一隻貓；另一種則是直接添加現成的素材。

於此例，我們決定在 Canva 進行影片和音樂的合併時，在教授身後的小矮櫃旁，放上一隻 Canva 素材庫中的貓咪睡覺圖像。

Haiper 製作教授的動畫影片

開啟 Haiper，並點選「Animate Your Image」來將圖像動畫化。接著在「Upload Image」中，上傳從 DALL-E 下載的教授圖片，（當然，你也可以直接上傳你的指導教授真人照片），然後在 Prompt 輸入框中，輸入你想生成的影片描述與動作細節：

Prompt

```
The professor is studying academic papers, and the dog is sleeping by
the window.
```

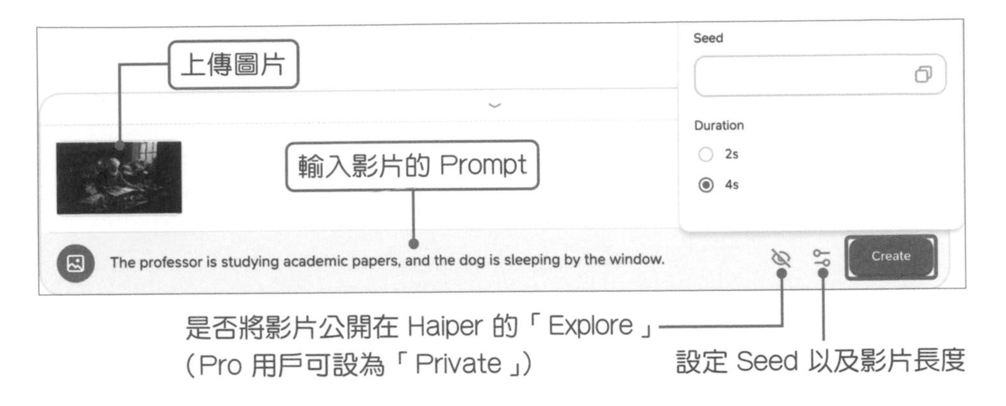

設定完成後，點擊「Create」即可生成影片，接著再點擊影片下方的下載圖示，就能讓這段影片成為我們素材庫的一部分。

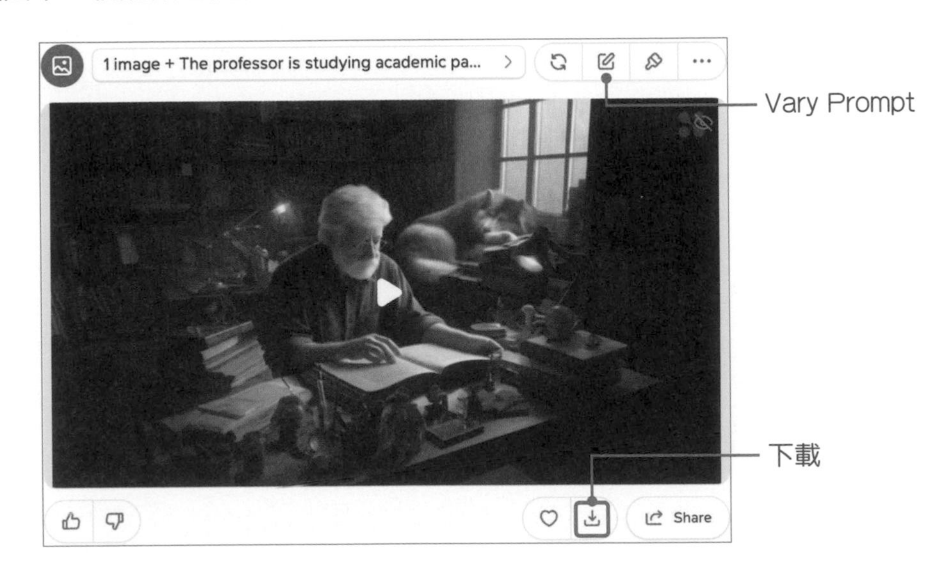

若想基於同一張圖片創造出不同情境的影片，我們可以點擊影片右上方的「Vary Prompt」編輯圖示，並修改原先使用的 Prompt，來生成更多樣化的影片。而在此例中，我們需製作三支長度皆為 4 秒的動畫，因此再輸入以下兩個 Prompt 來生成：

Prompt

```
The professor is turning over the pages of his academic papers just as
the dog wakes up.
```

雖然影片中的教授無法確切做到翻頁的動作，但手指有移向紙張的邊緣

Prompt

```
The professor is turning his head and looking at the sleeping dog.
```

雖然影片中的教授無法確切做到轉頭的動作，但頭部的擺動幅度有變大

小編補充

選擇使用 Haiper 而非 Kaiber 來生成影片的原因，主要在於其處理圖片的方式。Haiper 會在不更改原圖風格和背景的清況下，僅根據 Prompt 中提及的人物或物品進行動畫處理；而在 Kaiber 生成的影片中，除了會改變原始圖片的整體風格之外，還會發生每一幀圖片的不連貫變化，如一隻狗在下一瞬間突然變成人類。因此，如果我們希望影片保持原有的視覺風格，並且元素變化保持合理，那 Haiper 會是更合適的選擇。

8-2 Stable Audio 製作獨一無二的 Lofi Music

在完成影片的主視覺內容後，我們將使用 Stable Audio 來製作 Lofi 音樂，作為影片的音訊內容。

選擇使用 Stable Audio 的理由在於，它能夠根據我們輸入的 Prompt，直接生成長達 3 分鐘的純背景音樂。此外，對於付費用戶而言，Stable Audio 還可以一次生成多首音樂供我們選擇，並且能讓我們下載高音質的 WAV 檔，(但若是免費版用戶也別擔心，因為您依然可以下載其 MP3 檔)。

ChatGPT 撰寫音樂 Prompt

在第 5-2 節中，我們已經介紹了 Stable Audio 的使用方法，並且實際輸入英文 Prompt 以生成音訊。然而，僅在 Prompt 欄位中輸入「Lofi」是不夠具體的，因此我們要向 ChatGPT 尋求撰寫 Prompt 的協助。

首先，在 ChaGPT 開啟一個新對話，並輸入第 5-18 ~ 5-19 頁 text-to-audio Prompt 的撰寫技巧與原則，接著再輸入你想生成的音樂曲風、情境等描述，並請 ChatGPT 生成出符合上述原則的英文 Prompt：

Prompt

請依照上述原則，協助我生成一個「適合讀書時聆聽的 Lofi music」，音樂需以 Soul Jazz 為主，並帶有一點屋內壁爐的篝火聲，場景設定為午後在屋內讀書的柔和氛圍。
請基於這些想法協助我生成關鍵字的英文 Prompt，並以逗點區隔。

ChatGPT

以下是根據你的想法，為「適合讀書時聆聽的Lofi music」生成的英文prompt：

英文 Prompt

Lofi Music, Soul Jazz, Cozy, Indoor Fireplace Sounds, Afternoon Reading Ambiance, Soft Atmosphere, Warm Saxophone, Smooth Piano Chords, Mellow Bass, Crackling Fire, Relaxing, Comforting, 80 BPM

這個prompt整合了音樂風格（Soul Jazz和Lofi Music）、情感氛圍（放鬆、舒適）、具體的樂器（溫暖的薩克斯風、平滑的鋼琴和輕柔的低音）、以及其他音效細節（篝火聲），並指定了適合放鬆的節奏（80 BPM）。這樣的設定旨在創建一個適合午後讀書時聆聽的柔和而舒適的氛圍。如果有任何特定的元素或細節你希望修改或添加，請隨時告訴我，我可以進一步調整prompt。

▲ 我們只要將此英文 Prompt 複製下來即可

Stable Audio 生成 3 分鐘的 BGM

開啟 Stable Audio 並進入音訊生成介面，將複製下來的 Prompt 貼在介面左側的「Prompt」欄位中，接著選擇 Model 為「Stable Audio AudioSparx 2.0」(其生成的音樂長度才可達到 3 分鐘)，然後再設定「Add extras」，即可點擊「Generate」以生成音樂。

貼上英文 Prompt

點擊以下載 MP3 檔或 WAV 檔

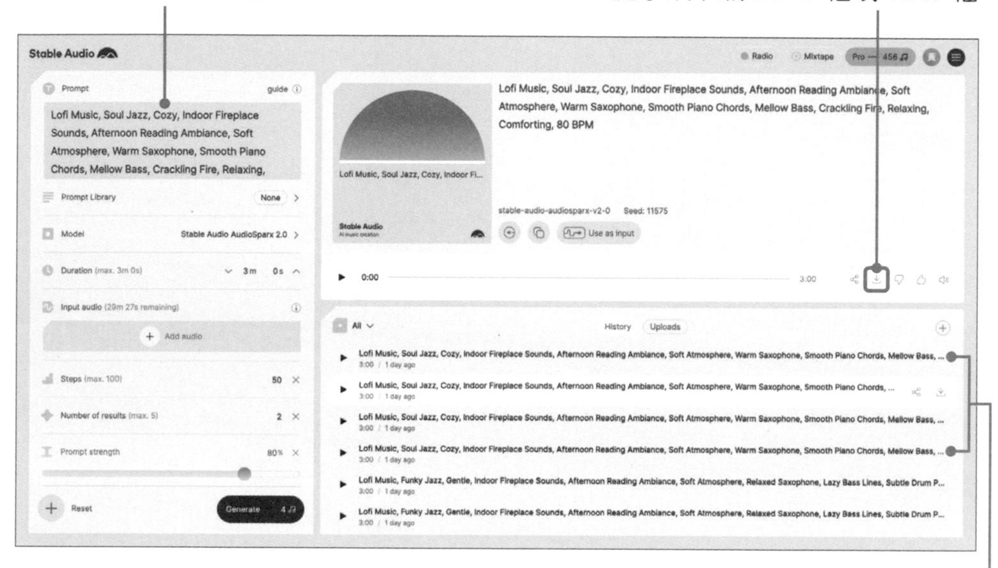

音樂生成具有高度隨機性，建議可以多生成幾首來做比較

小編補充

如果生成結果還不錯，但想要更豐富的音樂性，可以藉由「Use as input」功能進行微調，或是將該曲目的 Seed 輸入到下一次生成的「Add extras」設定中，這樣做**有機會**生成出更理想的結果。

8-3 Canva 結合教授影片和 Lofi Music

最後一步，我們將使用 Canva 的影片設計功能，來將教授的動畫影片和 Lofi 音樂結合成完整的影音作品。

使用模板製作橫向影片

首先，登入 Canva 帳戶並進入首頁，點擊「影片」功能，配合第 8-1 節生成的動態影片，選擇一個橫向影片模板（1920×1080 像素）來製作新的專案：

點擊以製作橫向影片

接著，點選介面左側的「上傳」功能，將我們之前生成的三支影片和音樂檔案上傳至此。然後將已上傳的第一支影片拖曳至右側的空白頁面上，再依序把另外兩支影片也拖曳到「+ 新增頁面」處。

此時，在右側的影片編輯區，你會看到這三段影片的畫面，請點擊畫面旁的播放鈕，來預覽這三段 4 秒影片組合而成的 12 秒影片。再根據其敘事合理性、連貫性與觀看的流暢性，以滑鼠拖曳的方式調整三段影片的順序。

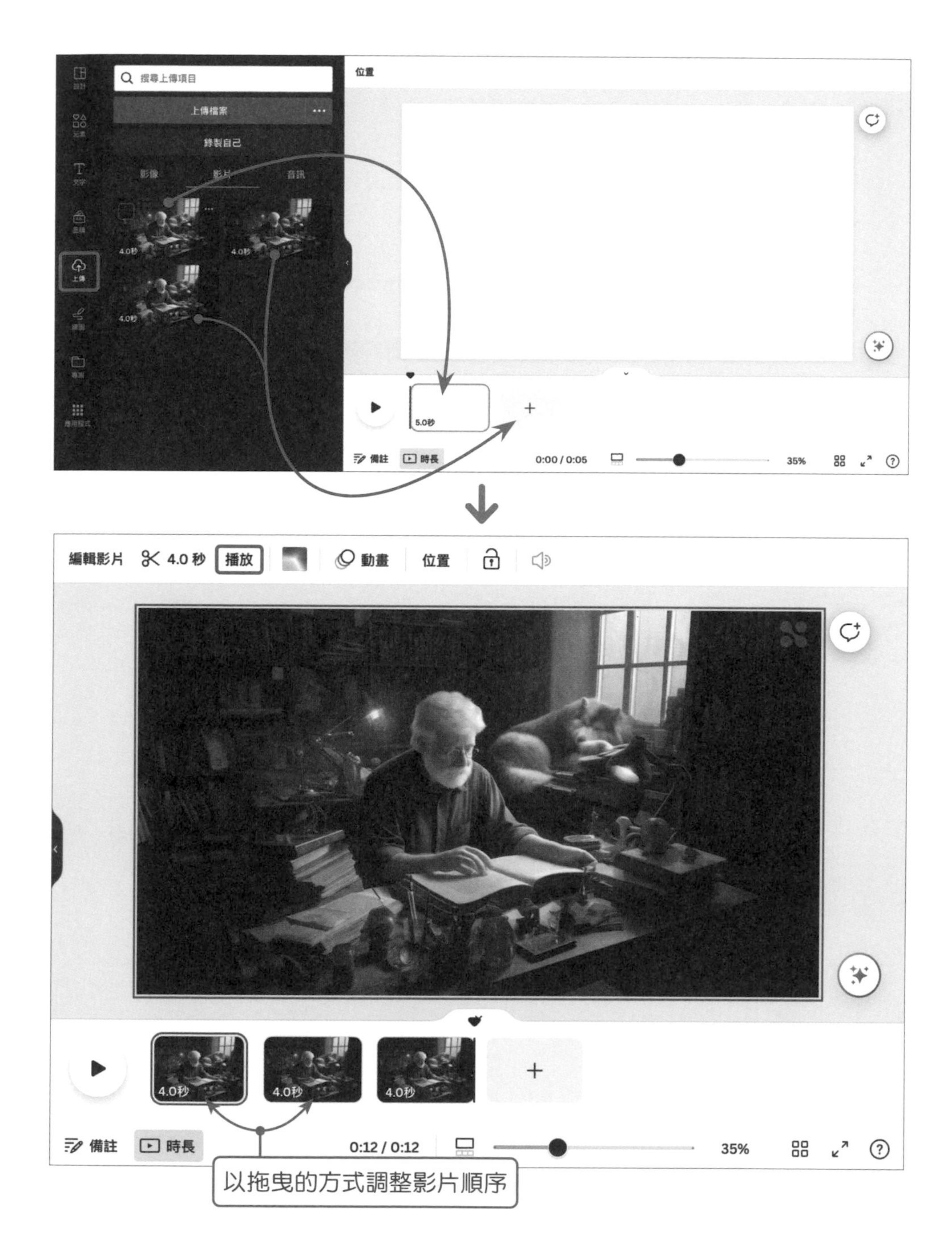

點選第一個影片片段，再點擊上方的「播放」，並將影片速度調整成 0.5 倍，以延長影片長度。然後再對另外兩個片段進行相同的操作，如此一來，我們就能將原始的 12 秒影片，延長至 24 秒的慢速播放版。

接下來，為了讓兩個影片片段之間的銜接更加流暢，我們將添加轉場動畫效果。將滑鼠移至兩個片段的交接處，點擊「新增轉場」。對於轉場動畫，筆者選擇了「比對並移動」效果，再設定轉場的時間長度，並「套用在所有頁面」，讓兩片段在切換時較為平滑，避免畫面在某一瞬間出現突兀的閃爍感。

轉場的時間長度會略微影響到影片片段的長度

為影片添加動態素材

如果你覺得影片看起來已足夠流暢，那麼接下來就可以在畫面中添加「熟睡的貓咪」素材。首先，點擊介面左側的「元素」，然後在搜尋框中輸入關鍵字「sleeping cat」，接著點擊「圖像」類別，從中選擇一張與影片風格相符的貓，並將其放置在畫面中室內一隅。

調整透明度

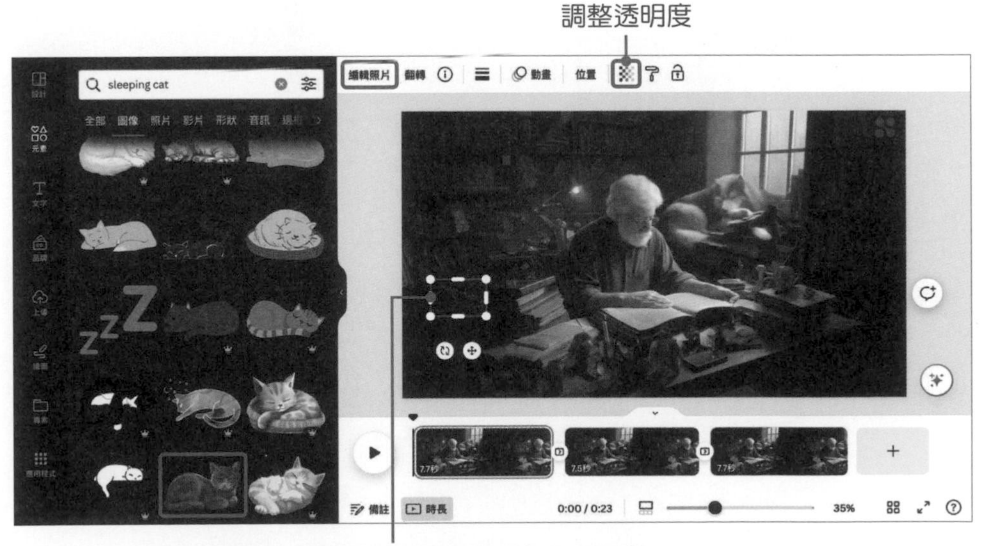

按一下此圖，即可對貓貓圖像進行影像編輯

此時你會發現，這隻貓咪的顏色與背景過於接近，因此我們需要對此貓咪的色調進行調整，使其不至於融入背景中。首先點擊影片中櫃子旁的貓咪，再點擊上方的「編輯照片」，即可對其進行色調、濾鏡等編輯。筆者是選擇「篩選器」中的「拿鐵」濾鏡，再將此圖像的透明度調至 80%，這樣可以使貓咪在畫面中不那麼突兀。

如果覺得整部影片感覺有點靜態，想要更動感一點，我們也可以幫教授養一隻喜歡唱歌跳舞的鳥，為此需要在場景中加入相關的動畫元素。同樣點擊「元素」，然後在搜尋欄中輸入「guitar」，並在篩選器中勾選「動畫」。筆者是從搜尋結果中選擇了一個貓頭鷹彈吉他的動畫，並將其調整至合理的大小後再放到書櫃上，最後再調整此圖像的透明度為 65%。

接下來，我們將著手製作貓頭鷹的動畫效果。先點擊影片中的貓頭鷹圖像，然後點擊上方的「動畫」之後，再點選左側的「建立動畫」:

建立動畫

選取並在設計區域內拖曳元素即可建立動畫。

秘訣

按住 Shift 鍵並同時拖曳，即可建立直線。

加快或放慢移動元素的速度，即可控制動畫速度。

停止拖曳元素即可完成動畫。

我們選擇按住 Shift 並同時拖曳貓頭鷹，以建立貓頭鷹直線移動的動畫：

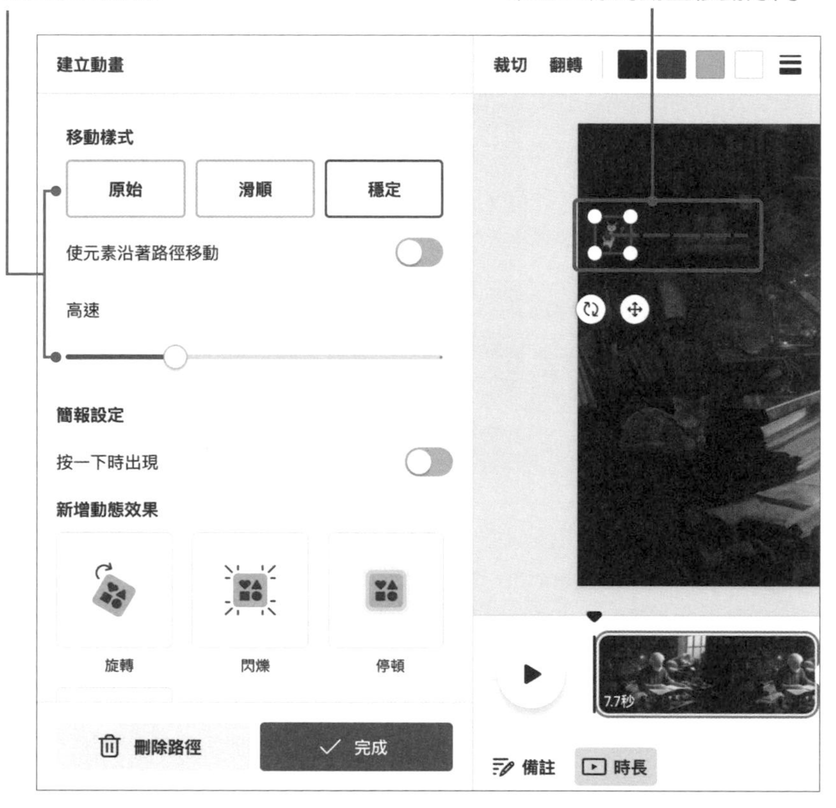

確認貓咪圖像和貓頭鷹動畫沒有問題後，我們就可以將這些圖像從當前頁面複製，然後貼上至另外兩段影片中。這樣做可以確保這些元素持續出現在畫面上，並且維持視覺內容的一致性。

為影片添加背景音樂

終於，我們執行到最後一個階段了！首先，將剛才上傳至 Canva 的 Lofi music 音訊檔，以拖曳或直接點選的方式添加到影片中。而此時我們也會發現，影片的總時長僅 23 秒，但音訊卻長達 3 分鐘；因此需要延長影片長度，以配合音訊的時長。

我們可以藉由重複地複製貼上已完成的三段影片，來延長影片，(當然，你也可以選擇生成更多的影片)。首先，按住 Shift 並選取這三段影片，然後按下滑鼠右鍵，點選「複製 3 頁」，Canva 就會自動在影片時間軸的右側貼上這些影片。接著，重複此步驟直到影片的總時長超過 3 分鐘。

在完成之後你可能會注意到，每三段影片之間並沒有轉場效果。因此，如同前面所提到添加轉場的方式，將滑鼠移至沒有轉場效果的地方，並點擊「新增轉場」，然後選擇與前面相同的轉場效果，再點擊下方的「套用至所有頁面」即可。

此外，我們還會發現，音訊的頭尾部分幾乎沒有聲音，而且影片的總長度超過了音訊的長度。因此，需要透過拖曳音訊軌道，以裁切掉音訊頭尾沒有聲音的部分，同時調整音樂節拍與畫面流動的搭配，並刪去多餘的影片片段。

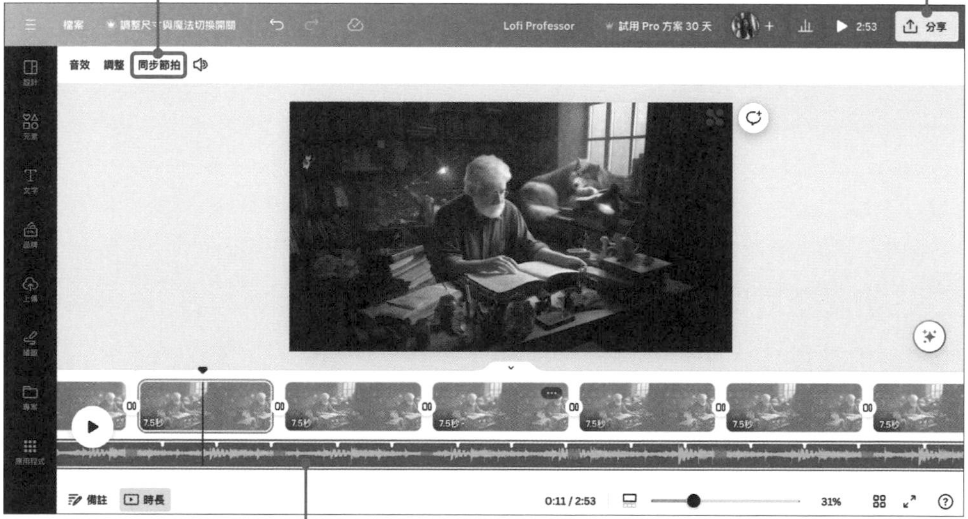

開啟「顯示節拍標記」，系統會自動在音軌上標示重拍

建立公開顯示連結或下載影片

按住並拖曳音訊軌道

完成這些調整後，點擊播放，仔細聆聽並觀看整部「Lofi Professor」影片，檢查整體的流暢度，以及音樂與影片的配合程度。若對於成品感到滿意，即可點擊介面右上方的「分享」，選擇分享該影片的連結，或是將此影片下載下來，在未來需要專注工作或讀書之時，就可以播放這段影片並開啟「循環播放」功能，有助於提升效率。

最後，筆者還有使用本章第 1 頁的女數學老師圖片，來製作另一支 Lofi Teacher 的音樂影片供各位讀者參考：

反差迷因 搞怪短影音

AI 生圖可以作為激發創意的來源，因為 AI 不會在意 Prompt 的合理性，只會忠實依照指示來生圖，所以能巧妙地將一些不在同一個時空背景的元素，融合在一個畫面中，進而創造出強烈的視覺衝擊與充滿幽默的對比。

本章會帶著讀者從生成圖片開始，再將圖片轉換成動畫，並搭配特別製作的歌曲，做出一支讓人意想不到的搞怪短影音。

搞怪短影音製作流程

STEP 1 生成搞怪且對比強烈的圖片

首先需要規劃一些逗趣、跳 tone 的主題，再將這些靈感透過 AI 生成圖片。

STEP 2 使用 Haiper 將靜態圖片轉成動畫影片

利用 Haiper 的「Animate Your Image」功能，基於 STEP 1 的圖片，生成 4 秒的動畫。除了描述圖片中的場景之外，也可以加入一些動態敘述。

STEP 3 在 Canva 進行數支 4 秒動畫的編輯

將 STEP 2 生成的數支 4 秒動畫上傳至 Canva，再依個人需求拼接成時間較長的影片。

STEP 4 使用 Suno 生成背景配樂

依照 STEP 3 影片整體的感覺生成音樂，再將其加入影片中，並進行最後的編輯調整。

在開始動手實作之前，先看一下影片完成的樣子：

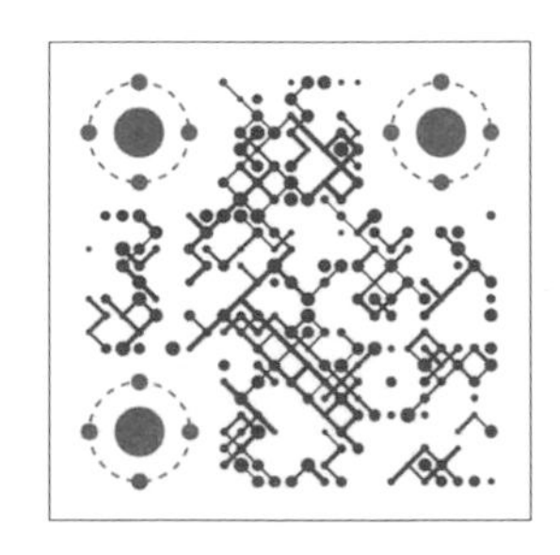

9-1 DALL-E 生成影片基底圖

第 2 章介紹了一些提供 AI 繪圖功能的平台，不過本節實作推薦以 DALL-E 生圖為主，因為在理解語意上，目前還是以 ChatGPT 最為強大，雖然有時還是會有無法正確生成圖片的狀況，但發生的機率與其他平台相比低很多。

由於使用 ChatGPT 的 DALL-E 生圖，因此 Prompt 輸入口語化的中文即可，例如：文藝復興的畫家用平板繪畫、維京海盜使用智慧型手機等。另外，因為我們要製作短影音，所以需指定生圖的比例為「垂直長寬比」。

以下是實作這支影片時使用的主題：

- 維京海盜在海上使用智慧型手機看 Google Maps。
- 埃及法老在沙漠開沙灘車越野。
- 中世紀騎士全副武裝騎馬去得來速。
- 外星人佔領地球後在田裡耕田，旁邊有牛。
- 石器時代人在燒肉吃到飽店裡，烤肉刷牛肉醬。
- 文藝復興的畫家用平板繪畫。
- 19 世紀貴族使用社群媒體，拍短影音、比手指愛心。
- 中世紀煉金術士使用現代化學實驗室煉金。
- 古希臘哲學家在雅典學院集體玩 Street Fighter。
- 梅杜莎去現代理髮廳跟設計師討論髮型。
- 牛頓在榴槤樹下快被榴槤砸到。
- 數學老師在教高斯消去法時，台下坐著高斯。

Prompt

文藝復興的畫家用專業的繪圖平板繪畫，真實風格，真實電影光影，垂直長寬比

點開圖片查看 ChatGPT 生圖時使用的英文 Prompt：

Prompt

```
Create a realistic and cinematic scene depicting a Renaissance painter
using a professional drawing tablet to paint. The painter, dressed in
typical Renaissance attire, is deeply focused on the digital canvas,
highlighting a fusion of historical and contemporary art forms. The
setting features a traditional artist's studio with easels and
canvases, but the artist is intently using a professional drawing
tablet. The environment includes realistic movie-style lighting that
casts dramatic shadows and highlights, emphasizing the unique blend of
past and present artistic techniques.
```

如果是比較聚焦在人物的構圖，Leonardo.Ai 也可以生成出效果不錯的圖；但如果有涉及比較明確的場景描述，例如：中世紀騎士全副武裝騎馬去得來速，就比較適合交給理解力較強的 ChatGPT 生成。

下圖為 Leonardo.Ai 依據下述 Prompt 生成的圖片：

Prompt

維京海盜在海上使用智慧型手機看 Google Maps：
Viking pirate using smartphone to view Google Maps at sea.

中世紀騎士全副武裝騎馬去得來速：
Medieval knight in full armor riding horse to drive-thru.

▲成功生成正在使用智慧型手機的維京海盜

▲只生成了全副武裝騎著馬的中世紀騎士，沒有出現任何得來速的要素

這裡生成的所有圖片 Prompt 都會放在書附檔案中，雖然根據 AI 的隨機性，生成的圖片一定與書中不同，但可以提供讀者作為生圖的參考。

後續會使用 Haiper 將生成的圖片轉成動畫，由於 Haiper 只能生成 2 秒或 4 秒的影片，因此讀者可以依照自己想製作的影片長度，反過來推算總共需要生成幾張圖才夠用。不過筆者建議可以比預計多幾張圖備用，不論是相同主題多生幾次，還是多幾個主題的圖片都可以，詳細原因會在生成動畫時說明。

9-2 Haiper 使用圖片生成動畫

在生成各場景主圖後，就可以移到 Haiper 使用圖片生成動畫的功能開始製作，進入首頁後請點選「Animate Your Image 圖片轉換動畫」，並將之前生成的圖片上傳至此：

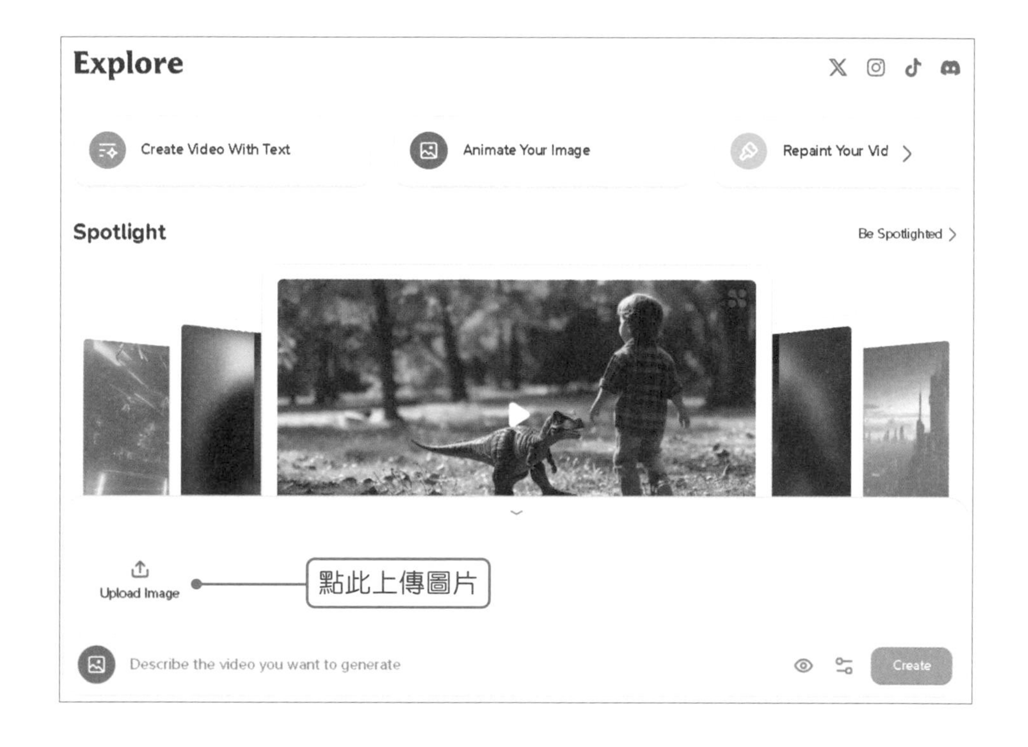

Haiper 生成動畫也需要 Prompt，但與前面文生圖略有不同，除了**加入動態敘述**的生成效果比較好之外，明確描述出想要的動態效果，可以讓 Haiper 生成出更符合我們想法的結果。以前面生成的維京海盜使用智慧型手機為例，要生成影片就可以改為：「海盜一臉困惑的使用智慧型手機」與「海盜被手機和眼前的場景弄糊塗了，嘴裡咕噥著什麼」，後者生成的動畫效果會比前者好。如果不知道該怎麼寫 Prompt 也不用擔心，可以把想要的效果以口語方式寫給 ChatGPT，讓它幫忙生成敘述較為動態的 Prompt。

Prompt

```
海盜一臉困惑的使用智慧型手機：
Pirate looking confused using smartphone.

海盜被手機和眼前的場景弄糊塗了，嘴裡咕噥著什麼：
He was confused by the phone and the scene in front of him, mumbling
something.
```

讀者可以掃描下方 QR Code 比較兩者的差異：

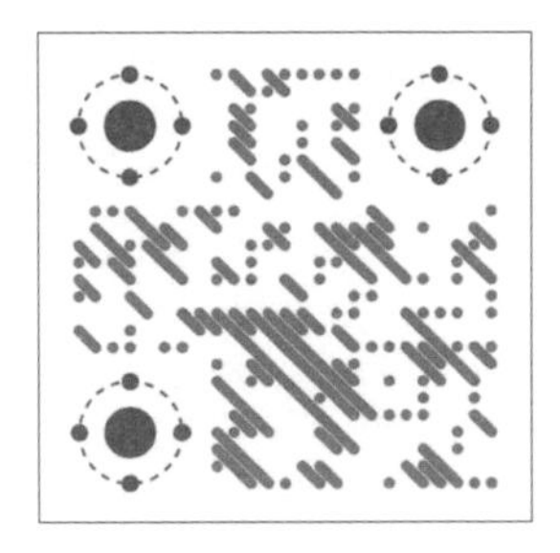

▲ 海盜一臉困惑的使用智慧型手機

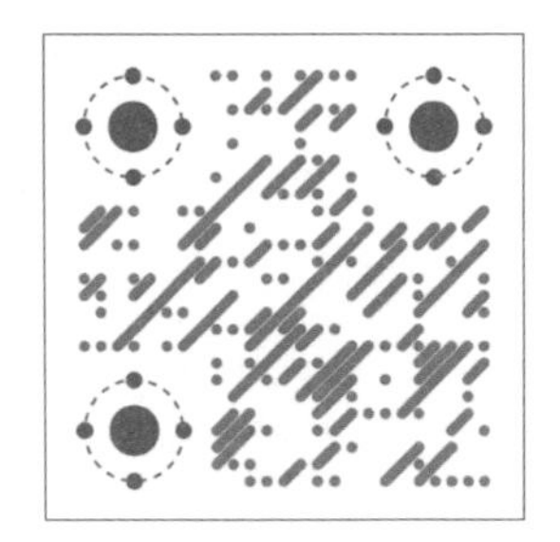

▲ 海盜被手機和眼前的場景弄糊塗了，嘴裡咕噥著什麼

然而 AI 生成動畫與 AI 生成圖片同樣充滿了隨機性，因此相同圖片和 Prompt 每次產生的動畫都會有所不同，當生成出的動畫不理想時，除了重新上傳圖片並輸入新的 Prompt 之外，也可以考慮先試幾次「重新生成」，說不定會出現理想中的動畫：

Prompt

```
梅杜莎去現代髮廊跟設計師討論髮型：
Medusa goes to a modern hair salon to discuss hairstyles with a
stylist. All the snakes on Medusa's head are staring at the designer,
opening their mouths to threaten the designer from time to time.
```

所有影片的 Prompt，同樣會放在書附檔案中，提供讀者參考用。

但若產生的動畫一直不理想，更換 Prompt 也沒有比較好的效果時，換一張圖片來生成動畫或許能夠解決這個問題。因此筆者才會在前面建議多生幾張圖，當遇到這種狀況時，可以有其他的圖片或主題進行替換。

9-3 Canva 編輯搞怪短片

接著要將所有的 4 秒動畫先連接成時長較長的影片，當內容大致上都完成後，才開始生成適合這支影片的音樂。關於音樂的調整後面會進行說明，現在請先進入 Canva 主頁，點選製作「直式的行動影片」:

將所有的動畫上傳，進行初步的編輯，調整影片順序和添加轉場動畫。

除此之外，還可以加入一些 Canva 提供的素材，加強畫面的敘事效果。下方以第 1 個影片為例，其內容是維京海盜使用 Google Maps 航海，為了表示海上收訊不好，筆者在手機旁邊加入了「訊號」的圖示，並把圖示的動畫設定為「閃爍」，製作出訊號不佳的效果：

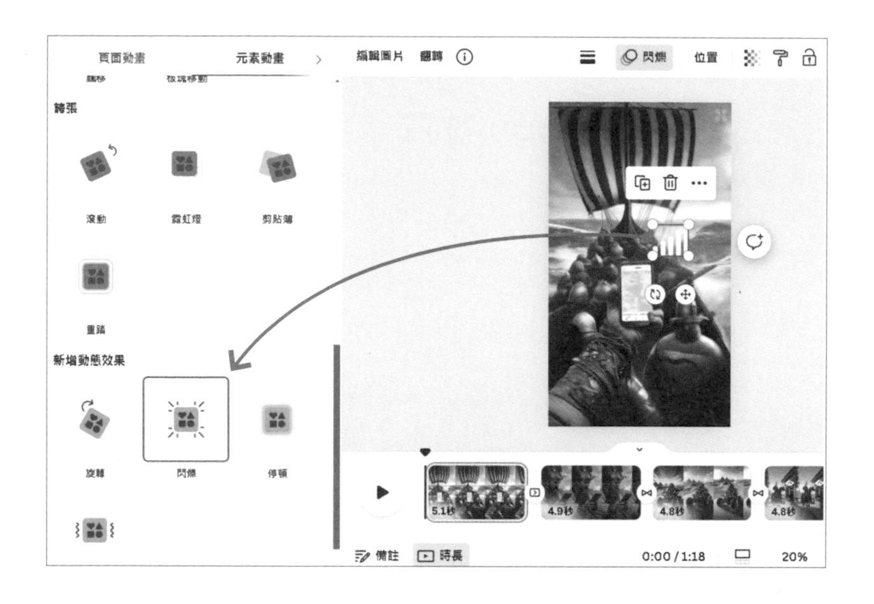

每段影片都可以像這樣如法炮製，在排好影片順序、添加完轉場動畫，且加上 Canva 素材後，或許讀者會注意到，明明加了這麼多東西，影片的總長度不但沒增加，反而卻縮短了。主要是因為轉場動畫會稍微刪減一點內容，來將兩段影片連接起來，雖然用在一般剪輯上可能不會有太大的感覺，但由於這次我們使用的動畫只有 4 秒鐘，任何刪減都會變得比較明顯。

為了不要讓影片整體的敘事速度過快，可以透過調整「影片速度」來改善這個問題。先點擊編輯區域的動畫影片，再從上方出現的工具列中點選「播放」，並將速度設定成 0.75 倍：

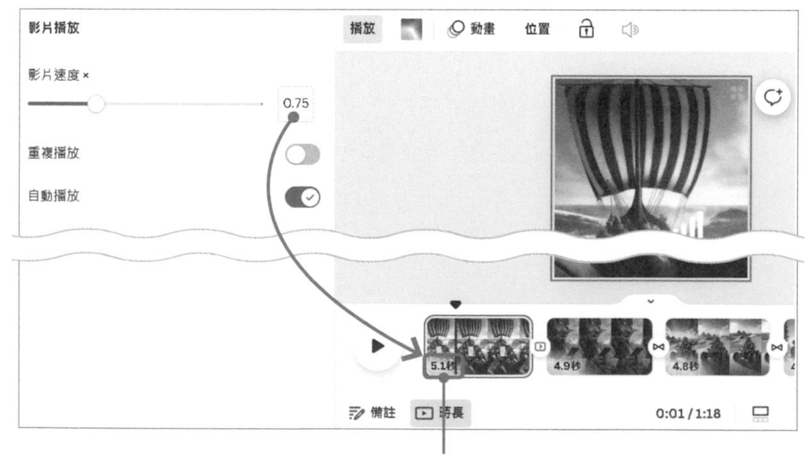

9-4 Suno 製作迷因歌曲

一部吸睛的迷因短影音，不僅需要足夠新穎的主題，其背景音樂同樣扮演著影響影片趣味性的關鍵角色。因此，我們要根據影片所帶來的感受，生成一首專屬於此影片的迷因歌曲。選用的音樂生成工具是 Suno，它提供高度彈性的客製化功能，能夠自行設定歌詞與曲風，非常符合迷因歌曲的製作需求。

在開啟 Suno 之後，不要急著馬上開始音樂創作，可以先在「Home 首頁」中觀察熱門迷因歌曲的製作方式，例如常用的「Music Style 曲風」和「Lyrics 歌詞」等；或者使用「Search」功能，輸入關鍵字 no style、meme，甚至是一些動物名稱，如 dog、cat、capybara 等，有機會發現有趣的迷因歌曲。此外，還可以點擊「Explore 探索」瀏覽不同曲風，從中選擇一種最適合你影片風格的音樂類型。這個過程能夠幫助我們獲得靈感，並決定要以何種方式創作一首獨特且有趣的迷因歌曲來配合短影片。

▲僅以「dog」一詞作為曲風和歌詞的歌曲

根據筆者的觀察，Suno 的迷因歌曲，歌詞通常包括一些重複出現、且看似無意義的狀聲詞或簡單的英文單字。此外，不設定曲風，或是將某些歌詞元素作為曲風輸入，更容易成功生成一首有趣的迷因歌曲。因此，我們將根據這些觀察到的現象，製作這部搞怪短影片的配樂。

首先，點擊左側的「Create」進入詞曲創作介面，開啟「Custom Mode 自訂模式」，並在「Lyrics」欄位中重複輸入下述歌詞：

Lyrics

```
shu bi du bi bon bon
```

同時，在「Style of Music」欄位中，也輸入與歌詞相同的英文句子，接著點擊「Create」即可製作專屬於你的迷因歌曲：

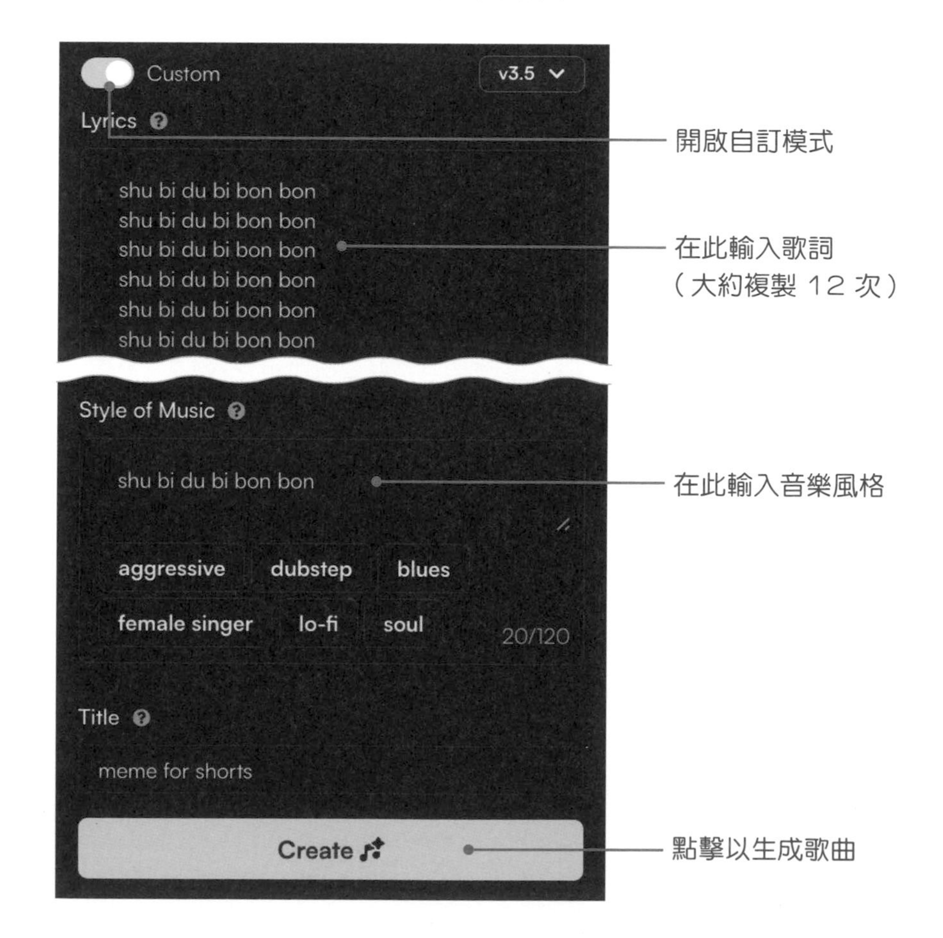

如需為歌曲設定 vocal 或增添其他音樂元素，可以在「Style of Music」欄位中輸入更多描述，如 heavy male vocals、electronic 等，這樣可以讓 Suno 更精確地生成出我們想要的音樂風格：

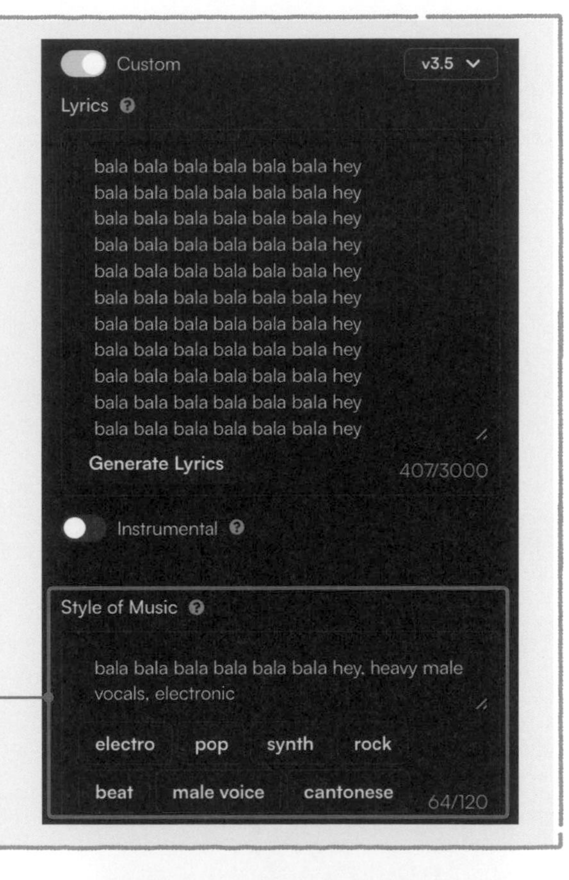

在多次生成之後，挑選一首最適合此影片的歌曲，並點選「Download」的「Audio」，以下載音訊檔 (MP3 / WAV) 作為影片配樂的素材：

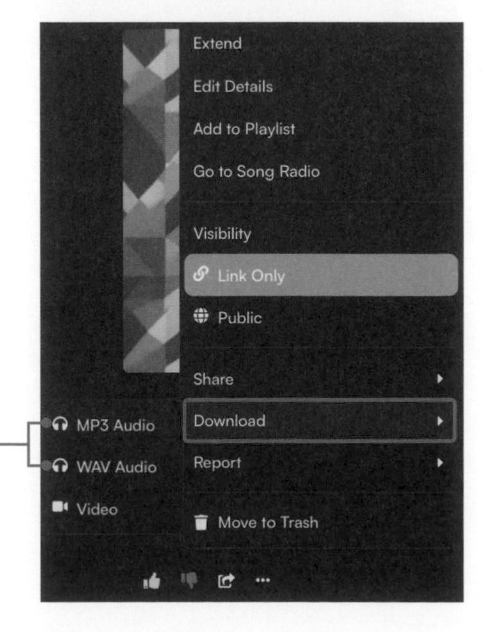

如果覺得音樂長度不夠，請參考第 5-1 節中「熱門音樂的再製」，使用 Suno 的「Extend」功能來延長這首歌曲；而若是覺得音樂太長，則可在後續使用 Canva 進行影片編輯時，參考第 8-3 節的手法，擷取音樂的片段，或參考第 10-1 節，於 FlexClip 剪輯音訊檔，並製作淡入、淡出的效果。

影片調整

最後，我們就可以回到 Canva 將音樂加到影片中。請先將剛剛下載好的音訊檔上傳，並拖曳至時間軸上：

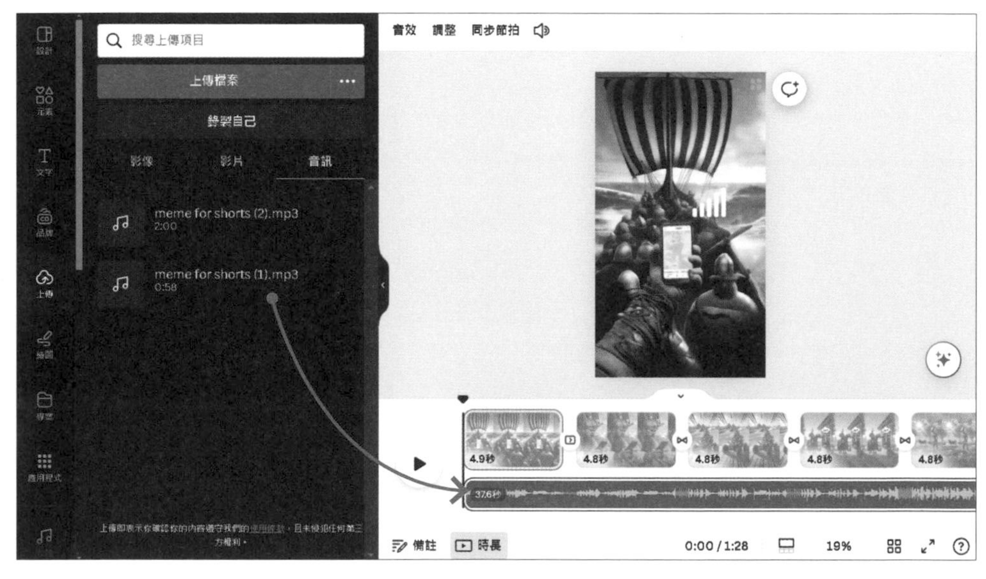

▲ 上傳的音訊檔會被放在「上傳」分類中的「音訊」裡

加入音樂後，我們可以先播放一次看整體的效果。而實際看過後應該會發現背景音樂的重拍，明顯和轉場動畫的時間有落差。如果是有購買 Canva 付費功能的使用者，可以使用官方提供的功能自動幫你對好拍子。但這不代表免費版本就不能進行調整，Canva 也有提供一個非常好用的輔助工具，會幫忙標示出重拍，我們只要將其和轉場動畫的位置對齊就可以了。

筆者會示範如何手動調整影片與音樂的節拍，請先點選時間軸上的音樂，再從上方出現的工具列中開啟「同步節拍」的選單：

開啟節拍標記後，在重拍處會出現明顯的記號，只要將記號與影片轉場動畫對齊，整體的觀看體驗就會上升。

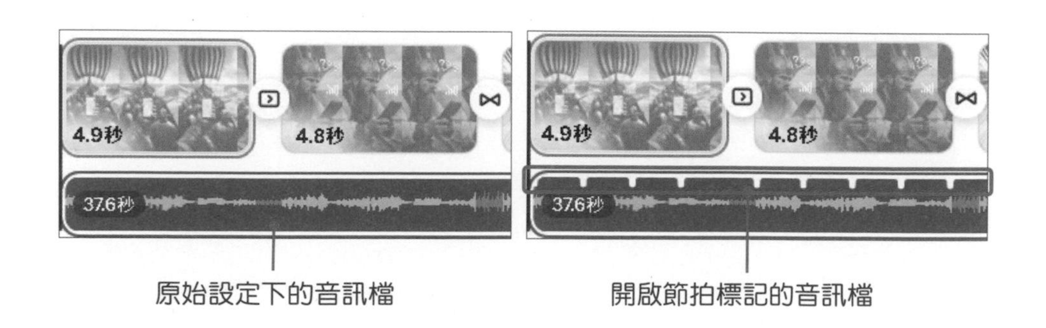

調整的方式有兩種，比較簡單的一種是調整影片的長度來對齊重拍的位置：

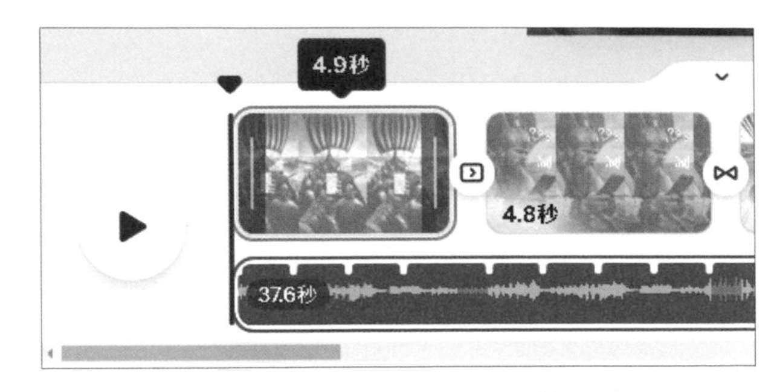

▲用游標拖移的同時，看著下方重拍的位置來增加或減少影片時間

然而也不需要太過糾結於重拍的位置，不一定要剛好位在兩個動畫的正中央，只要是在轉場動畫的範圍內就可以了：

將游標移過去可以看到轉場動畫的範圍，重拍只要對在這兩個紫色區域的中間即可

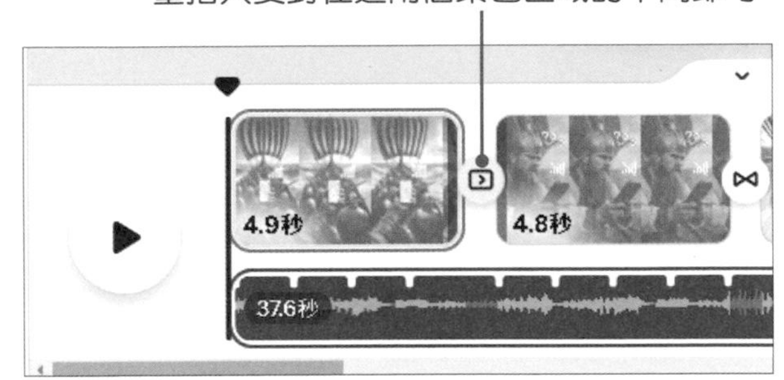

另外一個方法是調整音樂，若使用的音樂長度為 1 分鐘，但影片長度為 30 秒，那麼你可以選擇要使用音樂哪部分的 30 秒，而不是單純從第 1 秒播放到第 30 秒。

要在 Canva 調整音樂時，建議先確定音樂要放置的時間點，也就是要作為哪一段影片的背景音，確定好時間軸上的位置後，再來調整實際要播放的音樂秒數（例如從影片第 30 秒開始，調整成播放第 45 秒，而不是第 30 秒的音樂）會比較簡單，不然有可能在時間軸上移動位置時，動到要音樂要播放的部分，後續就會需要把位移的播放秒數調整回來。

沒使用到的音樂（白底）

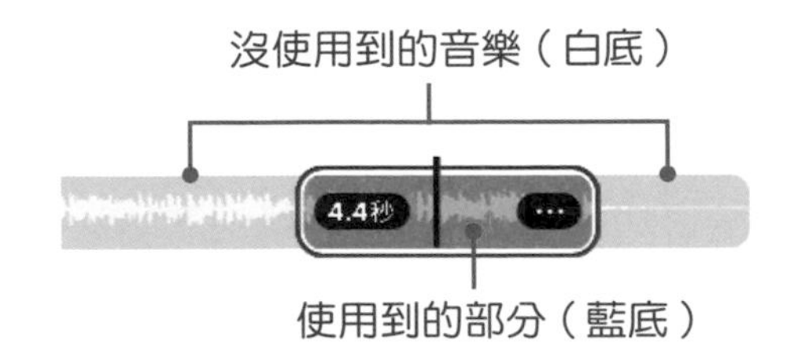

使用到的部分（藍底）

請先點擊要調整的音訊，按下上方工具列的「調整」，Canva 會顯示出整首音樂（包含未使用的部分），此時就可以用游標左右拖移該音訊檔，來調整重拍的位置。

在調整完重拍的位置後，可以加入音樂淡入和淡出的效果，特別是使用調整音樂來對準節拍的方式，很有可能會移動到音樂開頭和結尾的部分，讓影片開始和結束的配樂變得突兀。請先點擊音樂後，再點選上方工具列的「音效」：

這些調整都結束後，一支所有素材都由 AI 生成的短影音就大功告成了。由於 Canva 有支援連結分享功能，因此可以輕鬆分享給親朋好友，一同欣賞 AI 生成的反差搞怪迷因影片。

製作一支自己唱的歌曲 MV

許多音樂人在創作並錄製完一首歌曲之後，會拍攝一支 MV (Music Video) 來進一步呈現歌曲的意象。由於我們在前面的章節中，已經學會了音樂生成、語音克隆 (AI Cover)、影片生成和自動字幕等相關操作，因此本章將運用上述技術來製作一支歌曲 MV。

特別的是，我們會使用前面章節中已訓練好的語音模型，以自己的聲音來 Cover 這首新歌，如此一來，無論這支歌曲 MV 是要送人還是自留，都會顯得誠意十足。

自己唱的歌曲 MV 製作流程

STEP 1 使用 Suno 生成歌曲

輸入歌曲描述，讓 Suno 為我們作詞作曲。

STEP 2 在 Jammable 用自己的聲音 Cover 這首歌曲

使用自己在 Jammable 訓練完成的語音模型，將 Suno 生成的歌曲音訊檔 (WAV)，轉換為自己的歌聲。

STEP 3 利用 Kaiber 基於音訊與文字 Prompt 生成歌曲 MV

在 Kaiber 中，基於 STEP 2 轉換的歌曲音訊檔與手動輸入的文字 Prompt，製作含有數個場景的音樂影片。

STEP 4 為你的 MV 自動上歌詞字幕

最後，在 FlexClip 中為這支歌曲 MV 自動生成字幕。

在開始實作前，讓我們先看一下完成的作品：

製作一首自己唱的英文歌曲

當我們想要創作一首歌曲時，腦海中通常會有一個關於歌曲主題或氛圍的基本構想。以筆者為例，我常回想起在花東台 11 線騎機車賞海景的夏日時光，而這段美好回憶激發了我創作一首「在濱海公路騎車欣賞沿途海景」的英文歌曲。

於本節，我們將使用 Suno 來生成這首英文歌曲，接著利用在第 4-3 節中，於 Jammable 訓練完成的 Erika 語音模型，用筆者自己的聲音來 Cover 這首歌曲。

使用 Suno 生成一首英文歌曲

在第 5-1 節，我們曾介紹使用 Suno 生成歌曲的兩種方式：一種是僅輸入「Song Description 歌曲描述」，由 Suno 根據此描述自動為我們生成詞和曲；另一種則是開啟「Custom Mode 自訂模式」，並輸入「Lyrics 歌詞」和「Style of Music 曲風」，來具體指定生成歌曲的內容和風格。

小編補充

兩種歌曲生成方式的技巧與比較：

- 第一種方式：在「Song Description」中輸入的格式以「A **曲風** song about **情境**」，通常可以得到更佳的生成結果。以此方式創作歌曲時，既無需苦惱歌詞該寫什麼，同時還能有意識地控制曲風和歌詞內容；但其限制在於通常只能生成英文歌曲，且作曲的彈性相對較小。
- 第二種方式：輸入的歌詞若有押韻尤佳，還能在歌詞中加入 [**樂器** Solo]、[Rap] 等段落，或在歌詞結尾加上 [Outro]、[End] 為歌曲製作尾奏。至於曲風的 Prompt 如果撰寫得愈詳細，愈能精確控制歌曲的風格，甚至可指定 vocal 為男聲或女聲。然而，此方式的困難之處在於撰寫歌詞，若請 ChatGPT 協助撰寫中文歌詞，往往又難以達到理想的遣辭用句與意境表達。

而此例，我們選擇以第一種方式來快速創作歌曲。請先開啟並登入 Suno，接著點擊左側的「Create」開啟詞曲創作介面，並於「Song Description」欄位中輸入以下的 Prompt：

Prompt

```
An indie song about leisurely riding a motorcycle along the coastal
road of an island while enjoying the summer seascape.
```

一首關於悠閒地沿著海島濱海公路騎著摩托車欣賞夏日海景的獨立音樂

接著點擊「Create」以生成歌曲，可多生成幾次之後，再挑選並下載最合適的歌曲 (MP3 / WAV)：

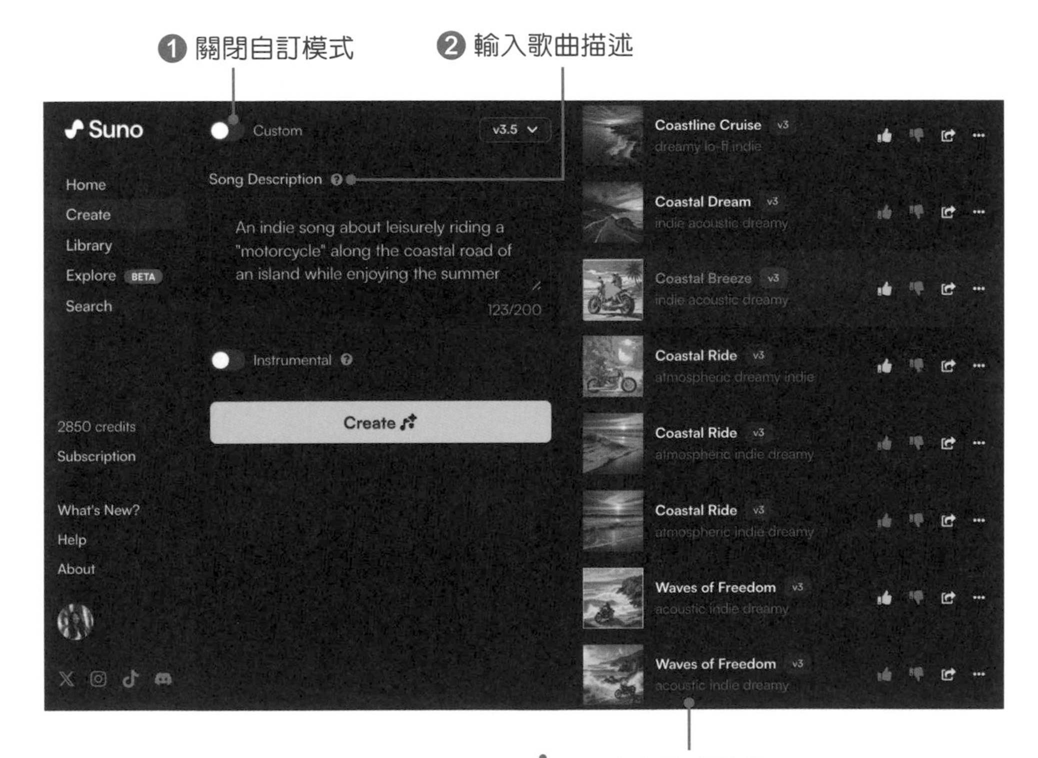

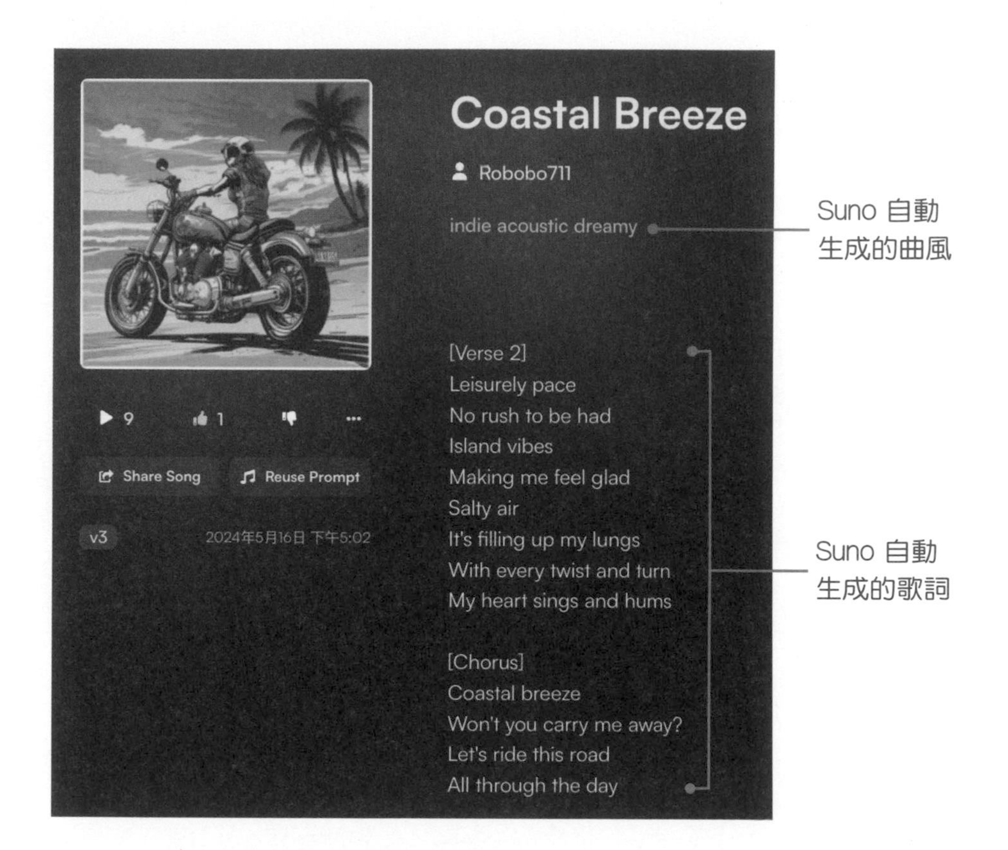

在 Jammable 用自己的聲音 Cover 這首歌

生成完歌曲之後，我們將採用與第 7-2 節同樣的方式，使用在 Jammable 訓練完成的 Erika 語音模型，將剛剛生成的歌曲「Coastal Breeze」進行 AI Cover。詳細的操作步驟與第 7-2 節相同，筆者就不再贅述；唯獨不同之處在於，將「Coastal Breeze.wav」檔案上傳之後，我們無需對其進行音高調整，即可直接轉換：

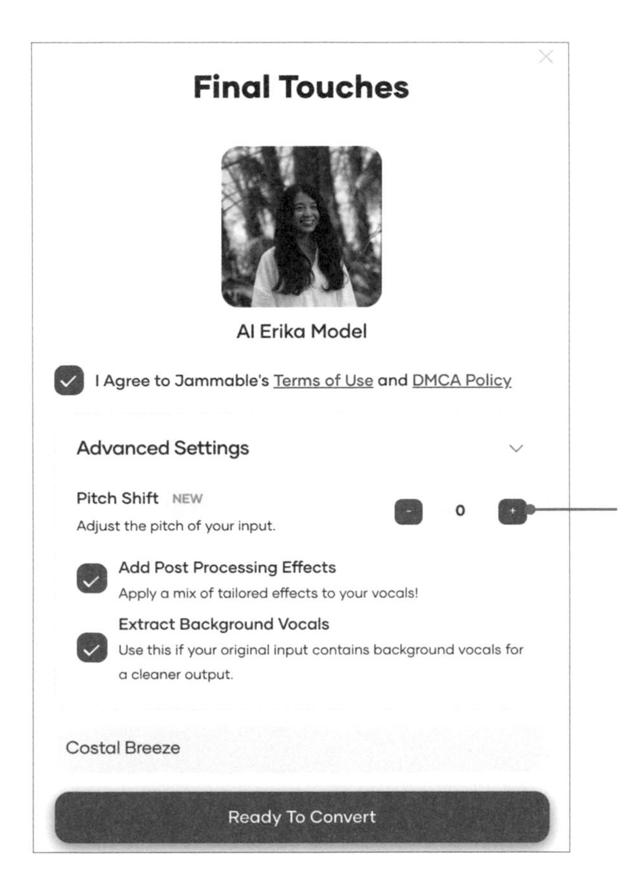

經測試，此功能只會影響人聲的音高，背景音樂則不受影響，因此不需像之前在此處調整音高

轉換完成之後，點擊「Download」中的「Download Combined」，即可下載含有背景音樂的音訊檔 (MP3)。

小編補充

當輸入的原始音檔，其音域範圍若與語音模型的音域範圍相近，且原曲中無過多的和聲部分時，通常可以轉換出較佳的 AI Cover，這也是為什麼需要在 Suno 進行多次歌曲生成的原因。為了讓讀者更好地理解這一點，我們提供一個轉換失敗的例子供大家聆聽：

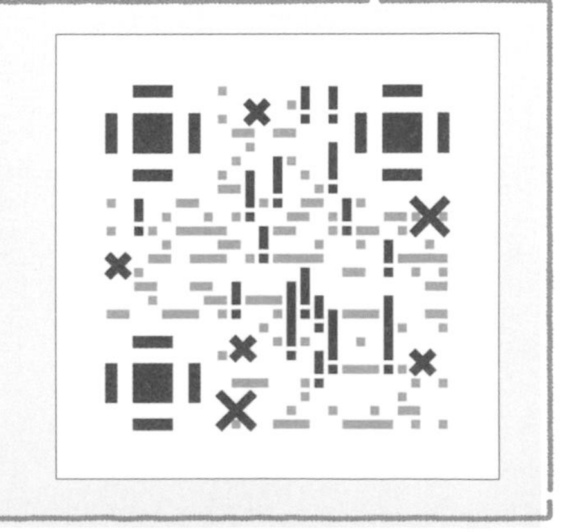

利用 FlexClip 裁剪歌曲

若是生成的歌曲長度不足，可以使用 Suno 的「Extend」功能來續寫歌曲；但如果生成的歌曲長度過長呢？

在這種情況下，我們會介紹一個簡單易操作的音訊剪輯工具，可快速裁剪 MP3、WAV、M4A、ACC 等格式的音訊檔案。請開啟 FlexClip，並點擊畫面上方的「工具 / 音訊 / 音訊剪輯器」，即可進入下圖介面：

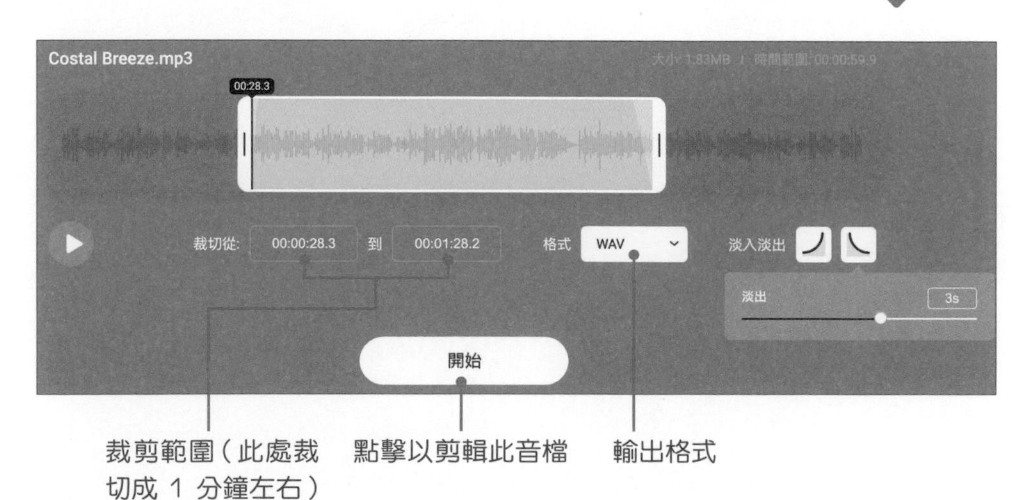

在我們上傳從 Jammable 下載的 Combined 版 AI Cover 之後，由於下一節將使用 Kaiber 基於音訊檔與文字 Prompt 來生成影片，考慮到 Kaiber 的「Explorer 探索者」付費方案中，可上傳的音訊長度限制為一分鐘，因此我們需將這首歌曲的第二段主歌、副歌以及間奏裁剪出來，並將其儲存成音質較佳的 WAV 檔。

首先，仔細聆聽並選取欲裁剪的片段，然後選擇輸出格式為「WAV」(這樣做雖然不見得可以提升原始音質，但至少不會再被壓縮)，並設定淡入、淡出的效果，即可點擊「開始」以剪輯音訊。稍待片刻，剪輯完成的音訊檔將可在介面中聆聽與下載。

10-2 製作歌曲 MV 並自動上歌詞字幕

在創作出一首描述悠閒地沿著海島濱海公路騎摩托車、欣賞夏日海景的獨立音樂之後，我們將利用 AI 影片生成技術來製作搭配這首歌曲的 MV，(你也可以直接將自己手邊的照片、影片素材上傳至 FlexClip 或其他影片編輯器，為你的旅程作一支紀念影片)。而對於沒有現成素材或想嘗試新技術的讀者，可以在本節介紹的 Kaiber，基於圖片和歌曲來製作 MV。

在 Kaiber 生成影片的前置作業

首先，開啟並登入 Kaiber，點擊介面右上角的「+ Create Video」，接著往下捲動頁面，會看到三種影片生成的選項，分別是 **Flipbook 逐幀動畫影片**、**Motion 流暢動畫影片** 和 **Transform 轉換現有的影片風格**」。而在本次製作中，我們將選擇以「Flipbook」來製作歌曲的逐幀動畫 MV。

點開「Flipbook」選單後，會發現 Kaiber 的「Free」方案免費版用戶無法使用 **Audio Reactivity 音訊反應**功能，因此需要訂閱付費方案才行；不幸中的大幸是，最便宜的付費方案「Explorer 探索者」用戶就可使用此功能，其可上傳的音訊長度上限為一分鐘，這也是我們在第 10-1 節的最後，將歌曲裁剪為一分鐘的原因。

點擊以查看支援「Explorer」方案的功能

此為「Free」免費方案的功能

小編補充

- 選用 Kaiber 來製作歌曲 MV 的原因為：

  無論何種方案的使用者，皆可使用「Animate Image」功能，基於上傳的圖片來生成影片。此外，還提供付費版用戶使用「Audio Reactivity 音訊反應」功能，可以讓我們生成出**隨著上傳的音樂節奏而調整運鏡速度**的影片。

  再者，付費版用戶可一次生成長達 1 分鐘 (或以上) 的影片，則無需如同使用 Haiper 時，生成多支秒數極短的影片再拼接成 1 分鐘 (或以上) 的影片。

→ 接下頁

- 選用 Flipbook 生成逐幀動畫影片的原因為：

  此為最便宜的方案，每秒鐘的動畫生成僅需支付 1 credit，且「Explorer」方案的用戶一次可生成至多 1 分鐘的影片。而使用 Motion 功能，除了每秒鐘的動畫生成需支付 4 credits 之外，「Explorer」方案的用戶一次只能生成至多 16 秒的影片，此外，雖然其生成的影片比 Flipbook 更流暢，但若搭配音樂節奏生成時，容易因拍子而導致影片停頓。至於 Transform 功能，除了需支付更多的 credits 之外，還需要現有的素材才能進行影片轉換，因此這裡我們就不考慮使用了。

由於我們想要搭配上傳的歌曲來生成影片，因此需升級付費方案才可使用「Audio Reactivity」功能。請點擊介面右上角「+ Create Video」旁的剩餘 credits 區域，接著點選「Upgrade Now」以進入 Pricing plans 介面，然後點擊「Monthly」，會看到「Explorer」方案每月需支付 5 美元 (約台幣 150 元)，就可使用上述提及之功能。

此外，「Explorer」方案還有提供 7 天的免費試用期，期間會額外贈送 100 credits，也就是說，加上註冊帳號時贈送的 60 credits，我們總共可以進行兩次影片製作 (需支付 60 秒 × 2 次 = 120 credits)；而若是於第 10-1 節中，將歌曲長度裁剪至更短的時長 (如 40 秒)，我們就能基於此音訊製作更多支 MV (即 4 支，需支付 40 秒 × 4 次 = 160 credits)。

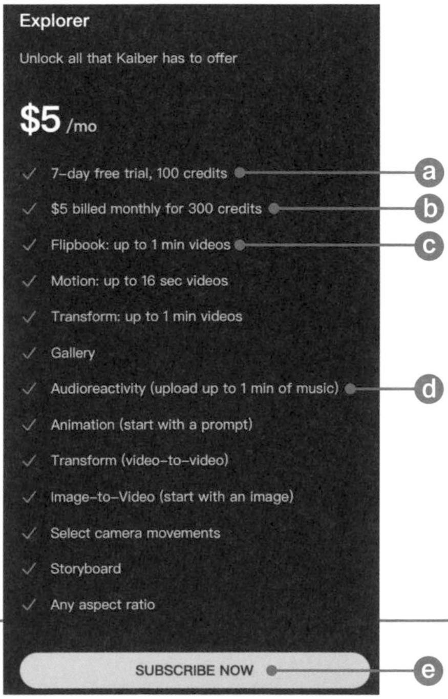

ⓐ 提供 7 天免費試用期，並送 100 credits
ⓑ 之後若續訂此方案，則每月支付 5 美元即可擁有 300 credits
ⓒ 可製作 1 分鐘的逐幀動畫影片
ⓓ 可基於音訊製作影片 (上傳的音樂長度限制為 1 分鐘)
ⓔ 點擊以訂閱

接著，點擊「SUBSCRIBE NOW」以訂閱「Explorer」方案，在填寫完信用卡資訊後，即可享有 7 天的免費試用期 (在此期間 Kaiber 不會向我們收取任何費用)；但需注意，若無續訂此方案的打算，務必在試用期結束前至「Account」的「My Plan」中，點擊「Cancel Plan」以取消訂閱，避免試用期過後因自動續訂而被收取費用。

使用 Flipbook 功能製作歌曲 MV

升級成「Explorer」方案後，我們就能基於圖片、歌曲與文字 Prompt 來生成影片！首先點擊介面右上角的「+ Create Video」，再往下捲動頁面，點擊「Flipbook」文字上方的動畫影片，就會進入下一步的「Upload Media」頁面：

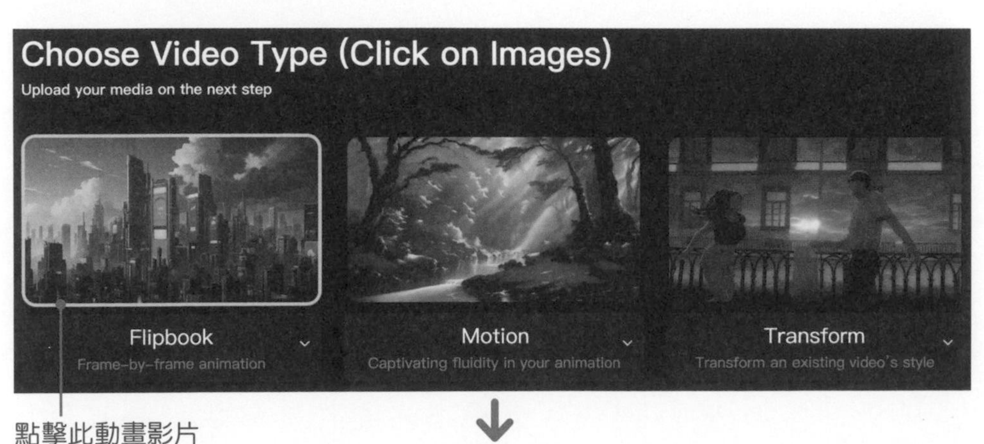

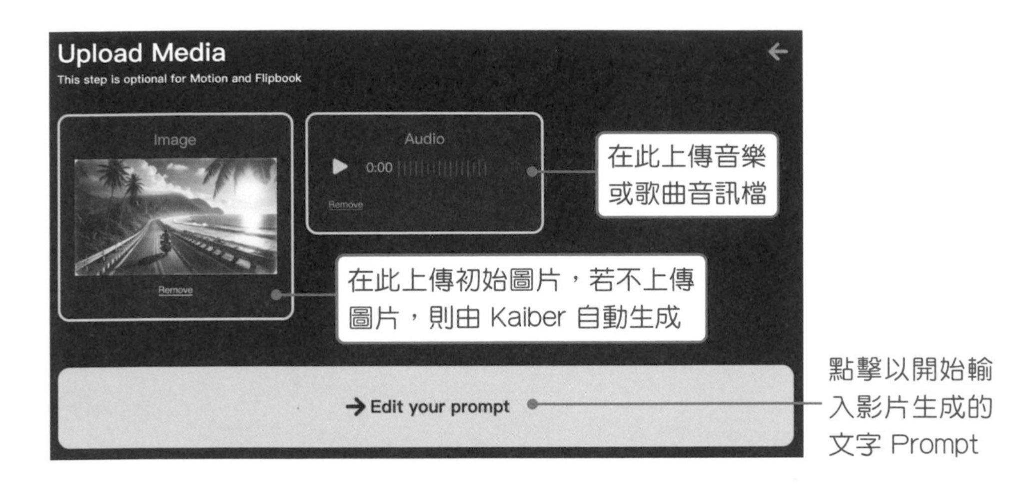

點擊「Image」以上傳影片的初始圖片，可選用自己手邊已有的圖片素材，或者利用 AI 生圖工具來生成新的圖片；通常會建議上傳初始圖片來生成影片，若不上傳圖片則由 Kaiber 自動生成，效果好不好就完全靠運氣了。接著點擊「Audio」上傳 1 分鐘 (以內) 的歌曲音訊檔。

上傳成功後，點擊「Edit your prompt」即可進入影片製作階段。首先在「Prompt」的紫色欄位中，輸入第一個**場景的影片主題** (英文 Prompt)，並在綠色欄位中，輸入**影片風格** (亦可直接從欄位右側的選項中點選一個風格，系統將會自動填入相對應的英文 Prompt)。

如果對於影片的場景沒有具體想法，建議多聽幾次歌曲，或是將歌曲的主題與歌詞分享給 ChatGPT，請它為我們提供一些 MV 場景的靈感。

由於筆者創作的是一首關於在海邊騎車的英文歌曲，我們希望影片的第一幕即為相關畫面，因此輸入在紫色欄位中的影片主題英文 Prompt 如下所示：

Prompt

```
The man is leisurely riding a motorcycle along the coastal road of an island while enjoying the summer seascape.
```

而對於影片風格的綠色欄位，則是直接點選右側「Timeworn 陳舊的」，系統就會直接在該欄位中填入此風格的英文 Prompt。

往下捲動頁面，即可看到左側顯示我們上傳的圖片與音訊檔，接著，請點擊右側的「Video settings」進行影片設定：

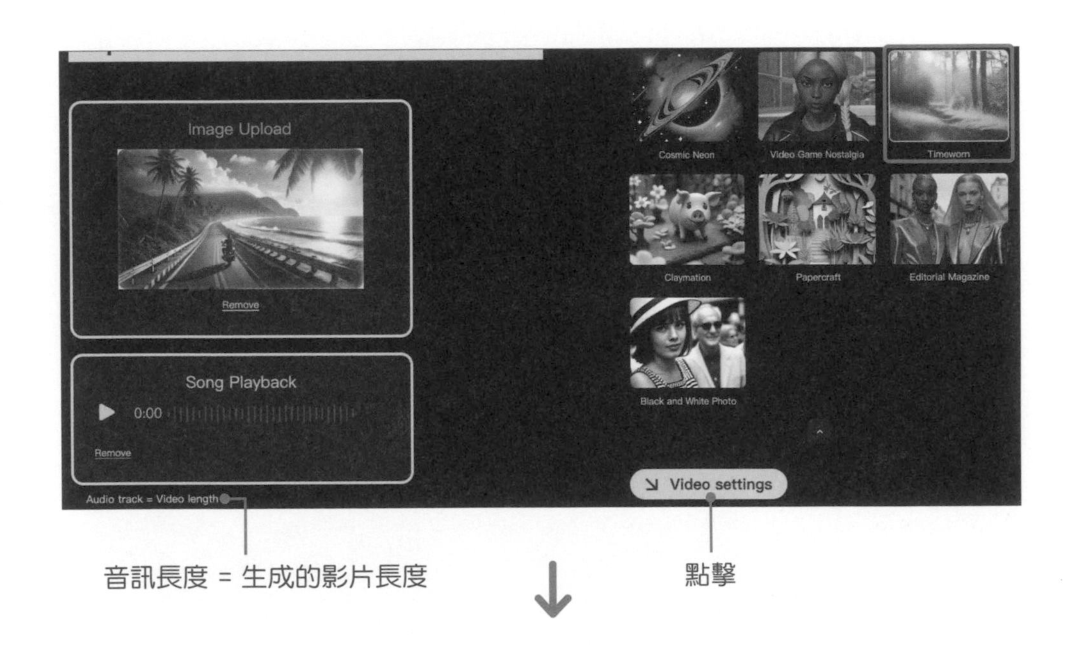

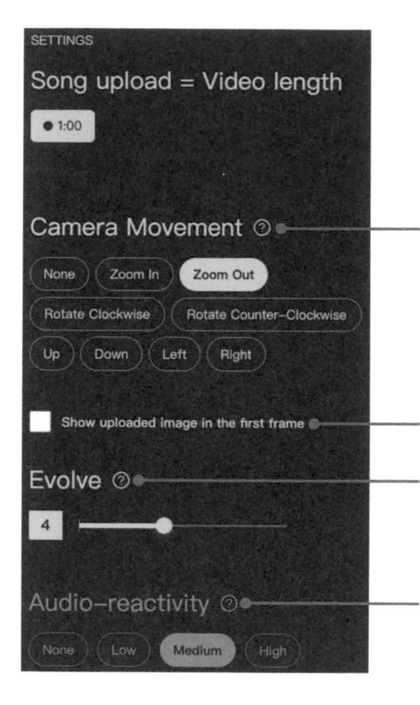

設定運鏡方向，可選擇多個

將上傳的圖片設為影片的第一幀圖像（即使不勾選，系統也會生成與上傳的圖片相似構圖與風格的場景）

設定的值愈低，生成的影片會愈穩定；而愈高則愈狂野

愈高，則運鏡速度受到音訊的影響較大

設定完成後，看向此介面的右下方，會再次看到我們上傳的圖片和歌曲，以及製作此影片所需支付的 credits (1 秒 = 1 credit)，接著，點擊「Generate Previews」即可生成四張影片的預覽畫面 (僅第一幀圖像)：

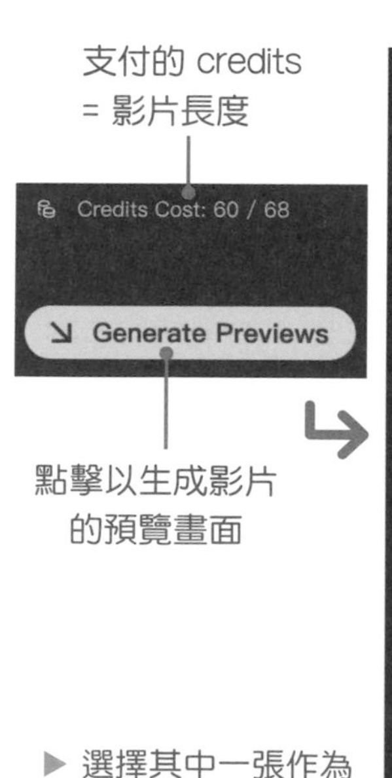

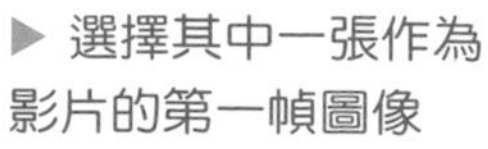
▶ 選擇其中一張作為影片的第一幀圖像

選擇喜歡的預覽圖像之後，再次看向介面的右下方，顯示以此場景生成的影片長度、設定的運鏡方向與上傳的音樂。而此時，**請先別急著點擊下方的「Create Video」**，這是因為一次性生成長達 1 分鐘的影片，其結果可能會不甚理想，例如影片會出現無法預料的發展，或者運鏡方向會無限地 Zoom Out。為了不浪費這 60 credits，我們需要有耐心地製作數個不同的場景，讓 AI 在不同場景間生成畫面，藉此更精確地控制生成結果，因此，請先點擊「+ Scene」新增場景：

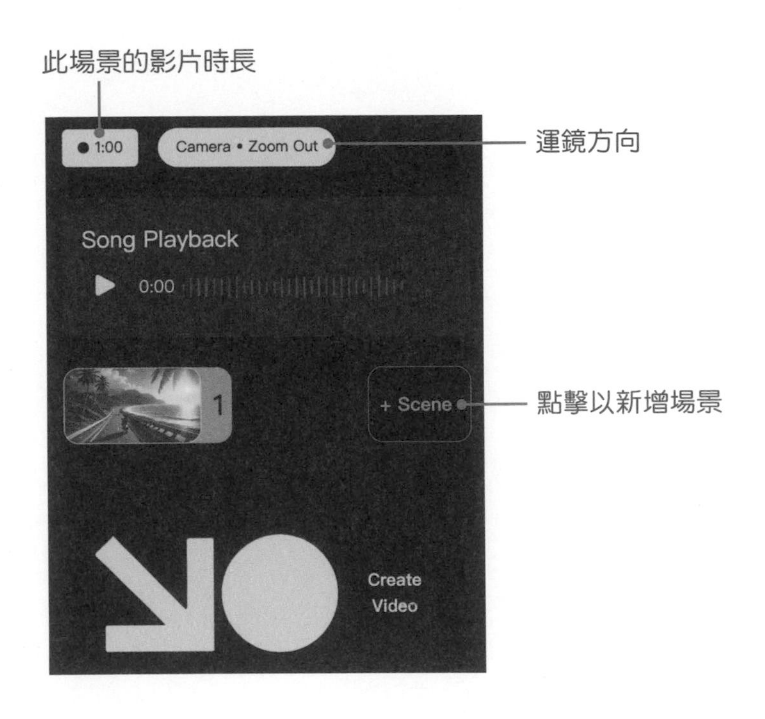

接著，系統會將我們帶回輸入英文 Prompt 的介面，但此時介面的右上方已變為「Scene 2」，這表示我們正在製作影片的第二個場景。與前面的操作方式相同，在紫色欄位中輸入第二個場景的影片主題，而綠色欄位中建議維持相同的影片風格，以保持整部 MV 的一致性。輸入完成後，點擊「Video settings」以設定第二個場景的運鏡方向與起始的時間點。

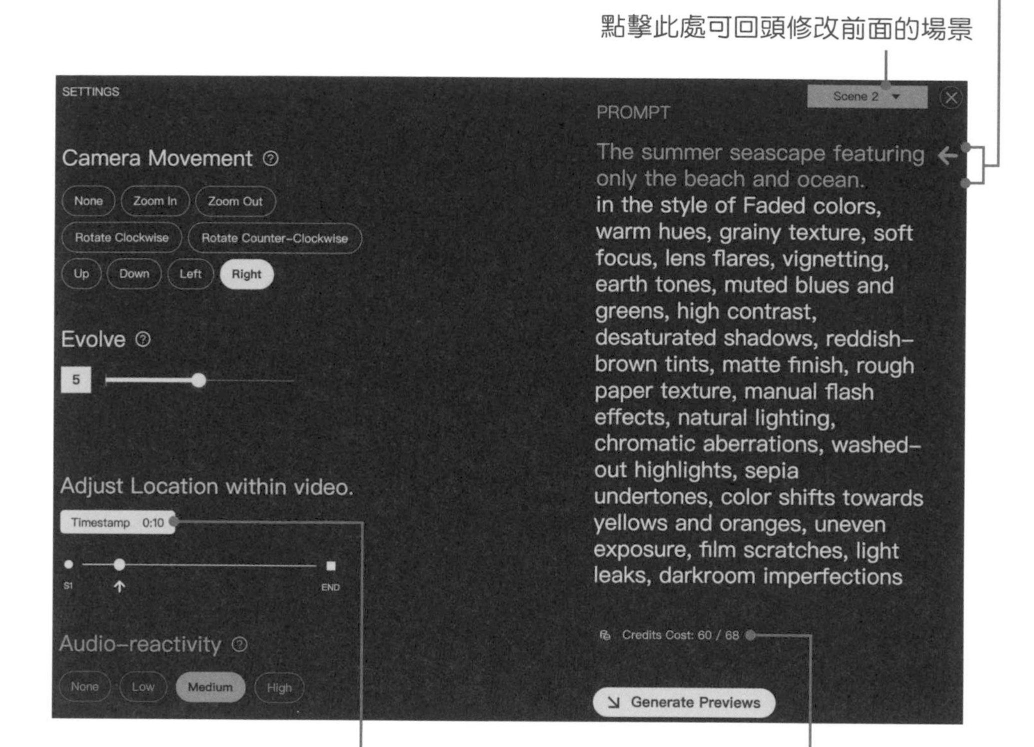

設定完畢後，同樣點擊右下方的「Generate Previews」以生成第二個場景第一幀圖像的預覽，此時僅會出現一張預覽畫面，而此圖像將用以激發第二個場景的影片：

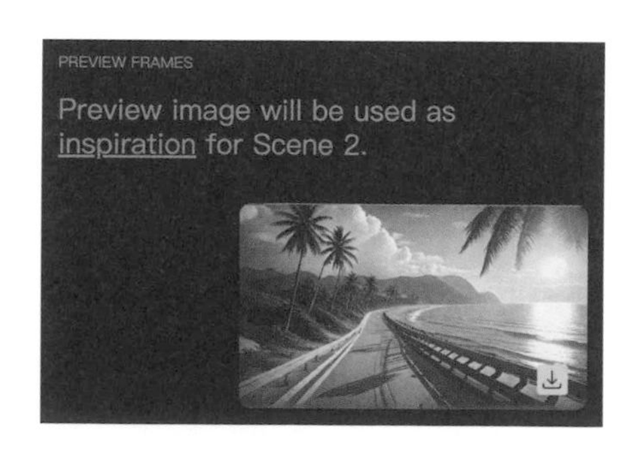

看向此頁面的右下方，會發現生成的影片時長變為 50 秒，這代表整支影片的前 10 秒為第一個場景，後 50 秒皆為第二個場景；每個場景的時間越短，越能掌控影片內容，依據經驗每個場景的時長盡量不要超過 10 秒鐘，所以此處我們還需要點擊「+ Scene」，再建立 4~5 個場景。

後續場景製作的操作步驟皆與前面相同，筆者就不再贅述，待設定完所有場景之後，點擊預覽頁面右下方的「Create Video」即可開始生成影片：

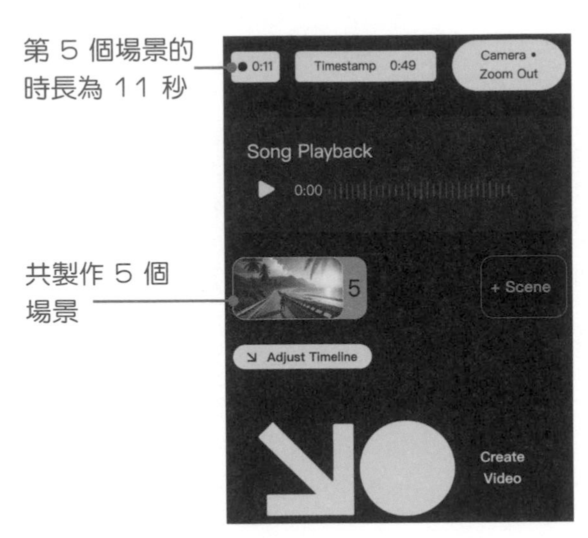

經過數分鐘的等待後，Kaiber 就會生成出含有背景音樂或歌曲的一分鐘動畫影片，而在頁面左下方有提供影片下載與分享的選項，我們就能將影片下載並上傳到 FlexClip 自動上字幕，這樣就完成了整支歌曲 MV 的製作。

筆者基於相同的歌曲、影片風格以及相似的影片主題 Prompt，生成了另一支歌曲 MV 供各位讀者參考：

▲ 沒有上傳初始圖片，由 Kaiber 自動生成（其影片主題的 Prompt 由上述的 man 改為 girl）

以下為影片的五個場景主題 Prompt 與其運鏡方向：

Prompt

```
The man is leisurely riding a motorcycle along the coastal road of an island while enjoying the summer seascape.
```

運鏡方向：Zoom Out

Prompt

```
The summer seascape featuring only the beach and ocean.
```

運鏡方向：Right

Prompt

```
The man parks his motorcycle on the beach to enjoy the summer sea view.
```

運鏡方向：Zoom In + Right

Prompt

```
The man walks on the beach and enjoy the summer sea view.
```

運鏡方向：None

Prompt

```
The man sits directly on the beach to enjoy the sunset.
```

運鏡方向：Zoom Out

利用 FlexClip 自動上英文歌詞字幕

最後，開啟並登入 FlexClip，點擊介面左上角的「Create a Video」，並選擇影片尺寸為我們於 Kaiber 生成的歌曲 MV 尺寸，再將從 Kaiber 下載的歌曲 MV 上傳至 FlexClip。

接著，與第 7-3 節自動上字幕的操作方式相同，先將影片拖曳到時間軸上，再點擊左側的「Subtitles / AI Auto Subtitle」，然後設定歌曲的語言和字幕風格，即可點擊「Generate」，由 FlexClip 為我們的影片自動生成字幕：

先點擊「Subtitles」，再點選「AI Auto Subtitle」

最後，再稍微修改錯誤的歌詞以及時間標記，就能點擊右上角的「Export」匯出此歌曲 MV 了！

IMAGE, VIDEO,

Prompt 武林秘笈

對於沒有影像、音樂等專業背景的人來說，在撰寫 Prompt 時，最大的困難通常是對專業術語的不了解；即使有聽過這些術語，可能也不清楚彼此之間的差異，或是它們在作品中具體呈現的效果。為此，我們在附錄列出了一些常見的專業術語，與其特色和風格說明，供讀者在撰寫 Prompt 時參考使用。

圖片 Prompt 的武林秘笈

生圖時能給的指示越明確，AI 生成的效果就會越好，為了讓結果更符合預期，下方表格除了提供一些常用的 Prompt 之外，也有關於藝術風格的 Prompt 可以參考。

另外，現在時不時可以在網路上看到由 AI 生成非常逼真、寫實的圖片，但是當自己嘗試時，不論怎麼調整都無法產生那麼真實的效果。如果讀者也遇到了這個問題，可以嘗試下方表格中讓圖片更加清晰的 Prompt，有些時候只要在最後加上 1、2 個這種敘述，就能提升圖片的真實感與細緻程度。

▼ 常用的敘述

中文描述	英文 Prompt	使用情境說明
壯麗的景觀	Majestic landscape	用來描述宏偉的自然風景，如高山、大海
寧靜的氛圍	Serene atmosphere	描述一個平靜安詳的場景，適合用於創造放鬆的環境
動態行為	Dynamic action	用於描述充滿活力的場景或動作，如運動、舞蹈
超現實環境	Surreal environment	描述超出現實界限的場景，充滿奇幻和夢幻的元素
鮮豔的顏色	Vivid colors	強調圖像中色彩的鮮明和豐富，增加視覺衝擊力
輕飄的質感	Ethereal quality	用來形容某物看起來非常輕盈
細節質感	Textured details	強調物體表面的紋理和細節，使畫面更加豐富多維
大氣透視效果	Atmospheric perspective	用於創造深度感和空間感，通過模仿遠處物體顏色的變化來達到

→ 接下頁

中文描述	英文 Prompt	使用情境說明
戲劇性照明	Dramatic lighting	強調光影的對比和效果，創造強烈的視覺效果
極簡構圖	Minimalist composition	強調簡單和清晰的構圖，通常只包含幾個元素
豐富的紋理	Rich textures	描述畫面中多樣的紋理
柔和的陰影	Soft shadows	描述陰影，增加畫面的細膩度和深度
發光效果	Glowing effect	用於描述物體或場景中有光芒，營造神秘或魔幻的感覺
抽象圖案	Abstract patterns	用於描述不基於現實物體的設計和圖案，強調形式和顏色的自由組合

▼ 藝術風格

中文描述	英文 Prompt	說明
油畫風格	Oil painting style	模仿油畫的厚重質感和色彩豐富性
抽象藝術	Abstract art	強調色塊、線條與形式的非具象組合
水彩畫風格	Watercolor style	特點為透明或半透明，呈現流動性和色彩的層次感
印象派畫風	Impressionist style	捕捉光影變化和色彩，重視畫面的整體感受
超現實主義	Surrealism	超越現實，結合夢幻與象徵，創造奇異畫面
未來主義風格	Futuristic style	突出科技、速度和動態的表現
復古風格	Vintage style	追溯過去，歷史中的藝術風格和元素
素描風格	Sketch style	以線條為主，追求形狀和結構的精確表達

▼ 讓圖片更清晰細緻的 prompt

中文描述	英文 Prompt	使用情境說明
極度逼真	Ultrarealistic	用來描述圖像的真實程度非常高，幾乎無法與真實世界區分
超高逼真	Hyper-realistic	強調極端的細節和真實感，常用於需要展示微觀細節的場景

→ 接下頁

中文描述	英文 Prompt	使用情境說明
8K 超高清	8K Ultra HD	指圖像的分辨率非常高，提供極致的細節和清晰度
照片級逼真	Photorealistic	用於描述圖像的真實感與照片無異，極其真實
細節精緻	Fine detail	強調圖像中微小細節的清晰展現，如皮膚紋理、眼睛的微光等
高解析度	High resolution	指圖像具有高像素密度，能夠展示更多細節
銳利的圖像	Sharp imagery	強調圖像的清晰度和邊緣對比，使觀看者能夠分辨出非常細小的細節

另外，輸入一些攝影時會用到的名詞，可以讓人更明確地描述出要呈現的效果：

▼ 攝影相關名詞

項目	描述	使用範例
光圈 (Aperture)	控制鏡頭進光量，影響景深和模糊效果	使用 f/2.8 光圈拍攝，背景有美麗的模糊效果
快門速度 (Shutter Speed)	控制拍攝瞬間的快慢，影響運動模糊效果	快門速度設定為 1/500 秒，捕捉快速動作瞬間
ISO 感光度	控制相機感光度，影響照片的亮度和噪點	ISO 設定為 100，在明亮的陽光下拍攝，畫面乾淨清晰
焦距 (Focal Length)	控制鏡頭的視角和放大倍率	使用 50mm 鏡頭拍攝，模擬人眼視角
構圖 (Composition)	圖片的構圖和布局，如三分法、對角線構圖等	使用三分法構圖，主體位於畫面的左上三分之一處
景深 (Depth of Field)	控制景深，決定前景和背景的清晰程度	使用淺景深拍攝，人像清晰而背景模糊
拍攝角度 (Angle of View)	描述拍攝的角度，如俯拍、仰拍、平視等	從仰視角度拍攝，強調建築的高大
相機型號 (Camera Model)	指定拍攝使用的相機型號	使用 Canon EOS 5D Mark IV 拍攝
鏡頭型號 (Lens Model)	指定拍攝使用的鏡頭型號	使用 24-70mm f/2.8 鏡頭拍攝，兼具廣角和長焦

然而，每個 AI 繪圖平台要求的 Prompt 格式都不相同，例如有些可以接受負向 Prompt 的輸入。建議讀者可以先查看選用的繪圖平台有沒有關於 Prompt 的說明，以下提供第 2 章 Leonardo.Ai 官方的 Prompt 指南，提供新手一個撰寫方向：

◆ https://leonadoai.com/ai-prompts/

音樂 Prompt 的武林秘笈

在進行音樂生成時，撰寫 Prompt 會遇到最大的障礙通常是「對於流派與曲風的不了解」，然而，這卻是生成多元音樂的關鍵。雖然第 5 章介紹的 Suno 有「Explore 曲風探索」的功能，Stable Audio 有提供「Prompt Library 提示詞庫」，而 SOUNDRAW 則是直接提供多種「Genre 流派」給我們選擇，但若不清楚這些曲風的特色，生成的音樂可能無法達到心中預期。

因此，我們將會在這裡介紹一些常見的流派和曲風，讓各位讀者對於這些專業術語有基本的認識，也就能更精確地向 ChatGPT 描述我們想要的風格，並請它協助撰寫符合要求的 Prompt。此外，我們也推薦一個記錄多種音樂流派的網站 – **Musicmap 音樂地圖**，該網站不僅深入介紹各種流派與其分支，還提供了每種流派的多首經典歌曲，讓讀者可以實際聆聽並深入理解。其網址如下：

◆ https://musicmap.info

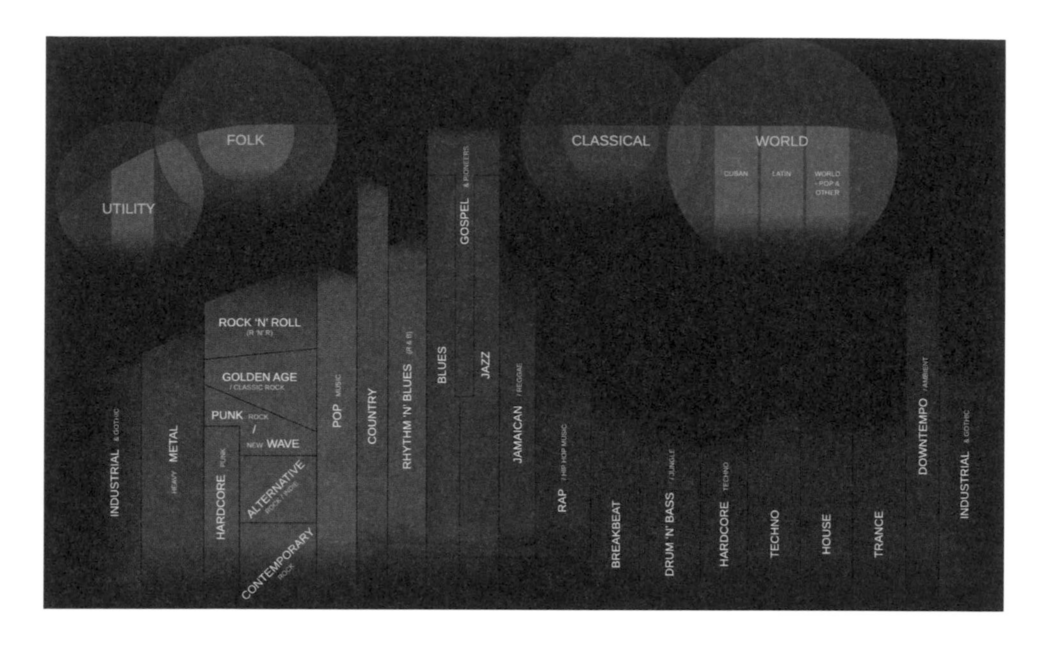

▼ 常見的流派與曲風

中文	英文	特色	風格舉例
流行樂	Pop	旋律易記、節奏明快、歌曲結構簡單，普遍市場接受度高	舞曲流行 (Dance Pop)、獨立流行 (Indie Pop)
鄉村音樂	Country	講述故事的歌詞，主要使用經典弦樂器（如木吉他）伴奏	經典鄉村 (Classic Country)、西部搖擺 (Western Swing)
搖滾樂	Rock	強烈、狂野的節奏，並由 4~5 人的樂團演奏，通常表現出反叛精神	硬式搖滾 (Hard Rock)、龐克搖滾 (Punk Rock)、後搖滾 (Post-Rock)
金屬樂	Metal	高爆發力、緊湊的節奏，嘶吼唱腔的主唱、高度失真的電吉他等，演奏出憤怒、仇恨、死亡等歌詞主題	重金屬 (Heavy Metal)、死亡金屬 (Death Metal)、饒舌金屬 (Rap Metal)
雷鬼樂	Reggae	源於牙買加，重音落在第 2 和 4 拍的 4/4 拍的音樂，歌詞常反映社會和政治議題	根源雷鬼 (Roots Reggae)、舞廳雷鬼 (Dancehall)
藍調	Blues	多以 12 小節藍調和弦進行作曲，歌詞表達悲傷和憂鬱	節奏藍調 (Rhythm and Blues)、三角洲藍調 (Delta Blues)

→ 接下頁

中文	英文	特色	風格舉例
爵士樂	Jazz	樂手間的即興演奏與互動、豐富的音色變化、調性的轉換、不規則的輕重音和令人搖擺的節奏	咆勃爵士 (Bebop)、搖擺樂 (Swing)、靈魂爵士 (Soul Jazz)、融合爵士 (Fusion)
嘻哈音樂	Hip-Hop	也譯為饒舌 (Rap) 音樂，講究節拍和節奏	老派嘻哈 (Old School Hip-Hop)、硬核嘻哈 (Hardcore Hip-Hop)、陷阱與鑽頭 (Trap and Drill)
電子音樂	Electronica	使用電子樂器和電子合成器等製成的音樂，節奏感強，常作為舞曲	浩室 (House)、高科技舞曲 (Techno)、電子舞曲 (EDM)、迷幻曲風 (Trance)
古典音樂	Classical	嚴謹的形式和結構、豐富的和聲與旋律，常見的形式有協奏曲、交響曲、奏鳴曲、練習曲與歌劇等	巴洛克 (Baroque)、古典派 (Classical period)、浪漫派 (Romantic)

▼Stable Audio / SOUNDRAW 提供的流派與曲風介紹

中文	英文	特色
進步性迷幻曲風	Progressive Trance	持續的節奏與旋律變化，長時間的結構建構和逐步的音樂層次增加
快節奏	Upbeat	節奏輕快、活潑，常用於提升情緒和活躍氛圍的音樂
合成器流行音樂	Synthpop	使用電子合成器創作的流行音樂
史詩搖滾	Epic Rock	壯闊宏大的音樂風格，常融入交響樂元素
氛圍音樂	Ambient	旋律簡約、節奏緩慢或無節奏，強調其音樂所營造的空間感
迪斯科	Disco	舞池中常見的音樂風格
浩室音樂	House	4/4 拍的節奏，富有舞蹈感的電子音樂
痴哈	Trip Hop	結合嘻哈元素的緩拍電子音樂
新世紀音樂	New-Age	強調放鬆、冥想且重視精神內涵的音樂
節奏藍調	R&B	融合爵士、福音和藍調元素，旋律性強，歌聲富有感染力

→ 接下頁

中文	英文	特色
澤西俱樂部	Jersey Club	電音的一種，快節奏、三連音為其特色
拉丁音樂	Latin	融合拉丁美洲的多種音樂風格，節奏明快、熱情洋溢、富舞蹈性
原聲音樂	Acoustic	主要使用原聲樂器，如木吉他，強調音樂的純淨和自然感
節拍音樂	Beats	重視節拍和節奏的構造，常用於嘻哈和電子音樂
放克音樂	Funk	強調吉他的切分音和貝斯線 (bass line)，富有跳動感
東京夜晚流行樂	Tokyo night pop	融合日本流行音樂元素與都市夜生活的浪漫氛圍
低傳真嘻哈	Lofi Hip Hop	音樂製作時刻意保留一些技術上的瑕疵，並結合放鬆的嘻哈節奏以營造出放鬆的氛圍
世界音樂	World	結合全球各地的傳統和現代音樂元素。
交響樂	Orchestra	以管弦樂團演奏，編制龐大且複雜，強調音樂的和諧和豐富的層次
熱帶浩室	Tropical House	較 House 來得慢速且慵懶柔和
非洲節拍	Afrobeats	源自西非的音樂風格，結合傳統非洲音樂和現代流行音樂
	Phonk	為 Hip-Hop 和 Trap 的子流派
英國車庫	UK Garage	電音的一種，碎拍節奏、適合舞蹈，融合了嘻哈和節奏藍調等元素
波薩諾瓦	Bossa Nova	結合了巴西森巴和美國酷派爵士樂元素，輕柔的節奏

最後仍須提醒讀者，僅憑以上文字描述，是很難確切感受到這些風格的影像或音樂所帶來的感覺。因此，我們建議讀者多欣賞各種風格的相關作品，這不僅能幫助你深入了解各種藝術表達的細節，也有助於培養美感和創作靈感，如此一來，你將能創作出更符合該風格、更具吸引力的作品。